中国迁地栽培植物大全

第九卷

(Myricaceae 杨梅科~Phytolaccaceae 商陆科)

黄宏文 主编

科学出版社

北京

内 容 简 介

植物园是采集、栽培、保存、展示多种多样植物的主要园地，为了让人们对植物园迁地栽培植物有更直观的认识，《中国迁地栽培植物大全》将以系列丛书的形式，以迁地栽培植物的简要文字描述并配以彩色照片的编排陆续出版。本书内容包括植物的中文名、拉丁名、鉴定特征、图片。鉴于植物园引种历史长、原始记录通常与分类学修订不同步，本书对种的核校本着"尊重史实、与时俱进"的原则，按现在分类学修订的进展，适当加以调整归类。书中介绍的植物种类每个科内按属、种拉丁名的字母顺序排序。为了便于查阅，书后附有中文名索引和拉丁名索引。

本卷共记录中国植物园迁地栽培植物26科249属，1231种（含种下分类单元），并附有1347张植物迁地栽培状况的照片，以方便读者使用。

本书可供农林业、园林园艺、环境保护、医药卫生等相关学科的科研和教学人员，以及政府决策与管理部门的相关人员参考。

图书在版编目（CIP）数据

中国迁地栽培植物大全. 第9卷 / 黄宏文主编. —北京：科学出版社，2017.11

ISBN 978-7-03-045964-0

Ⅰ.①中… Ⅱ.①黄… Ⅲ.①引种栽培－植物志－中国 Ⅳ.①Q948.52

中国版本图书馆CIP数据核字（2015）第241821号

责任编辑：王 静 矫天扬 / 责任校对：郑金红
责任印制：肖 兴 / 封面设计：刘新新

科学出版社 出版
北京东黄城根北街16号
邮政编码：100717
http://www.sciencep.com

北京利丰雅高长城印刷有限公司 印刷
科学出版社发行 各地新华书店经销

*

2017年11月第 一 版 开本：880×1230 A4
2017年11月第一次印刷 印张：23
字数：758 000

定价：298.00元
（如有印装质量问题，我社负责调换）

《中国迁地栽培植物大全》
（第九卷）
编者名单

主　编：黄宏文
主　审：夏念和　叶华谷　邓云飞
副主编：廖景平　张　征　余倩霞　杨科明　陈新兰　刘　华
　　　　陈　磊　王少平　邹丽娟　彭彩霞　李　琳　湛青青
　　　　谢思明　郭丽秀　刘立安

数据来源：

　　中国科学院华南植物园（SCBG）
　　中国科学院西双版纳热带植物园（XTBG）
　　中国科学院植物研究所（IBCAS）
　　中国科学院武汉植物园（WHIOB）
　　中国科学院昆明植物研究所（KIB）
　　中国科学院新疆生态与地理研究所（XJB）
　　江西省中国科学院庐山植物园（LSBG）
　　江苏省中国科学院植物研究所（CNBG）
　　深圳市仙湖植物园（SZBG）
　　广西植物研究所（GXIB）
　　中国科学院沈阳应用生态研究所（IAE）
　　厦门市园林植物园（XMBG）

编校人员：湛青青　彭彩霞
数据库技术支持：张　征　黄逸斌

本书承蒙以下项目的大力支持：

　　植物园迁地保护植物编目及信息标准化（No.2009YF120200）
　　植物园迁地栽培植物志编撰（No.2015FY210100）
　　广东省数字植物园重点实验室

前言

中国是世界上植物多样性最丰富的国家之一，有高等植物33 000多种。中国还有着农作植物、药用植物及园艺植物等摇篮之称，几千年的农耕文明孕育了众多的栽培植物种质资源，是全球植物资源的宝库，对人类经济社会的可持续发展具有极其重要的意义。

在数百年的发展历程中，植物园一直是调查、采集、鉴定、引种、驯化、保存和推广利用植物的专门科研机构和普及植物科学知识并供公众游憩的园地。植物园各类植物的收集栽培及其"同园"栽培对比观察工作的开展，既为植物分类学和基础生物学研究提供丰富翔实的活体植物生长发育材料，也为基础生物学提供可靠的原始数据，对基础植物学的研究举足轻重；同时，又为人们认识大千植物世界提供了一个绝佳的观赏涉猎场所。基于活植物收集的植物园研究工作具有多学科综合的特征，既对基础生物学研究具有重要意义，也与经济繁荣、社会发展和人类日常生活密切相关。

植物园在植物引种驯化、资源发掘和开发利用上具有悠久的历史。传承了几个世纪以来，植物园科学研究的脉络和成就，在近代植物引种驯化、传播栽培及作物产业国际化进程中发挥了重要作用，特别是对经济植物的引种驯化和传播栽培，对近代农业产业发展、农产品经济和贸易、国家或区域经济社会发展的推动作用更为明显，如橡胶、茶叶、烟草及众多的果树、蔬菜、药用植物、园艺植物等。人类对植物的引种驯化有千百年的历史，与人类早期文明史密切相关，曾对世界四大文明古国——中国、古埃及、古巴比伦和古印度的历史进程产生了巨大的影响。尤其是哥伦布发现美洲新大陆以来的500多年，美洲植物引种驯化及其广泛传播和栽培，深刻地改变了世界农业生产的格局，对促进人类社会文明进步产生了深远影响。植物的引种驯化在促进农业发展、食物供给、人口增长、经济社会进步中发挥了不可估量的重要作用，是人类农业文明及后续工业文明发展的源动力。

一个基因可以左右一个国家的经济命脉，一个物种可以影响一个国家的兴衰存亡。植物资源是人类赖以生存和发展的基础，是维系人类经济社会可持续发展的根本保障，数以万计的植物蕴涵着解决人类生存与可持续发展必需的衣、食、住、行所依赖的资源需求的巨大潜力。植物园收集、保存的植物资源材料，是构成国家植物资源本底、基础数据和国家生物战略储备的重要组成部分，也是国家植物多样性保护和可持续利用的源头资源。

随着我国经济社会的发展，我国植物园也担负起越来越重要的使命。中国植物园不仅在植物学研究和引种驯化方面发挥着重要的作用，在迁地保护中也起到了关键作用。我国有约160个植物园，遍布祖国大江南北、长城内外，覆盖我国主要的植物地理区系。特别是中国科学院所属的16个植物园，建园历史长、研究积累丰富、区域代表性强，在专科、专属、专类植物的引种收集方面具有系统性强、资料丰富、数据翔实的长期基础数据积累和系统整理成就。我国植物园现有迁地栽培高等维管植物约396个科、3633个属、23 340个种（含种下分类单元），其中我国本土植物有288科、2911属、约20 000种，分别占我国本土高等植物科的91%、属的86%、物种数的60%。有些植物已野外绝灭，在植物园得以栽培保存，植物园已成为名副其实的"诺亚方舟"，为回归引种及野生居群恢复重建奠定了坚实的基础。同时，我国植物园从世界62个国家和地区引种了几千种植物，于高山之巅、沙漠之腹、雨林之丛、冰雪之下广集世界奇花异卉。

诚然，我国植物园的植物引种栽培在近 100 年发展历程中取得了长足的发展，但目前还不能满足我国生物产业快速发展的需要，无论从基础数据、评价发掘，还是从产业化利用方面，都滞后于国家经济社会发展的需求。从国家层面，明确战略植物资源的功能定位、科学研究方向、技术产品研发策略、经济社会服务职能，将有助于植物园植物资源收集保藏、发掘利用和公共服务能力的提升，确保国家未来植物资源可持续利用。我国迁地栽培植物的系统整理、评价、发掘、利用仍任重道远。全面开展我国植物园植物多样性基础数据资料的梳理与评估，加强各植物园间的信息联系和数据共享，建立国家层面的植物收集信息共享平台，有助于建立和完善国家植物园体系，统一规划全国植物园的引种保存，提升植物园迁地保护的科学研究水平，对配合国家对生物多样性的保护战略与行动计划，有效保护和发掘利用植物资源有着非常重要的促进作用。

为了让人们对植物园迁地栽培植物有更直观的认识，本书将以系列丛书的形式，以迁地栽培植物的简要文字描述并配以彩色照片的编排陆续出版。本系列丛书在编排过程中得到单位同事和全国各地同行的帮助和支持，在此深表谢意。因我们学术水平有限，本书疏漏和不当之处在所难免，敬请社会各界人士批评指正。

2015 年 7 月 22 日

目录

Myricaceae 杨梅科..................1	Rhodamnia 玫瑰木属..................47
Myrica 杨梅属..................1	Rhodomyrtus 桃金娘属..................48
Myristicaceae 肉豆蔻科..................2	Sannantha 扁籽岗松属..................48
Horsfieldia 风吹楠属..................2	Stockwellia 四裂假桉属..................48
Knema 红光树属..................3	Syzygium 蒲桃属..................49
Myristica 肉豆蔻属..................4	Xanthostemon 金蒲桃属..................63
Myrsinaceae 紫金牛科..................5	**Najadaceae 茨藻科**..................64
Aegiceras 蜡烛果属..................5	Najas 茨藻属..................64
Ardisia 紫金牛属..................6	Zannichellia 角果藻属..................65
Embelia 酸藤子属..................20	**Nelumbonaceae 莲科**..................65
Maesa 杜茎山属..................22	Nelumbo 莲属..................65
Myrsine 铁仔属..................26	**Nepenthaceae 猪笼草科**..................66
Rapanea 密花树属..................27	Nepenthes 猪笼草属..................66
Myrtaceae 桃金娘科..................29	**Nyctaginaceae 紫茉莉科**..................67
Acca 野凤榴属..................29	Boerhavia 黄细心属..................67
Backhousia 檬香桃属..................29	Bougainvillea 叶子花属..................67
Baeckea 岗松属..................30	Mirabilis 紫茉莉属..................68
Callistemon 红千层属..................30	Pisonia 腺果藤属..................69
Corymbia 伞房桉属..................32	**Nymphaeaceae 睡莲科**..................70
Decaspermum 子棟树属..................33	Barclaya 红海带属..................70
Eucalyptus 桉属..................33	Brasenia 莼属..................70
Eugenia 番樱桃属..................37	Cabomba 水盾草属..................70
Hakea 哈克木属..................38	Euryale 芡属..................70
Kunzea 雪茶木属..................39	Nuphar 萍蓬草属..................71
Leptospermum 薄子木属..................39	Nymphaea 睡莲属..................72
Lophostemon 红胶木属..................40	Victoria 王莲属..................74
Melaleuca 白千层属..................40	**Nyssaceae 蓝果树科**..................75
Metrosideros 铁心木属..................44	Camptotheca 喜树属..................75
Myrcianthes 忍冬番樱属..................44	Nyssa 蓝果树属..................75
Myrtus 香桃木属..................44	**Ochnaceae 金莲木科**..................77
Pimenta 多香果属..................45	Ochna 金莲木属..................77
Plinia 团番樱属..................45	**Olacaceae 铁青树科**..................78
Psidium 番石榴属..................46	Erythropalum 赤苍藤属..................78

Malania 蒜头果属 78	Bletilla 白及属 119
Olax 铁青树属 79	Brassavola 白拉索兰属 120
Schoepfia 青皮木属 79	Brassia 长萼兰属 121
Oleaceae 木犀科 80	Bulbophyllum 石豆兰属 121
Chionanthus 流苏树属 80	Bulleyia 蜂腰兰属 141
Fontanesia 雪柳属 80	Calanthe 虾脊兰属 142
Forsythia 连翘属 81	Callostylis 美柱兰属 149
Fraxinus 梣属 82	Cattleya 卡特兰属 149
Jasminum 素馨属 86	Cephalanthera 头蕊兰属 151
Ligustrum 女贞属 92	Cephalantheropsis 黄兰属 151
Myxopyrum 胶核木属 96	Ceratostylis 牛角兰属 151
Nyctanthes 夜花属 96	Changnienia 独花兰属 152
Olea 木犀榄属 96	Chiloschista 异型兰属 152
Osmanthus 木犀属 98	Chrysoglossum 金唇兰属 153
Syringa 丁香属 101	Chysis 吉西兰属 153
Onagraceae 柳叶菜科 102	Cleisostoma 隔距兰属 153
Chamerion 柳兰属 102	Coelogyne 贝母兰属 157
Circaea 露珠草属 102	Collabium 吻兰属 162
Epilobium 柳叶菜属 103	Coryanthes 吊桶兰属 162
Fuchsia 倒挂金钟属 104	Corymborkis 管花兰属 162
Gaura 山桃草属 104	Cremastra 杜鹃兰属 163
Ludwigia 丁香蓼属 105	Crepidium 沼兰属 163
Oenothera 月见草属 106	Cryptochilus 宿苞兰属 164
Opiliaceae 山柚子科 109	Cryptostylis 隐柱兰属 165
Champereia 台湾山柚属 109	Cycnoches 天鹅兰属 165
Lepionurus 鳞尾木属 109	Cymbidium 兰属 166
Opilia 山柚子属 109	Cypripedium 杓兰属 175
Urobotrya 尾球木属 109	Dendrobium 石斛属 176
Orchidaceae 兰科 110	Dendrolirium 绒兰属 206
Acampe 脆兰属 110	Dienia 无耳沼兰属 207
Acanthephippium 坛花兰属 111	Diploprora 蛇舌兰属 207
Acriopsis 合萼兰属 112	Doritis 五唇兰属 208
Aerangis 空船兰属 112	Dockrillia 道克瑞丽亚属 208
Aerides 指甲兰属 112	Epigeneium 厚唇兰属 208
Agrostophyllum 禾叶兰属 114	Epipactis 火烧兰属 209
Amesiella 阿梅兰属 114	Eria 毛兰属 209
Amitostigma 无柱兰属 115	Eriodes 毛梗兰属 214
Angraecum 彗星兰属 115	Erythrodes 钳唇兰属 214
Anoectochilus 金线兰属 116	Esmeralda 花蜘蛛兰属 215
Anthogonium 筒瓣兰属 116	Eulophia 美冠兰属 215
Apostasia 拟兰属 117	Flickingeria 金石斛属 217
Appendicula 牛齿兰属 117	Gastrochilus 盆距兰属 220
Arachnis 蜘蛛兰属 117	Gastrodia 天麻属 222
Arundina 竹叶兰属 118	Geodorum 地宝兰属 222
Ascocentrum 鸟舌兰属 118	Goodyera 斑叶兰属 223
Bifrenaria 比佛兰属 119	Gymnadenia 手参属 226

Habenaria 玉凤花属	226	Schoenorchis 匙唇兰属	280
Haraella 香兰属	228	Schomburgkia 匈伯嘉兰属	281
Hemipilia 舌喙兰属	229	Sedirea 萼脊兰属	281
Hetaeria 翻唇兰属	229	Smitinandia 盖喉兰属	282
Holcoglossum 槽舌兰属	230	Sobralia 箬叶兰属	282
Hygrochilus 湿唇兰属	232	Spathoglottis 苞舌兰属	283
Liparis 羊耳蒜属	232	Spiranthes 绶草属	284
Ludisia 血叶兰属	236	Stanhopea 奇唇兰属	285
Luisia 钗子股属	236	Staurochilus 掌唇兰属	285
Microtis 葱叶兰属	238	Stereochilus 坚唇兰属	286
Monomeria 短瓣兰属	238	Sunipia 大苞兰属	286
Mycaranthes 拟毛兰属	238	Tainia 带唇兰属	287
Neofinetia 风兰属	239	Thecopus 盒足兰属	289
Neogyna 新型兰属	239	Thelasis 矮柱兰属	289
Neottianthe 兜被兰属	240	Thrixspermum 白点兰属	289
Nephelaphyllum 云叶兰属	240	Thunia 笋兰属	291
Nervilia 芋兰属	240	Trichoglottis 毛舌兰属	291
Neuwiedia 三蕊兰属	241	Trichotosia 毛鞘兰属	292
Oberonia 鸢尾兰属	241	Trigonidium 三角兰属	293
Ornithochilus 羽唇兰属	243	Tropidia 竹茎兰属	294
Otochilus 耳唇兰属	243	Tuberolabium 管唇兰属	294
Oxystophyllum 拟石斛属	243	Tulotis 蜻蜓兰属	295
Panisea 曲唇兰属	244	Uncifera 叉喙兰属	295
Paphiopedilum 兜兰属	245	Vanda 万代兰属	295
Papilionanthe 凤蝶兰属	257	Vandopsis 拟万代兰属	298
Paraphalaenopsis 筒叶蝶兰属	257	Vanilla 香荚兰属	299
Pelatantheria 钻柱兰属	258	Zeuxine 线柱兰属	300
Peristylus 阔蕊兰属	259	Zygopetalum 轭瓣兰属	301
Phaius 鹤顶兰属	259	**Orobanchaceae 列当科**	301
Phalaenopsis 蝴蝶兰属	262	Aeginetia 野菰属	301
Pholidota 石仙桃属	266	Boschniakia 草苁蓉属	302
Platanthera 舌唇兰属	269	Cistanche 肉苁蓉属	302
Pleione 独蒜兰属	270	Orobanche 列当属	302
Podangis 水母兰属	271	**Oxalidaceae 酢浆草科**	303
Podochilus 柄唇兰属	272	Averrhoa 阳桃属	303
Pogonia 朱兰属	272	Biophytum 感应草属	304
Polystachya 多穗兰属	272	Oxalis 酢浆草属	304
Pomatocalpa 鹿角兰属	273	**Pandanaceae 露兜树科**	309
Prosthechea 章鱼兰属	273	Pandanus 露兜树属	309
Psychopsis 拟蝶唇兰属	274	**Papaveraceae 罂粟科**	311
Pteroceras 长足兰属	275	Argemone 蓟罂粟属	311
Renanthera 火焰兰属	275	Bocconia 肖博落回属	311
Rhyncholaelia 喙丽兰属	277	Chelidonium 白屈菜属	311
Rhynchostylis 钻喙兰属	277	Corydalis 紫堇属	311
Robiquetia 寄树兰属	278	Dactylicapnos 紫金龙属	314
Sarcoglyphis 大喙兰属	279	Dicranostigma 秃疮花属	314

Eomecon 血水草属 ... 315	Trapella 茶菱属 ... 325
Eschscholzia 花菱草属 ... 315	Uncarina 钩刺麻属 ... 326
Glaucium 海罂粟属 ... 315	**Pentaphylacaceae 五列木科** ... 326
Hylomecon 荷青花属 ... 315	Pentaphylax 五列木属 ... 326
Lamprocapnos 荷包牡丹属 ... 315	**Philydraceae 田葱科** ... 327
Macleaya 博落回属 ... 316	Philydrum 田葱属 ... 327
Meconopsis 绿绒蒿属 ... 317	**Phrymaceae 透骨草科** ... 328
Papaver 罂粟属 ... 317	Phryma 透骨草属 ... 328
Stylophorum 金罂粟属 ... 318	**Phytolaccaceae 商陆科** ... 328
Passifloraceae 西番莲科 ... 319	Phytolacca 商陆属 ... 328
Adenia 蒴莲属 ... 319	Rivina 蕾芬属 ... 329
Passiflora 西番莲属 ... 320	
Pedaliaceae 胡麻科 ... 325	中文名索引 ... 330
Sesamum 胡麻属 ... 325	拉丁名索引 ... 344

Myricaceae 杨梅科

该科共计5种，在8个园中有种植

常绿或落叶乔木或灌木，具芳香，被有圆形而盾状着生的树脂质腺体。单叶互生，具叶柄，具羽状脉，边缘全缘或有锯齿或不规则牙齿；雌雄异株或同株；穗状花序单一或分枝，常直立或向上倾斜，或稍俯垂；雄花序常着生于去年生枝条的叶腋内或新枝基部，单生或簇生，或复合成圆锥状花序；雌雄同序者穗状花序的下端为雄花，上端为雌花；雌花序与雄花序相似，常着生于叶腋。雄花单生于苞片腋内，不具或具2~4枚小苞片；雄蕊2枚至多数（多至20枚，通常4~8枚），着生于贴附在苞片基部的花托上；花丝短，离生或稍合生；雌花在每一苞片腋内单生或稀2~4个集生，通常具2~4枚小苞片；雌蕊由2枚心皮合生而成，无柄，子房1室，具1枚直生胚珠。核果小坚果状，具薄而疏松的或坚硬的果皮，或为球状或椭圆状的较大核果，外表布满略成规则排列的乳头状凸起，有时被有毛茸或1层白色而厚的蜡质，外果皮或多或少肉质，富于液汁及树脂，内果皮坚硬。种子直立，具膜质种皮。

Myrica 杨梅属

该属共计5种，在8个园中有种植

Myrica adenophora Hance 青杨梅

常绿灌木，小枝及叶柄被毡毛。叶片薄革质，披针形，中部以上常具锯齿。雌雄异株；花序不分枝或仅下部具不显明分枝；雄花无小苞片，雌花具2枚小苞片。核果椭圆形，长0.7~1cm，白色或红色。（栽培园地：WHIOB）

Myrica adenophora 青杨梅

Myrica cerifera (L.) Small 蜡杨梅

常绿小乔木，全株具香气。叶片蜡质具光泽，狭披针形，全缘或上半部具1~3枚粗锯齿，背面布满黄色小腺点。核果直径约3mm，外包厚厚的蜡层。（栽培园地：CNBG）

Myrica esculenta Buch.-Ham. 毛杨梅

常绿乔木，小枝及芽密被毡毛。叶片革质，披针形

Myrica esculenta 毛杨梅

至倒卵状披针形，疏具黄色腺体。雌雄异株；雄花序为复合圆锥状花序，雄花无小苞片；雌花序分枝极缩短，雌花具2枚小苞片。核果椭圆状，长1~2cm，成熟时红色。（栽培园地：SCBG, WHIOB, KIB, XTBG）

Myrica nana Cheval. 云南杨梅

常绿灌木，小枝无毛或疏具柔毛。叶片长椭圆状倒卵形至短楔状倒卵形，中部以上常疏具粗锯齿。雌雄异株；雄花序单一穗状，雄花无小苞片；雌花序基部具短而不显著的分枝，雌花具2枚小苞片。核果红色，球状，直径1~1.5cm。（栽培园地：WHIOB, KIB）

Myrica rubra (Lour.) Siebold et Zucc. 杨梅

常绿乔木。叶片革质，狭卵状披针形，疏具黄色腺体。雌雄异株；雄花序单穗状，雄花具2~4枚小苞片；雌花序短而细瘦，雌花具4枚小苞片。核果球状，直径1~3cm，外果皮肉质多汁，味酸甜，成熟时深红色或紫红色。（栽培园地：SCBG, WHIOB, KIB, LSBG, CNBG, SZBG, GXIB）

Myrica nana 云南杨梅

Myrica rubra 杨梅

Myristicaceae 肉豆蔻科

该科共计11种，在6个园中有种植

常绿乔木或灌木，通常中等大小，各部都有香气（细胞中含挥发油）；树皮和髓心周围具黄褐色或肉红色浆汁。单叶互生，全缘，羽状脉，无托叶，通常具透明腺点，螺旋状排列或微二列开展。花序腋生，通常为圆锥花序或总状花序，稀头状花序或聚伞花序；小花成簇或各式的总状排列或聚合成团；苞片早落；小苞片着生于花梗和花被基部；花小，单性，通常异株；无花瓣；花被通常3裂，稀2~5裂，镊合状；雄蕊2~40枚（国产种通常为16~18枚），花丝合生成柱（雄蕊柱）。果皮革质状肉质，或近木质，常开裂为2果瓣；种子具肉质、完整或多少撕裂状的假种皮；种皮3或4层，外层脆壳状肉质，中层通常木质，较厚，内层膜质。

Horsfieldia 风吹楠属

该属共计4种，在5个园中有种植

Horsfieldia glabra (Blume) Warb. 风吹楠

乔木。叶片较小，长10~20cm，宽在5.5cm以下；侧脉一般不超过12对，稀16对。（栽培园地：WHIOB, XTBG, GXIB）

Horsfieldia hainanensis Merr. 海南风吹楠

乔木。叶片较大，长圆状卵圆形至长圆状宽披针形，长20~45cm，宽5~22cm；幼叶背面密被锈色星状

Horsfieldia glabra 风吹楠

Horsfieldia hainanensis 海南风吹楠

毛，老时无毛或在中肋或侧脉上被毛；侧脉 12~16 对。果序轴短，长仅 2~4cm。（栽培园地：SCBG, XTBG, SZBG, GXIB）

Horsfieldia pandurifolia Hu 琴叶风吹楠

乔木。叶片倒卵状长圆形至提琴形，长 20~45cm，宽 5~22cm；侧脉在 12 对以上。花被裂片早落。果小，长 3~4.5cm，皮薄，厚约 1.8mm；种子顶端具小突尖。（栽培园地：SCBG, WHIOB, XTBG, SZBG, GXIB）

Horsfieldia pandurifolia 琴叶风吹楠

Horsfieldia tetratepala C. Y. Wu 滇南风吹楠

乔木。叶片长圆形、长圆状披针形或长圆状倒披针形，长 20~45cm，宽 5~22cm，全面无毛；侧脉 14~22

Horsfieldia tetratepala 滇南风吹楠（图 1）

Horsfieldia tetratepala 滇南风吹楠（图 2）

对。花被裂片在果时成不规则的盘状，宿存。果序轴长 6~12cm。（栽培园地：SCBG, WHIOB, XTBG）

Knema 红光树属

该属共计 5 种，在 3 个园中有种植

Knema cinerea (Poir.) Warb. var. **glauca** (Blume) Y. H. Li 狭叶红光树

小乔木。幼枝密被灰褐色糠秕状星状微柔毛。叶片长方状披针形或线状披针形，顶端渐尖或长渐尖，背面常苍白色，中肋或沿中肋及侧脉处被颗粒状或粉末状的星状微柔毛。花柱短，柱头 2 裂；每裂片 2~3 浅裂。成熟果在 3cm 以下。（栽培园地：XTBG）

Knema conferta (King) Warb. 密花红光树

小乔木。幼枝被极短的微柔毛。叶片长圆状披针形或狭椭圆形，顶端锐尖或突尖，背面常被毛，但老时渐疏或仅沿中肋或侧脉被小的星状糠秕状绒毛。花柱几无，柱头 3 裂。成熟果长在 3cm 以上。（栽培园地：XTBG）

Knema erratica (Hook. f. et Thomson) J. Sincl. 假广子

小乔木。幼枝、幼叶密被锈色或灰褐色微柔毛。叶片长方状披针形或卵状披针形，稀长圆形或狭椭圆形，两侧边近平行，背面常密被锈色或灰褐色有柄的星状微柔毛，老时渐疏或无毛。花柱极短，柱头 2 裂，每裂片 2 浅裂。成熟果长 2~3cm，外面被锈色树枝状绒毛。（栽培园地：XTBG）

Knema furfuracea (Hook. f. et Thomson) Warb. 红光树

常绿乔木。幼枝密被锈色糠秕状微柔毛。叶片宽披针形或长圆状披针形，稀倒披针形，长 30~55cm，宽 8~15cm，基部心形或圆形；侧脉 24~35 对。果椭圆形或卵球形，成熟时长 3.5~4.5cm，外面密被短的锈色树枝状分叉绒毛。（栽培园地：XTBG）

Knema globularia (Lam.) Warb. 小叶红光树

小乔木。幼枝密被短的锈色星状绒毛或近颗粒状微柔毛。叶片常披针形、线状披针形或倒披针形，稀长圆状披针形，两侧边缘常不平行，背面常无毛。花柱长约1.5mm，柱头2裂。成熟果小，长在2cm以下，外面被锈色近颗粒状微柔毛。（栽培园地：SCBG, WHIOB, XTBG）

Knema erratica 假广子

Knema globularia 小叶红光树（图1）

Knema globularia 小叶红光树（图2）

Myristica 肉豆蔻属

该属共计2种，在3个园中有种植

Myristica fragrans Houtt. 肉豆蔻

小乔木。叶片近革质，椭圆形或椭圆状披针形，长3.5~7cm；侧脉6~11对。雄花序总状。果梨形。（栽培园地：XTBG, SZBG）

Myristica yunnanensis Y. H. Li 云南肉豆蔻

乔木。叶片坚纸质，圆状披针形或长圆状倒披针形，长30~38cm，背面密被锈色绒毛；侧脉20~32对。雄花序为二至三歧的假伞形。果椭圆形。（栽培园地：XTBG, CNBG）

Knema furfuracea 红光树

Myristica fragrans 肉豆蔻

Myristica yunnanensis 云南肉豆蔻

Myrsinaceae 紫金牛科

该科共计86种，在10个园中有种植

灌木、乔木或攀援灌木，稀藤本或近草本。单叶互生，稀对生或近轮生，通常具腺点或脉状腺条纹，稀无，全缘或具各式齿，齿间有时具边缘腺点；无托叶。总状花序、伞房花序、伞形花序、聚伞花序及上述各式花序组成的圆锥花序，或花簇生、腋生、侧生、顶生或生于侧生特殊花枝顶端，或生于具覆瓦状排列苞片的小短枝顶端；具苞片，有的具小苞片；花通常两性或杂性，稀单性，有时雌雄异株或杂性异株，辐射对称，覆瓦状或镊合状排列或螺旋状排列，4或5数，稀6数；花萼基部连合或近分离，或与子房合生，通常具腺点，宿存；花冠通常仅基部连合或成管，稀近分离，裂片各式，通常具腺点或脉状腺条纹；雄蕊与花冠裂片同数，对生，着生于花冠上，分离或仅基部合生；雌蕊1枚，子房上位。浆果核果状，外果皮肉质、微肉质或坚脆，内果皮坚脆，有种子1枚或多数。

Aegiceras 蜡烛果属

该属共计1种，在1个园中有种植

Aegiceras corniculatum (L.) Blanco 蜡烛果

灌木或小乔木。茎褐黑色。叶在枝顶部近轮生，叶

Aegiceras corniculatum 蜡烛果（图2）

Aegiceras corniculatum 蜡烛果（图1）

片革质，椭圆形或倒卵形，全缘，顶端圆形或微凹。伞形花序，花冠白色，钟形。蒴果，弯曲如新月形。（栽培园地：SCBG）

Ardisia 紫金牛属

该属共计50种，在10个园中有种植

Ardisia affinis Hemsl. 细罗伞

矮小灌木。叶片小，坚纸质，长1.5~3.5cm，宽1~1.5cm，椭圆状卵形至长圆状倒披针形，边缘具浅波状齿。伞形花序，着生于侧生特殊花枝顶端，花枝长不超过4cm，花瓣淡粉红色。果球形，红色。（栽培园地：CNBG, GXIB）

Ardisia alyxiaefolia Tsiang ex C. Chen 少年红

小灌木。茎纤细，幼时被锈色柔毛。叶片革质，卵形或披针形，边缘具浅圆齿。亚伞形花序或伞房花序，侧生，密被短柔毛。花梗带红色，花瓣白色或淡粉色。果球形，红色，具腺点。（栽培园地：SCBG, WHIOB, GXIB）

Ardisia brevicaulis 九管血

Ardisia brunnescens Walker 凹脉紫金牛

灌木。小枝略肉质，具皱纹。叶片椭圆状卵形或椭圆形，全缘，叶面中、侧脉下凹，背面隆起，无小窝点。复伞形花序或圆锥状聚伞花序，花瓣淡黄色。果球形，深红色。（栽培园地：SCBG, XTBG, GXIB）

Ardisia alyxiaefolia 少年红

Ardisia botryosa E. Walker 束花紫金牛

亚灌木状，具长匍匐根茎，直立茎高20~50cm。叶互生或近轮生，叶片坚纸质，基部楔形，下延成狭翅，叶片边缘具啮蚀状细齿。由亚聚伞花序组成的总状花序，腋生，花瓣白色至粉红色。果球形，鲜红色。（栽培园地：WHIOB）

Ardisia brevicaulis Diels 九管血

矮小灌木。鲜根横断面有数点血红色汁液渗出。茎幼时被微柔毛；侧生花枝长2~5cm。叶片卵状披针形或椭圆形，近全缘，边缘具腺点。伞形花序，花瓣淡粉红色，具腺点。果球形，鲜红色。（栽培园地：SCBG, WHIOB, GXIB）

Ardisia brunnescens 凹脉紫金牛

Ardisia caudata Hemsl. 尾叶紫金牛

多枝灌木，常从基部分枝。叶片膜质，长圆状披针形，尾部常尾状渐尖，叶片腺点疏，叶缘具皱波状浅圆齿。复亚聚伞花序或伞形花序，花瓣粉红色，广卵形，具密腺点，花梗被微柔毛。果球形，红色。（栽培园地：SCBG, WHIOB）

Ardisia caudata 尾叶紫金牛

Ardisia chinensis Benth. 小紫金牛

亚灌木，具匍匐茎。直立茎丛生，茎幼时被柔毛及灰褐色鳞片。叶片坚纸质，倒卵形或椭圆形，全缘或于中部以上具疏波状齿，叶面无毛，背面被疏鳞片。亚伞形花序，腋生，花序总梗长1cm以下，有花3~5朵，花瓣白色，无腺点，萼片三角状卵形。果球形，成熟时由红色变黑色。（栽培园地：SCBG, WHIOB, GXIB）

Ardisia chinensis 小紫金牛

Ardisia conspersa Walker 散花紫金牛

灌木。叶片膜质，倒披针形至狭长圆状倒披针形，全缘或具不明显的圆齿，叶面无毛，背面疏被柔毛，有时毛卷曲。圆锥状复伞房花序，被微柔毛，每个伞房花序总梗长2.5~5cm，花瓣粉红色，花腺点不明显。

Ardisia conspersa 散花紫金牛

果球形，红色。（栽培园地：KIB, GXIB）

Ardisia corymbifera Mez 伞形紫金牛

灌木，植株无块根。叶片狭长圆状倒披针形或倒披针形，边缘具细波状齿，叶面无毛，背面密被卷曲的疏柔毛，中脉尤甚。复伞形花序，每个花序总梗长1~2cm，花梗被微柔毛，花具密腺点，花瓣近白色或粉红色。果球形，鲜红色。（栽培园地：WHIOB, XTBG, GXIB）

Ardisia corymbifera 伞形紫金牛

Ardisia crassinervosa E. Walker 粗脉紫金牛

灌木。小枝披散，具皱纹。叶片革质，长圆状倒披针形，叶缘具圆齿，齿尖具边缘腺点，中、侧脉明显，隆起，侧脉12对以上，仅一次连接；嫩叶边缘红色。亚伞形花序或聚伞花序，花长约4mm，花瓣粉红色至淡紫色，萼片广卵形或近圆形。果球形，红色。（栽培园地：SCBG）

Ardisia crassinervosa 粗脉紫金牛

Ardisia crassirhiza Z. X. Li. et F. W. Xing et C. M. Hu 肉根紫金牛

灌木。枝条无毛。叶片坚纸质，叶片较块根紫金牛的短小，椭圆形或卵状披针形，两面无毛，边缘具粗圆齿或近全缘。伞形花序，生于枝顶端，花冠白色，密被黑色腺点。果球形，红色。（栽培园地：SCBG）

Ardisia crenata Sims 朱砂根

小灌木。叶背面、花梗、花萼均为绿色。叶片革质，椭圆形、椭圆状披针形或倒披针形，短且宽，边

Ardisia crenata 朱砂根（图1）

Ardisia crassirhiza 肉根紫金牛

Ardisia crenata 朱砂根（图2）

缘具波状齿。伞形花序或聚伞花序，花瓣白色，花长4~6mm，萼片长圆状卵形。果球形，鲜红色。（栽培园地：SCBG, IBCAS, WHIOB, KIB, XTBG, LSBG, CNBG, SZBG, GXIB, XMBG）

Ardisia crispa (Thunb.) A. DC. 百两金

灌木。叶片膜质或亚纸质，椭圆状披针形或狭长圆状披针形，全缘或略波状，具明显的边缘腺点。亚伞形花序，侧生特殊花枝长5~10cm者常无叶，长13~18cm者具少数叶；花瓣白色或粉红色。（栽培园地：SCBG, WHIOB, LSBG, CNBG, GXIB）

Ardisia densilepidotula 密鳞紫金牛

Ardisia crispa 百两金（图1）

Ardisia depressa 圆果罗伞（图1）

Ardisia crispa 百两金（图2）

Ardisia densilepidotula Merr. 密鳞紫金牛

小乔木。树皮粗糙，小枝幼时被锈色鳞片。叶片革质，倒卵形至广倒披针形，长11~17cm，宽4~6cm，全缘。由多回亚伞形花序组成的圆锥花序，萼片狭三角状卵形或披针形，花瓣粉红色至紫红色。果球形，紫红色至紫黑色。（栽培园地：SCBG）

Ardisia depressa C. B. Clarke 圆果罗伞

灌木。小枝细，幼时被锈色鳞片和微柔毛。叶片椭

Ardisia depressa 圆果罗伞（图2）

圆状披针形或近倒披针形，全缘，背面具细小鳞片。聚伞花序或复伞形花序，被锈色细鳞片，萼片三角状卵形，无腺点，花瓣淡粉色。果球形，暗红色至黑色。（栽培园地：SCBG, WHIOB, KIB, XTBG）

Ardisia elliptica Thunb. 东方紫金牛

灌木。全株无毛。叶片厚，新鲜时略肉质，倒披针形或倒卵形，全缘，嫩叶紫红色。亚伞形花序或复伞房花序，花瓣淡粉色，萼片圆形，具缘毛。果球形，紫黑色或红色。（栽培园地：SCBG, XTBG, SZBG, GXIB）

Ardisia ensifolia 剑叶紫金牛

Ardisia elliptica 东方紫金牛（图1）

Ardisia faberi 月月红（图1）

Ardisia elliptica 东方紫金牛（图2）

Ardisia ensifolia E. Walker 剑叶紫金牛

小灌木。根茎伸长，木质。叶片狭披针形至线形，背面无鳞片，边缘反卷及具边缘腺点。亚伞形花序，花瓣红色，萼片广卵形，顶端钝，无缘毛，长3~4mm。果球形，红色。（栽培园地：SCBG, WHIOB, GXIB）

Ardisia faberi Hemsl. 月月红

近蔓生亚灌木。茎密被锈色卷曲长柔毛。叶对生或近轮生，叶片坚纸质，卵状椭圆形或披针形，长

Ardisia faberi 月月红（图2）

5~10cm，边缘具粗锯齿，叶长成后仅叶面中、侧脉被毛。亚伞形花序，腋生，花长 4~6mm，花瓣白色至粉红色。果球形，红色，无腺点和毛。（栽培园地：SCBG, WHIOB, GXIB）

Ardisia filiformis E. Walker 狭叶紫金牛

灌木。叶片膜质，狭长，狭披针形或披针形，长 12~20cm，宽 1~2.5cm，全缘或具极浅的疏波状齿。圆锥花序，长 4~7cm，花瓣粉红色或淡红色。果球形，蓝黑色或红色。（栽培园地：SCBG, GXIB）

Ardisia filiformis 狭叶紫金牛（图2）

Ardisia filiformis 狭叶紫金牛（图1）

Ardisia fordii Hemsl. 灰色紫金牛

小灌木，具匍匐根状茎。枝条密被锈色鳞片。叶片较小，椭圆状披针形，全缘，嫩叶有时红色。伞形花序，花小，花瓣淡粉色。果球形，深红色。（栽培园地：SCBG, GXIB）

Ardisia garrettii H. K. Fletcher 小乔木紫金牛

灌木或小乔木，无毛。小枝圆柱形，直径 3~4mm。叶片坚纸质，倒披针形，全缘。总花梗、花梗粗约 1mm，花长 5~7mm，花瓣膜质，略厚，淡粉色。果扁球形，红色或黄色。（栽培园地：SCBG）

Ardisia fordii 灰色紫金牛（图1）

Ardisia fordii 灰色紫金牛（图2）

Ardisia garrettii 小乔木紫金牛（图1）

Ardisia garrettii 小乔木紫金牛（图2）

Ardisia gigantifolia Stapf 走马胎

灌木。直立茎粗壮，直径约1cm，无分枝，幼嫩部分被微柔毛。叶簇生于茎顶端，叶片大，膜质，长25~48cm，宽9~17cm，边缘具密啮蚀状细齿，两面无毛。由亚伞形花序组成的大型金字塔状或总状圆锥花序，

Ardisia gigantifolia 走马胎

长20~30cm，花瓣白色或粉红色。果球形，红色，无毛。（栽培园地：SCBG, WHIOB, KIB, XTBG, GXIB）

Ardisia hanceana Mez 大罗伞树

灌木。叶片坚纸质，椭圆状披针形，边缘中部以下具粗圆齿，两面无毛。复伞形花序或由伞房花序组成的圆锥花序，萼片、花瓣无腺点，花瓣粉红色。果大，深红色，直径10~12cm。（栽培园地：SCBG, WHIOB, SZBG, GXIB）

Ardisia hanceana 大罗伞树（图1）

Ardisia hanceana 大罗伞树（图2）

Ardisia helferiana Kurz 绣毛紫金牛

灌木。幼枝略具棱，密被长柔毛。叶片坚纸质，披针形，两面被毛，叶柄密被长柔毛，边缘疏具腺点。总状花序近似伞房花序，密被长柔毛，花瓣浅绿色。果球形，幼果具腺点，成熟时黑色。（栽培园地：XTBG）

Ardisia helferiana 绣毛紫金牛

Ardisia hokouensis Y. P. Yang 粗梗紫金牛

灌木，具粗厚的匍匐生根的根茎，直径 2.1~2.4cm，无毛。叶常聚生茎顶，叶片大，坚纸质，广椭圆状倒卵形或倒卵形，长 29~44cm，宽 11~16cm，边缘具浅波状圆齿，中部以下常全缘。由具极短总梗的伞形花序组成的总状花序或圆锥花序，生于茎顶叶腋，总梗和花梗红色，花瓣粉白色。果球形，紫黑色，具腺点。（栽培园地：XTBG）

Ardisia hokouensis 粗梗紫金牛

Ardisia humilis Vahl 矮紫金牛

灌木。茎粗壮，无毛。叶片大，常聚生于茎顶，倒

Ardisia humilis 矮紫金牛（图1）

Ardisia humilis 矮紫金牛（图2）

卵形或椭圆状倒卵形，全缘，背面密布小窝点。圆锥花序金字塔形，长8~17cm或更长，花瓣粉红色或红紫色，萼片广卵形，无缘毛。果球形，鲜红色至紫黑色。（栽培园地：SCBG, XTBG, SZBG, GXIB）

Ardisia hypargyrea C. Y. Wu et C. Chen 柳叶紫金牛

灌木。嫩枝被鳞片。叶片狭长，狭披针形，全缘，边缘外卷，背面被锈色鳞片。亚伞形花序或聚伞花序，萼片三角状卵形，顶端急尖，具缘毛，长约1mm，花瓣粉红色至紫红色。果球形，红色。（栽培园地：WHIOB, GXIB）

Ardisia japonica (Thunb.) Bl. 紫金牛

亚灌木，具匍匐茎。直立茎丛生，茎幼时被柔毛及灰褐色鳞片。叶片坚纸质，倒卵形或椭圆形，边缘具细锯齿，叶面无毛，背面被疏鳞片。亚伞形花序，腋生，花序总梗长1cm以下，有花3~5朵，花瓣白色，无腺点，萼片三角状卵形。果球形，由红色变黑色。（栽培园地：SCBG, WHIOB, KIB, XTBG, LSBG, CNBG, SZBG, GXIB）

Ardisia japonica 紫金牛（图1）

Ardisia japonica 紫金牛（图2）

Ardisia lindleyana D. Dietr. 山血丹

小灌木。叶片革质，长圆形至椭圆状披针形，边缘脉远离叶缘，几于叶中部连接，边缘近全缘或具微波状齿，背面被细微柔毛。亚伞形花序，花具腺点，花瓣白色。果球形，深红色。（栽培园地：SCBG, WHIOB, XTBG, LSBG）

Ardisia lindleyana 山血丹

Ardisia maclurei Merr 心叶紫金牛

近草质亚灌木，具匍匐茎。茎幼时密被锈色长柔毛，后渐脱落。叶互生，叶片坚纸质，长圆状椭圆形或椭圆状倒卵形，基部心形，边缘具粗锯齿，两面均疏被柔毛。亚伞形花序，近顶生，花瓣淡紫色或红色。果球形，暗红色。（栽培园地：SCBG, WHIOB, XTBG）

Ardisia maclurei 心叶紫金牛

Ardisia maculosa Mez 珍珠伞

灌木。叶片椭圆形至长圆状披针形，宽常3cm以上，背面无毛或仅疏被鳞片，边缘具粗圆齿，齿间具边缘腺点。复亚伞形聚伞花序，总梗及花梗被微柔毛，花、果的腺点少且不明显。（栽培园地：WHIOB, XTBG）

Ardisia mamillata Hance 虎舌红

矮小灌木，密被锈色卷曲长柔毛。叶片坚纸质，互生或簇生茎顶端，叶片倒卵形至长圆状倒披针形，两面密被锈色糙状伏毛，毛基部隆起如瘤，叶缘具不明显疏圆齿。伞形花序，被毛，花瓣粉红色。果球形，鲜红色。（栽培园地：SCBG, IBCAS, WHIOB, KIB, CNBG, SZBG, GXIB）

Ardisia obtusa Mez 铜盆花

灌木。枝条、叶、花序无毛。叶片倒披针形或倒卵形，顶端钝、圆形或广急尖，全缘，侧脉不超过15对，背面疏被鳞片。由复伞房花序或亚伞形花序组成圆锥花序，花瓣淡紫色或粉红色。果球形，黑色。（栽培园地：SCBG）

Ardisia maculosa 珍珠伞

Ardisia mamillata 虎舌红（图1）

Ardisia obtusa 铜盆花（图1）

Ardisia mamillata 虎舌红（图2）

Ardisia obtusa 铜盆花（图2）

Ardisia palysticta Migo 纽子果

灌木。叶片坚纸质，椭圆状披针形或倒卵形，边缘具粗圆齿，侧脉仅于背面微微隆起，细脉不明显，具密腺点。复伞房花序或伞形花序，总梗及花梗无毛，花萼及果具密且明显的腺点。（栽培园地：SCBG, WHIOB, XTBG, GXIB）

Ardisia pedalis E. Walker 矮短紫金牛

亚灌木。高约50cm，具匍匐根状茎，幼时被锈色

Ardisia palysticta 纽子果

Ardisia primulifolia 莲座紫金牛（图1）

Ardisia pedalis 矮短紫金牛

Ardisia primulifolia 莲座紫金牛（图2）

状，叶片坚纸质，椭圆形或长圆状倒卵形，两面被卷曲的锈色长柔毛。聚伞花序或亚伞形花序，被毛，从莲座叶腋中抽出，花瓣粉红色至白色。果球形，鲜红色。（栽培园地：SCBG, WHIOB, LSBG, SZBG, GXIB）

Ardisia pseudocrispa Pit. 块根紫金牛

灌木，植株下部具块根。小枝无毛。叶片短小，椭圆形或倒卵状披针形，全缘或具细波状齿，两面无毛。由伞形、亚伞形花序组成的圆锥花序，花梗无毛，花瓣淡黄色至白色。果球形，红色。（栽培园地：GXIB）

Ardisia pubicalyx Miq. var. collinsiae (H. R. Fletcher) C. M. Hu 总序紫金牛

灌木。叶互生，叶片革质，椭圆状披针形，全缘。总状花序，腋生，花瓣淡紫色。果球形，红色或黄色。（栽培园地：SCBG）

Ardisia pusilla A. DC. 九节龙

近蔓生亚灌木。茎逐节生根，直立茎高不超过10cm，幼时密被长柔毛，后无毛。叶对生或轮生，叶片坚纸质，椭圆形或倒卵形，叶面被糙伏毛，毛基部隆起，叶缘具粗锯齿。伞形花序，侧生，被长硬毛，

柔毛。叶片膜质，椭圆形、倒披针形或倒卵形，边缘具圆齿，两面无毛，叶背密被黑色腺点。亚伞形花序，单生、顶生或侧生，密被柔毛，花瓣白色或粉红色。果球形，红色。（栽培园地：SCBG）

Ardisia primulifolia Gardn. et Champ. 莲座紫金牛

矮小灌木或近草本。茎极短或几无。叶基生呈莲座

Ardisia pseudocrispa 块根紫金牛

Ardisia pubicalyx var. **collinsiae** 总序紫金牛

Ardisia pusilla 九节龙

花瓣白色或微红色。果球形，红色，具腺点。（栽培园地：SCBG, WHIOB, XTBG, SZBG, GXIB）

Ardisia quinquegona Blume 罗伞树

灌木。小枝嫩时被锈色鳞片。叶片坚纸质，长圆状

Ardisia quinquegona 罗伞树（图1）

Ardisia quinquegona 罗伞树（图2）

披针形，全缘。聚伞花序或亚伞形花序，花白色，萼片三角状卵形或三角状披针形。果扁球形，具钝5鳞，黑色。（栽培园地：SCBG, WHIOB, XTBG, GXIB）

Ardisia replicata E. Walker 卷边紫金牛

小灌木。直立茎高约20cm，密被锈色长柔毛或绒毛。叶片坚纸质，卵形或椭圆状卵形，顶端广急尖，基部圆形，叶缘的齿干时常向叶背反卷。亚伞形花序组成总状花序或圆锥花序，长1.8~3cm，生于节间钻形苞片腋间，花瓣粉红色。果球形，深红色。（栽培园地：WHIOB）

Ardisia scalarinervis E. Walker 梯脉紫金牛

小灌木，密被长绒毛。叶常聚于茎顶，叶片坚纸质，长倒卵形或倒披针形，背面中脉密被粗毛状长柔毛或锈色卷曲长柔毛，其余被细微柔毛，侧脉25对或更多，与中脉成直角，平展。复伞形花序，长达3cm，花瓣白色，花梗、萼片鲜红色。果球形，鲜红色。（栽培园地：XTBG）

Ardisia sieboldii 多枝紫金牛（图1）

Ardisia scalarinervis 梯脉紫金牛

Ardisia shweliensis W. W. Smith 瑞丽紫金牛

灌木。枝条无毛。叶片膜质，长圆状椭圆形或披针状椭圆形，两面无毛，背面具小而密的碎发状腺点。复伞形花序，花瓣白色，花上的腺点不明显或无，花瓣卵形或卵状披针形，花梗无毛。果球形，红色，无腺点。（栽培园地：WHIOB）

Ardisia sieboldii Miq. 多枝紫金牛

灌木或小乔木。分枝多，小枝幼时被疏鳞片及细皱纹。叶片革质，倒卵形或椭圆状卵形，全缘，侧脉不明显。复亚伞形花序或复聚伞形花序，花瓣白色，萼片卵形。果球形，暗红色至黑色。（栽培园地：SCBG）

Ardisia silvestris Pit. 短柄紫金牛

小灌木。直立茎不分枝，粗6~10mm，密布大叶痕，被锈色柔毛。叶常聚生于茎顶，叶片坚纸质，倒披针形、倒卵形或椭圆形，长20~40cm，宽11~16cm，边缘具

Ardisia sieboldii 多枝紫金牛（图2）

密啮蚀状细齿，背面脉上密被锈色长硬毛。由伞形花序组成的狭圆锥花序，长约10cm。果球形，红色。（栽培园地：SCBG）

Ardisia solanacea Roxb. 酸苔菜

小乔木。枝条、花枝及花梗粗壮，花梗粗约2mm，总花梗更粗。叶片坚纸质，椭圆状披针形或倒披针形，全缘，无毛。总状花序或亚伞形花序，花长约1cm，

Ardisia silvestris 短柄紫金牛

Ardisia solanacea 酸苔菜

Ardisia velutina 紫脉紫金牛

Ardisia villosa 雪下红（图1）

Ardisia villosa 雪下红（图2）

花瓣粉红色。果球形，紫红色带黑色。（栽培园地：SCBG, XTBG, SZBG）

Ardisia thyrsiflora D. Don 南方紫金牛

灌木或小乔木。嫩枝、花序、花梗和叶柄均密被锈色微柔毛。叶片坚纸质，狭长圆状披针形至狭椭圆状卵形，全缘。复亚伞形花序组成圆锥花序，花瓣粉红色，具腺点，花瓣里无毛，萼片卵形至椭圆状卵形。果球形，紫红色，具小腺点。（栽培园地：XTBG, CNBG, GXIB）

Ardisia velutina Pit. 紫脉紫金牛

灌木，密被紫红色长柔毛。叶轮生，叶片坚纸质，披针形或椭圆形，中、侧脉紫红色，叶缘具不整齐的细锯齿。复伞形花序，密被锈色长柔毛，花瓣红色或紫红色。果球形，红色，被锈色微柔毛。（栽培园地：SCBG, WHIOB, GXIB）

Ardisia villosa Roxb. 雪下红

直立灌木，具匍匐根状茎，幼时全株被锈色长柔毛。叶片坚纸质，椭圆状披针形至卵形，近全缘或具波状圆齿，叶面除中脉外，几无毛，背面密被长柔毛；叶柄被长柔毛。复聚伞花序或伞形花序，被锈色长柔毛，花瓣淡紫色、粉红色、白色。果球形，深红色，被毛。（栽培园地：SCBG, XTBG, CNBG, GXIB）

Ardisia waitakii C. M. Hu 越南紫金牛

小乔木或大灌木，幼枝、花轴、花梗和花萼均被锈色鳞片。叶片长圆形、长圆状披针形或椭圆形，全缘，叶片于细脉网眼中具两面隆起的稀腺点。伞形花序或伞房花序，腋生或侧生，萼片卵状长圆形或广卵形，具腺点，花瓣淡紫色近白色。果扁球形，红色或黑色。（栽培园地：SCBG, WHIOB）

Embelia 酸藤子属

该属共计9种，在7个园中有种植

Embelia floribunda Wall. 多花酸藤子

攀援灌木或藤本。叶片坚纸质或近革质，披针形或长圆状披针形，全缘，两面无毛，背面边缘具密腺点；叶柄具狭翅。圆锥花序腋生或稀顶生，无毛，长7~15cm，花瓣白色。果球形，红色，具网状皱纹。（栽培园地：KIB）

Embelia floribunda 多花酸藤子（图1）

Embelia floribunda 多花酸藤子（图2）

Embelia parviflora Wall. 当归藤

攀援灌木或藤本。小枝常2列，密被锈色长柔毛。叶2列，叶片坚纸质，卵形，全缘；叶柄被长柔毛。亚伞形花序或聚伞花序，腋生，萼片卵形或近三角形，花瓣白色或粉红色，花瓣背面无毛，子房无毛。果球形，暗红色，无毛。（栽培园地：SCBG, WHIOB, XTBG）

Embelia parviflora 当归藤（图1）

Embelia parviflora 当归藤（图2）

Embelia pauciflora Diels 疏花酸藤子

攀援藤本或灌木。幼枝密被微柔毛，后渐无毛。叶片坚纸质或略薄，卵形、卵状披针形、长圆状披针形至披针形，顶端渐尖，基部圆形，背面幼时中脉被微

Embelia pauciflora 疏花酸藤子

Embelia ribes 白花酸藤果（图2）

柔毛，边缘圆齿状锯齿。亚伞形花序，长约1mm，腋生，花瓣浅绿色。果球形，红色。（栽培园地：WHIOB）

Embelia ribes Burm. f. 白花酸藤果

攀援灌木或藤本。枝条无毛，老枝具皮孔。叶片薄，坚纸质，倒卵状椭圆形或长圆状椭圆形，全缘，两面无毛，叶面平滑，背面有时被薄白粉。圆锥花序，顶生，长5~15cm，稀达30cm，花梗长1.5mm以上，花瓣淡绿色或白色。果球形或卵形，红色或深紫色，无毛。（栽培园地：SCBG, WHIOB, KIB, XTBG, SZBG）

Embelia rudis Hand.-Mazz. 网脉酸藤子

攀援灌木。分枝多，枝条无毛，密布皮孔。叶片坚纸质，稀革质，长圆状卵形或卵形，稀宽披针形，边缘具细或粗的锯齿，有时具重锯齿或几全缘，两面无毛，侧脉明显，细脉网状，均隆起。总状花序，腋生，长1~3cm，花药背部具腺点，花瓣淡绿色或白色。果球形，蓝黑色或带红色，具腺点。（栽培园地：SCBG, WHIOB）

Embelia rudis 网脉酸藤子

Embelia scandens (Lour.) Mez 瘤皮孔酸藤子

攀援灌木。小枝无毛，密布瘤状皮孔。叶片坚纸质，长椭圆形或椭圆形，全缘或上半部具不明显的疏锯齿，侧脉约10对。总状花序，腋生，萼片三角形，花瓣白色或淡绿色，花丝基部多少具微柔毛。果球形，红色。（栽培园地：XTBG, GXIB）

Embelia sessiliflora Kurz 短梗酸藤子

攀援灌木或藤本。小枝幼时被微柔毛，后渐无毛。叶片坚纸质，椭圆状卵形或长圆状卵形，背面无白粉。

Embelia ribes 白花酸藤果（图1）

圆锥花序，顶生，密被微柔毛，花梗无或极短，长1mm以下。花瓣淡绿色或白色，柱头常为头状或盾状。果球形，红色，宿存花柱基部多少具微柔毛。（栽培园地：WHIOB, XTBG）

Embelia undulata (A. DC) Mez 平叶酸藤子

攀援灌木、藤本或小乔木。小枝无毛，常无皮孔。叶片纸质至坚纸质，椭圆形、长圆状椭圆形、倒卵状椭圆形至倒披针形。总状花序，侧生或腋生，长1~5cm，被微柔毛，花被4数，花瓣淡黄色或绿白色。果球形或扁球形，深红色，具明显的纵肋及腺点。（栽培园地：SCBG, WHIOB, XTBG, CNBG, GXIB）

Embelia vestita 密齿酸藤子（图2）

毛，具皮孔。叶片坚纸质，卵形至卵状长圆形、椭圆状披针形，边缘具细锯齿或上半部具粗疏锯齿，两面无毛。总状花序，腋生，长1~6cm，被细绒毛。花梗常与轴成直角，花瓣白色、粉红色或淡绿色。果球形或略扁，红色，具腺点。（栽培园地：SCBG, WHIOB, KIB, XTBG, GXIB）

Maesa 杜茎山属

该属共计18种，在8个园中有种植

Maesa acuminaissima Merr. 米珍果

灌木。小枝纤细，无毛。叶片膜质或略厚，披针形或广披针形，全缘或具不明显疏离浅波状齿，两面无毛，无腺点。金字塔形圆锥花序，顶生和腋生分枝多，花冠白色，钟状，裂片与花冠管等长，花萼与花冠无脉状腺条纹。果梗长3~6mm，与花轴几成直角，果球形或近卵圆形，直径约3mm以下，浅绿色，无腺点。（栽培园地：WHIOB）

Maesa balansae Mez 顶花杜茎山

灌木。叶片坚纸质，广椭圆形或椭圆状卵形，近

Embelia undulata 平叶酸藤子

Embelia vestita Roxb. 密齿酸藤子

攀援灌木或小乔木。小枝无毛或嫩枝被极细的微柔

Embelia vestita 密齿酸藤子（图1）

Maesa balansae 顶花杜茎山

全缘或具疏细齿或短锐齿，齿尖常具腺点，两面无毛，背面细脉明显，微隆起，无脉状腺条纹。圆锥花序，顶生和腋生，长且分枝多，长7~20cm，无毛，花冠白色，钟形，具脉状腺条纹，裂片与花冠管等长。果球形，米黄色。（栽培园地：SCBG, WHIOB, XTBG）

Maesa brevipaniculata (C. Y. Wu et C. Chen) Pipoly et C. Chen 短序杜茎山

攀援灌木。茎分枝多，披散，被微柔毛或几无毛。叶片膜质或近坚纸质，椭圆状卵形至披针形，顶端镰形或尾状渐尖，基部近圆形，中、侧脉隆起，背面尤甚，背面被微柔毛，以脉上尤多。圆锥花序，花序极短，长5~10mm，腋生，花冠白色，钟形，裂片与花冠管等长或略短。果球形，米黄色。（栽培园地：WHIOB）

Maesa chisia D. Don 密腺杜茎山

灌木或小乔木。植株幼嫩部分具鳞片。叶片纸质或近坚纸质，披针形至卵状披针形，边缘具细锯齿或近全缘，齿尖具腺点，两面无毛，具密脉状腺条纹，呈网状。总状花序，腋生，无毛或多少被微柔毛，花冠白色，钟形，裂片与花冠近等长或略长，具脉状腺条纹。果球形或近卵圆形，具密脉状腺条纹。（栽培园地：WHIOB）

Maesa consanguinea Merr. 拟杜茎山

攀援灌木。小枝无毛，具皮孔。叶片膜质，长圆形至长圆状卵形，基部圆形或钝，边缘具微波状齿或疏细齿，两面无毛，背面具脉状腺条纹。圆锥花序或呈总状花序，腋生，无毛，花冠白色，钟形，裂片与花冠管等长。果球形，黄褐色，具脉状腺条纹，宿存萼包裹顶端或达2/3处。（栽培园地：SCBG）

Maesa consanguinea 拟杜茎山（图1）

Maesa hupehensis Rehd. 湖北杜茎山

灌木。枝条无毛。叶片坚纸质，披针形或长圆状披

Maesa consanguinea 拟杜茎山（图2）

针形，全缘或具疏离的浅齿牙，两面无毛。总状花序，稀基部具1~2分枝，腋生，无毛，花冠白色，钟形，与花冠管等长，花萼与花冠具脉状腺条纹。果球形，直径约5mm，白色或白黄色，具脉状腺条纹及纵行肋纹。（栽培园地：WHIOB）

Maesa indica (Roxb.) A. DC. 包疮叶

大灌木。分枝多，幼时具深沟槽，外倾，无毛，具纵条纹，密具突起的皮孔。叶片坚纸质至近革质，卵形至广卵形或长圆状卵形，边缘具波状齿或疏细齿或粗齿，两面无毛。总状花序或圆锥花序，常仅于基部分枝，腋生及近顶生，花冠白色或淡黄绿色，钟状，裂片与花冠管等长或略长。果卵圆形或近球形，米黄色，具纵行肋纹。（栽培园地：SCBG, KIB, XTBG）

Maesa indica 包疮叶

Maesa insignis Chun 毛穗杜茎山

灌木。小枝纤细，密被长硬毛。叶片坚纸质或纸质，椭圆形或椭圆状卵形，两面被糙伏毛，边缘具锐锯齿或三角状锯齿；叶柄长约5mm，密被长硬毛。总状花序，腋生，长约6cm，总梗、苞片、花梗、花萼及小苞片

Maesa insignis 毛穗杜茎山

均被长硬毛，花冠黄白色，钟形，裂片为花冠管长的1/2或略短。果球形，白色，略肉质，被长硬毛。（栽培园地：WHIOB, XTBG）

Maesa japonica (Roxb.) A. DC. 杜茎山

灌木。茎直立、外倾或攀援，小枝无毛。叶片革质，叶形多变，常椭圆形至披针状椭圆形，几全缘或中部以上疏具锯齿，两面无毛及叶柄无毛。总状花序或圆锥花序，单一或2~3个腋生，长1~4cm，花冠白色，长钟形，花冠管长3.5~4mm，具明显的脉状腺条纹，裂片长为管的1/3或更短。果球形，肉质，米黄色。（栽培园地：SCBG, WHIOB, XTBG, CNBG, GXIB）

Maesa laxiflora Pit. 疏花杜茎山

灌木或小乔木。小枝无毛，具钝棱。叶片坚纸质或略薄，卵形，顶端急尖至渐尖，基部截形或微心形，边缘具钝齿和钝疏锯齿，齿尖具腺点，两面无毛，叶面中、侧脉微隆起，背面脉明显隆起。松散的圆锥花序，顶生和腋生，长5~14cm，花冠白色，钟形，裂片与花冠管等长。果球形或近卵圆形，肉质。（栽培园地：WHIOB）

Maesa macilentoides C. Chen 薄叶杜茎山

灌木。叶片纸质或近坚纸质，披针形，宽1.8~3cm，两面无毛，背面具明显且密的碎发状腺条纹。短圆锥花序腋生，长7~20mm，被细微柔毛，花冠白色，长钟形，裂片长为花管长的1/3。果球形，米黄色。（栽培园地：SCBG, XTBG）

Maesa japonica 杜茎山（图1）

Maesa japonica 杜茎山（图2）

Maesa macilentoides 薄叶杜茎山（图1）

Maesa macilentoides 薄叶杜茎山（图 2）

Maesa membranacea A. DC. 腺叶杜茎山

大灌木。茎外倾，小枝无毛。叶片膜质或近坚纸质，广椭圆状卵形或广椭圆形，边缘具波状小齿，齿尖具腺点，两面无毛，背面细脉不明显，具脉状腺条纹。圆锥花序，短且分枝少，腋生及顶生，长 2~7cm，无毛，花冠白色，钟状，裂片与花冠管几等长。果球形，米黄色，宿存萼包裹上部或近顶端。（栽培园地：SCBG, WHIOB, XTBG）

Maesa membranacea 腺叶杜茎山

Maesa monfana A. DC. 金珠柳

灌木。枝条常被疏长硬毛、柔毛，有时无毛。叶片坚纸质，椭圆状披针形、长圆状披针形、卵形或广卵形，叶面无毛，背面几无毛或有时疏被硬毛，尤以脉上被毛常见。总状花序或圆锥花序，常基部分枝，腋生，长 2~7cm，被疏硬毛，花冠白色，钟形，具脉状腺条纹，裂片与花冠管等长或略长。果球形或近椭圆形，幼时褐红色，成熟后白色。（栽培园地：SCBG, WHIOB, XTBG）

Maesa perlaria (Lour.) Merr. 鲫鱼胆

小灌木。小枝被长硬毛或短柔毛。叶片纸质或近坚纸质，广椭圆状卵形至椭圆形，幼时两面密被长硬毛，

Maesa montana 金珠柳

Maesa perlaria 鲫鱼胆

后仅叶面脉上和背面被长硬毛；叶柄长 7~10mm，被长硬毛或短柔毛。总状花序或圆锥花序，腋生，被长硬毛和短柔毛，花冠白色，钟形，具脉状腺条纹，裂片与花冠管等长。果球形，无毛，具脉状腺条纹。（栽培园地：SCBG, XTBG, SZBG, GXIB, XMBG）

Maesa permollis Kurz 毛杜茎山

大灌木。老枝具纵纹，幼嫩部分密被暗褐色硬毛。

Maesa permollis 毛杜茎山

叶片坚纸质，广椭圆形至椭圆状或长圆状广倒卵形，叶面无毛，背面密被暗褐色柔毛或硬毛，尤以脉上为多；叶柄长 2~5cm，密被暗褐色长硬毛。球形总状花序、总状花序至亚圆锥花序，较叶柄短，密被长柔毛或硬毛，花冠长钟形，淡黄色或白色，无毛，裂片长为花管长的 1/3。果卵圆形，密被褐色长硬毛。（栽培园地：SCBG, XTBG）

Maesa ramentacea (Roxb.) A. DC. 鲸杆树

大灌木。分枝多且长，外倾或攀援，小枝具条纹，皮孔小而显著，无毛。叶片坚纸质或近革质，卵形、卵状披针形或椭圆状披针形，全缘或具极不明显的疏离浅波状齿，两面无毛。圆锥花序腋生或近顶生，分枝多，无毛，花冠白色，短钟状，裂片与花冠管等长或略长。果球形，黄白色，具纵行肋纹，果梗长 2~3mm，与花轴成钝角。（栽培园地：XTBG）

Maesa salicifolia E. Walker 柳叶杜茎山

灌木。茎直立，小枝无毛。叶片革质，狭长圆状披针形，长 10~20cm 或略长，宽 1.5~2cm 或略宽，全缘，边缘强烈反卷，两面无毛，叶面中、侧脉印成深痕，其余部分隆起，背面中、侧脉强烈隆起；叶柄具槽。总状花序或小圆锥花序，腋生，单生或 2~3 枝簇生，长 1.5~2cm，花冠白色或淡绿色，长钟形，裂片长为花管长的 1/3。果球形或近卵圆形。（栽培园地：SCBG）

Maesa tenera Mez 软弱杜茎山

灌木。小枝圆柱形，无毛。叶片膜质或纸质，广椭圆形至菱状椭圆形，边缘除近基部外，其余具钝锯齿，两面无毛。总状花序至圆锥花序，腋生，长 3~6cm，无毛，疏松，花冠白色，钟形，裂片与花冠管等长。果球形或近圆形，具纵行肋纹，宿存萼包裹至 2/3 处。（栽培园地：SCBG, WHIOB）

Maesa salicifolia 柳叶杜茎山

Myrsine 铁仔属

该属共计 3 种，在 5 个园中有种植

Myrsine africana L. 铁仔

灌木。小枝被短柔毛。叶片革质或坚纸质，椭圆状倒卵形，有时近圆形或披针形，长 1~2cm，稀达 3cm，宽 0.7~1cm，顶端广钝或近圆形，具短刺尖，边缘常中部以上具齿，两面无毛；叶柄下延处多少具棱角。花簇生或近伞形花序，腋生，基部具 1 圈苞片，花 4 数，花瓣白色。果球形，红色变紫黑色，光亮。（栽培园地：WHIOB, KIB, XTBG, CNBG）

Myrsine semiserrala Wall. 针齿铁仔

大灌木或小乔木。小枝无毛。叶片坚纸质至近革质，椭圆形至披针形，有时菱形，两面无毛，背面无小窝孔，细脉网状，明显，边缘中部以上具锐齿牙，叶柄下延至小枝上使枝具棱角。伞形花序或花簇生，花 4 数，花瓣白色至淡黄色。果球形，红色变紫黑色，具密腺点。（栽培园地：WHIOB, KIB, XTBG）

Myrsine stolonifera (Koidz.) E. Walker 光叶铁仔

灌木。小枝无毛。叶片坚纸质或近革质，椭圆状披针形，顶端渐尖或长渐尖，长6~8cm，宽1.5~2.5cm，全缘或有时中部以上具1~2对齿，两面无毛，背面具小窝孔；叶柄不下延。伞形花序或花簇生，腋生或生于裸枝叶痕上。果球形，红色变蓝黑色。（栽培园地：SCBG, WHIOB）

Rapanea 密花树属

该属共计5种，在5个园中有种植

Rapanea cicatricosa C. Y. Wu et C. Chen 多痕密花树

灌木。小枝具纵皱纹及多数叶痕。叶片小，长2.5cm以下，宽9mm以下，倒卵形，背面无小窝孔，常多聚于小枝顶端，侧脉及细脉不明显，背面隆起。伞形花序或花簇生，腋生，花少，花萼外面无毛。幼果球形。（栽培园地：WHIOB）

Rapanea faberi (Mez) Pipoly et C. Chen 平叶密花树

乔木。叶片坚纸质或近革质，椭圆形至披针形，顶端急尖或渐尖，长7~10cm，宽1.5~3cm，全缘。花簇生，花瓣淡绿色。果球形或卵形，黑色，无毛，直径5~6mm。（栽培园地：SCBG）

Myrsine africana 铁仔（图1）

Myrsine africana 铁仔（图2）

Myrsine semiserrata 针齿铁仔（图1）

Myrsine semiserrata 针齿铁仔（图2）

Rapanea faberi 平叶密花树（图1）

Rapanea faberi 平叶密花树（图2）

Rapanea kwangsiensis Walker 广西密花树

小乔木。叶片厚，革质，倒卵形，长 16~21cm，宽 6~8cm，全缘，两面无毛。伞形花序或花簇生。果球形或卵形，紫色或紫红色，具纵肋和纵行腺点。（栽培园地：SCBG, WHIOB, XTBG, GXIB）

Rapanea kwangsiensis 广西密花树

Rapanea linearis (Lour.) S. Moore 打铁树

灌木或乔木。幼枝密被鳞片。叶常聚于小枝顶端，叶片坚纸质，倒卵形或倒披针形，稀椭圆状披针形，顶端常圆形或广钝，有时急尖且微凹，长 3~7cm。花簇生或伞形花序，有花 4~6 朵或更多，花瓣白色或淡绿色。果球形，紫黑色，直径 3~4mm。（栽培园地：SCBG）

Rapanea neriifolia (Sieb. et Zucc.) Mez 密花树

大灌木或小乔木。叶片革质，长圆状倒披针形至倒披针形，长 17cm 以下，宽 1.3~6cm，全缘，两面无毛。伞形花序或花簇生，花瓣白色或淡绿色，有时紫红色。果球形，灰绿色或紫黑色。（栽培园地：SCBG, WHIOB, KIB, XTBG）

Rapanea neriifolia 密花树（图1）

Rapanea linearis 打铁树

Rapanea neriifolia 密花树（图2）

Myrtaceae 桃金娘科

该科共计 136 种，在 9 个园中有种植

乔木或灌木。单叶对生或互生，具羽状脉或基出脉，全缘，常有油腺点，无托叶。花两性，有时杂性，单生或排成各式花序；萼管与子房合生，萼片 4~5 枚或更多，有时粘合；花瓣 4~5 枚，有时不存在，分离或连成帽状体；雄蕊多数，很少是定数，插生于花盘边缘，在花蕾时向内弯或折曲，花丝分离或多少连成短管或成束而与花瓣对生，花药 2 室，背着或基生，纵裂或顶裂，药隔末端常有 1 个腺体；子房下位或半下位，心皮 2 枚至多个，1 室或多室，少数的属出现假隔膜，胚珠每室 1 至多颗，花柱单一，柱头单一，有时 2 裂。果为蒴果、浆果、核果或坚果，有时具分核，顶端常有突起的萼檐；种子 1 至多颗，无胚乳或有稀薄胚乳，胚直或弯曲，马蹄形或螺旋形，种皮坚硬或薄膜质。

Acca 野凤榴属

该属共计 1 种，在 2 个园中有种植

Acca sellowiana (O. Berg) Burret 菲油果

常绿乔木或灌木。叶片卵形和椭圆形，叶面绿色，背面被银白色绒毛。花单生于叶腋；萼管状，顶端 4 裂；花瓣紫红色，外被白色绒毛；花药卵球形，黄色。浆果长圆形。（栽培园地：SZBG, XMBG）

Acca sellowiana 菲油果（图 1）

Acca sellowiana 菲油果（图 2）

Backhousia 檬香桃属

该属共计 2 种，在 1 个园中有种植

Backhousia citriodora F. Muell. 柠檬香桃叶

乔木。幼枝无毛。叶对生，叶片披针形或椭圆状披针形，长 5~12cm，宽 1.5~2.5cm，边缘具钝齿。聚伞花序腋生；花 5 数；花瓣倒卵形，白色；萼管钟状，萼片圆形，淡绿色。（栽培园地：SCBG）

Backhousia citriodora 柠檬香桃叶（图 1）

Backhousia citriodora 柠檬香桃叶（图 2）

Backhousia myrtifolia Hook. et Harv. 硬木香桃叶

灌木。幼枝和花序具平展的毛。叶对生，叶片卵形到椭圆形。聚伞花序腋生；花5数；花瓣卵状披针形，白色；萼管杯状，外被长毛，萼片长卵形到阔披针形，长6~9mm，淡黄色。（栽培园地：SCBG）

Backhousia myrtifolia 硬木香桃叶

Baeckea 岗松属

该属共计1种，在2个园中有种植

Baeckea frutescens L. 岗松

灌木或小乔木。叶片狭线形或线形，长5~10mm，

Baeckea frutescens 岗松（图1）

Baeckea frutescens 岗松（图2）

宽约1mm。花小，白色，单生叶腋；萼管钟状；花瓣圆形，长约1.5mm，基部狭窄成短柄。蒴果。（栽培园地：SCBG, SZBG）

Callistemon 红千层属

该属共计7种，在9个园中有种植

Callistemon citrinus (Curtis) Skeels 美花红千层

灌木。嫩枝被丝状柔毛。叶片倒披针形至狭椭圆形，长3~7cm，宽5~8mm。穗状花序长6~10cm，宽4~7cm；花瓣卵形，淡绿色；雄蕊鲜红色或紫红色。（栽培园地：SCBG, IBCAS, XTBG）

Callistemon citrinus 美花红千层

Callistemon phoeniceus Lindl. 飞凤红千层

灌木。小枝无毛。叶片倒披针形至狭椭圆形，长3~7cm。穗状花序长10~15cm；花瓣长卵形，淡红色；雄蕊鲜红色。（栽培园地：SCBG）

Callistemon polandii F. M. Bailey 波氏红千层

灌木或小乔木。小枝和幼叶被柔毛。叶片倒披针形至狭椭圆形。穗状花序；花瓣卵形，淡红色；雄蕊深红

Callistemon phoeniceus 飞凤红千层（图1）

Callistemon rigidus 红千层（图1）

Callistemon phoeniceus 飞凤红千层（图2）

Callistemon rigidus 红千层（图2）

XMBG）

Callistemon salignus (Sm.) Colv. ex Sweet 柳叶红千层

大灌木或小乔木。叶片线状披针形至狭椭圆形，长6~9cm，宽0.5~1.4cm。穗状花序长4~5cm，宽3~3.5cm；花瓣膜质，近圆形；雄蕊乳白色到黄色，长

Callistemon polandii 波氏红千层

色。蒴果杯状。（栽培园地：SCBG）

Callistemon rigidus R. Br. 红千层

直立灌木。叶片线形至狭倒披针形，长5~7cm，宽3~6mm，幼时被丝毛。穗状花序顶生；花瓣绿色，卵形；雄蕊长2~2.5cm，鲜红色。蒴果半球形，直径约7mm。（栽培园地：SCBG, WHIOB, KIB, CNBG, SZBG, GXIB,

Callistemon salignus 柳叶红千层

12~15mm。蒴果碗状或半球形，直径约5mm。（栽培园地：SCBG）

Callistemon speciosus (Sims) Sweet 美丽红千层

直立灌木。叶片线形至狭倒披针形。穗状花序顶生；花瓣绿色，卵形；雄蕊鲜红色。蒴果碗状。（栽培园地：SCBG, KIB, XTBG）

Callistemon viminalis (Sol. ex Gaertn.) G. Don 垂枝红千层

灌木或小乔木。叶片线形至狭椭圆形或镰状，长3~7cm，宽0.3~0.7cm。穗状花序长4~10cm，宽3~6cm；雄蕊鲜红色。蒴果杯状，直径5~6mm。（栽培园地：SCBG, KIB, XTBG, CNBG, SZBG）

Callistemon viminalis 垂枝红千层（图1）

Callistemon viminalis 垂枝红千层（图2）

Corymbia 伞房桉属

该属共计4种，在4个园中有种植

Corymbia ficifolia (F. Muell.) K. D. Hill et L. A. S. Johnson 红花伞房桉

乔木。树皮光滑，灰白色。叶片长卵形至椭圆形，

Corymbia ficifolia 红花伞房桉

基部楔形。圆锥花序顶生及腋生，红色；花蕾倒卵形；雄蕊粉红色至深红色。蒴果球形。（栽培园地：KIB, XMBG）

Corymbia maculata (Hook.) K. D. Hill et L. A. S. Johnson 斑皮桉

大乔木。树皮平滑，灰白色，表皮呈片状剥落。幼叶椭圆形至卵形；成熟叶片披针形。圆锥花序顶生或腋生；帽状体半球形或略尖，比萼管短；花药卵形，纵裂。蒴果壶形。（栽培园地：SCBG）

Corymbia maculata 斑皮桉

Corymbia ptychocarpa (F. Muell.) K. D. Hill et L. A. S. Johnson 皱果桉

乔木。树皮纤维状宿存，灰褐色。叶片披针形，基部圆形。圆锥花序顶生，红色；花蕾梨形；雄蕊粉红色至深红色。蒴果壶形。（栽培园地：SCBG）

Corymbia torelliana (F. Muell.) K. D. Hill et L. A. S. Johnson 毛叶桉

大乔木。树皮光滑，灰绿色，表皮呈块状脱落；嫩枝被粗毛。成熟叶片卵形，基部圆形，背面被短柔毛。圆锥花序顶生及腋生；花蕾倒卵形；花药长倒卵形。蒴果球形。（栽培园地：SCBG, XTBG）

Corymbia torelliana 毛叶桉

Decaspermum 子楝树属

该属共计 2 种，在 2 个园中有种植

Decaspermum gracilentum (Hance) Merr. et Perry 子楝树

灌木至小乔木。嫩枝被灰褐色或灰色柔毛。叶片长圆形或披针形，顶端渐尖。聚伞花序腋生，短小；花3数，萼片卵形。浆果顶端具宿存萼片3枚。（栽培园地：SCBG, XTBG）

Decaspermum parviflorum (Lam.) A. J. Scott 五瓣子楝树

灌木或小乔木。嫩枝被灰白色柔毛。叶片披针形或长圆状披针形。聚伞花序常排成圆锥花序，腋生；花5数，萼片短，卵形；花瓣白色。浆果球形。（栽培园地：XTBG）

Eucalyptus 桉属

该属共计 25 种，在 6 个园中有种植

Eucalyptus aggregata Deane et Maiden 黑桉

乔木。树皮灰色至灰黑色，裂片呈纤维片状。幼时叶片椭圆形、卵形至宽披针形；长成后叶片狭披针形至披针形。伞形花序；帽状体短于萼管。蒴果圆锥形至半球形。（栽培园地：KIB）

Eucalyptus amplifolia Naud. 广叶桉

乔木。树皮平滑，表面呈大块状脱落。幼时叶片卵形至圆形；长成后叶片披针形，稍弯曲。伞形花序；花蕾长卵形；帽状体长为萼管的3~4倍；花药倒卵形，纵裂。蒴果球形。（栽培园地：SCBG, KIB）

Eucalyptus bridgesiana F. Muell. ex R. T. Baker 金钱桉

乔木。树皮灰色具白色斑块，裂成纤维片状。幼时叶片圆形、卵形或心形；长成后叶片披针形。伞形花序；帽状体长和萼管近等长。蒴果圆锥形或半球形。（栽培园地：SCBG）

Eucalyptus camaldulensis Dehnh. 赤桉

大乔木。树皮平滑，表面呈片状脱落。幼时叶片阔披针形至卵形；长成后叶片狭披针形至披针形。伞形

Decaspermum gracilentum 子楝树

Eucalyptus camaldulensis 赤桉

花序腋生；帽状体长于萼管，花药椭圆形，纵裂。蒴果近球形。（栽培园地：SCBG, KIB）

Eucalyptus cinerea F. Muell. ex Benth. 银叶桉

乔木。树皮红棕色至灰棕色，粗糙。幼时叶片圆形或心形；长成后叶片宽披针形或披针形，灰绿色。伞形花序；帽状体短于萼管。蒴果圆锥形或圆柱形。（栽培园地：KIB）

Eucalyptus cinerea 银叶桉

Eucalyptus citriodora Hook. f. 柠檬桉

大乔木。树皮光滑，灰白色，表面大片状脱落。长成后叶片狭披针形，稍弯曲，基部楔形，背面无毛，揉之具浓郁柠檬气味。圆锥花序腋生；花蕾长倒卵形；花药椭圆形。蒴果壶形。（栽培园地：SCBG, XTBG, GXIB）

Eucalyptus exserta F. Muell. 隆缘桉

乔木。树皮粗糙，灰褐色，裂成条片状。幼时叶片条形；长成后叶片狭披针形。伞形花序腋生；帽状体圆锥形，比萼管长；药室平行，纵裂。蒴果球形。（栽培园地：SCBG）

Eucalyptus exserta 隆缘桉

Eucalyptus glaucescens Maiden et Blakely 粉绿桉

乔木。树皮光滑，灰绿色，表面呈片状剥落。幼时叶片圆形或心形；长成后叶片披针形或宽披针形。伞形花序；帽状体短于萼管。蒴果半球形。（栽培园地：KIB）

Eucalyptus globulus Labill. 蓝桉

大乔木。树皮灰蓝色，表面呈片状剥落。幼时叶片卵形，基部心形；长成后叶片披针形，镰状。花单生或2~3朵聚生于叶腋内；帽状体比萼管短，花药椭圆形。蒴果半球形。（栽培园地：WHIOB, KIB）

Eucalyptus grandis W. Hill 巨桉

大乔木。树皮底部粗糙，上部平滑，银白色，逐年

Eucalyptus citriodora 柠檬桉

脱落。幼时叶片卵形；长成后叶片披针形。伞形花序腋生；帽状体约与萼管等长；花药长圆形，纵裂。蒴果梨形至圆锥形。（栽培园地：SCBG）

Eucalyptus leptophylla F. Muell. 纤脉桉

小乔木。树皮基部纤维状宿存，具裂纹。幼时叶片椭圆形；长成后叶片狭披针形。伞形花序排成圆锥花序顶生；帽状体约与萼管等长；花药球状肾形，孔状开裂。蒴果杯形。（栽培园地：SCBG）

Eucalyptus longifolia Link 长叶桉

乔木。树皮灰色，粗糙，上部光滑。幼时叶片卵形至宽披针形；长成后叶片狭披针形或披针形，灰绿色。伞形花序；帽状体和萼管等长。蒴果圆形或钟形。（栽培园地：KIB）

Eucalyptus loxophleba Benth. 斜脉桉

乔木。树皮光滑，灰棕色，基部树皮纤维状宿存。长成后叶片狭披针形，稍弯曲。伞形花序顶生；帽状体短于萼管。蒴果圆锥形。（栽培园地：KIB）

Eucalyptus maidenii F. Muell. 直杆蓝桉

大乔木。树皮光滑，灰蓝色，逐年脱落。幼时叶片

Eucalyptus maidenii 直杆蓝桉（图2）

卵形至心形；长成后叶片披针形，稍弯曲。伞形花序；帽状体三角锥状，与萼管等长；花药倒卵形，纵裂。蒴果钟形或圆锥形。（栽培园地：KIB）

Eucalyptus microcarpa (Maiden) Maiden 小果桉

乔木。树皮灰色，具白色斑点，粗糙。幼时叶片卵形；长成后叶片狭披针形或披针形。伞形花序；帽状体短于萼管。蒴果半卵形。（栽培园地：KIB）

Eucalyptus microcorys F. Muell. 小帽桉

大乔木。树皮纤维状宿存，褐色，具裂沟。幼时叶

Eucalyptus maidenii 直杆蓝桉（图1）

Eucalyptus microcorys 小帽桉（图1）

Eucalyptus microcorys 小帽桉（图2）

片椭圆形或阔披针形；长成后叶片披针形。圆锥花序顶生；帽状体短于萼管；花药心形。蒴果梨形。（栽培园地：GXIB）

Eucalyptus obliqua L'Hér. 斜叶桉

大乔木。树皮纤维状宿存，灰色。幼时叶片卵形至椭圆形；长成后叶片宽披针形。圆锥花序顶生；帽状体短于萼管。蒴果半球状或瓶状。（栽培园地：KIB）

Eucalyptus polyanthemos Schauer 多花桉

乔木。树皮黑褐色，宿存，多纤维。幼时叶片圆形；长成后叶片卵状披针形或长卵形。圆锥花序顶生或腋生；帽状体短于萼管；花药截头状，顶孔开裂。蒴果半球形或圆锥形。（栽培园地：SCBG, KIB）

Eucalyptus pulverulenta Smis 圆叶桉

小乔木。树皮光滑，灰色。幼时叶片圆形，灰白色，基部心形；长成后叶片宽披针形。伞形花序；帽状体短于萼管。蒴果半球形。（栽培园地：KIB）

Eucalyptus robusta Smith 大叶桉

大乔木。树皮海绵状宿存，红褐色，具裂沟。幼时

Eucalyptus robusta 大叶桉（图1）

Eucalyptus polyanthemos 多花桉

Eucalyptus robusta 大叶桉（图2）

叶片卵形；长成后叶片卵状披针形。伞形花序；帽状体约与萼管等长；花药椭圆形，纵裂。蒴果杯形。（栽培园地：SCBG, CNBG, GXIB）

Eucalyptus rubida Deane et Maiden 红桉

大乔木。树皮光滑，灰色，表面呈条状剥落。幼时叶片圆形；长成后叶片披针形。伞形花序；帽状体与萼管等长。蒴果卵球形。（栽培园地：KIB）

Eucalyptus rudis Endl. 野桉

小乔木。树皮宿存，粗糙，黑色。幼时叶片阔披针形至卵形；长成后叶片狭披针形至阔披针形。伞形花序腋生；帽状体较萼管略长；花药卵形，纵裂，背部着生。蒴果碗形或倒圆锥形。（栽培园地：SCBG）

Eucalyptus saligna Smith 柳叶桉

大乔木。树皮上部平滑，表面呈片状脱落，白灰色，基部粗糙。幼时叶片卵形；长成后叶片宽披针形。伞形花序腋生；帽状体与萼管等长；花药长椭圆形，纵裂。蒴果钟形。（栽培园地：SCBG, KIB）

Eucalyptus tereticornis Smith 细叶桉

大乔木。树皮平滑，灰白色，表面呈长片状脱落，基部具宿存树皮。幼时叶片卵形至阔披针形；长成后叶片狭披针形。伞形花序腋生；帽状体长于萼管；花药长倒卵形，纵裂。蒴果球形。（栽培园地：SCBG, XTBG, CNBG）

Eucalyptus viminalis Labill. 多枝桉

大乔木。树皮上部平滑，灰色，基部粗糙。幼时叶片披针形；长成后叶片狭披针形。伞形花序腋生；帽状体与萼管等长。蒴果球形。（栽培园地：KIB）

Eucalyptus viminalis 多枝桉（图 1）

Eucalyptus viminalis 多枝桉（图 2）

Eugenia 番樱桃属

该属共计 3 种，在 9 个园中有种植

Eugenia myrcianthes Nied. 食用樱

小乔木。叶片卵状椭圆形至披针形，基部圆形。花腋生，白色。浆果球形，直径 5cm，成熟时黄色。（栽培园地：SCBG）

Eugenia myrcianthes 食用樱（图 1）

Eugenia myrcianthes 食用樱（图2）

Eugenia stipitata McVaugh **具柄番樱桃**

灌木或小乔木。叶片纸质，椭圆形或卵状椭圆形，基部圆形或微心形；叶柄极短。花腋生，花柄长于花；花瓣倒卵形，白色。浆果扁圆形，浅黄色。（栽培园地：XTBG）

Eugenia uniflora L. **红果仔**

灌木或小乔木。叶片纸质，卵形至卵状披针形，基部圆形或微心形。花白色，腋生。浆果球形至扁球形，

Eugenia uniflora 红果仔（图1）

Eugenia uniflora 红果仔（图2）

Eugenia uniflora 红果仔（图3）

直径1~2cm，具6~8条棱，成熟时深红色。（栽培园地：SCBG, IBCAS, WHIOB, KIB, XTBG, CNBG, SZBG, GXIB, XMBG）

Hakea 哈克木属

该属共计1种，在1个园中有种植

Hakea salicifolia (Vent.) B. L. Burtt **柳叶哈克木**

常绿小灌木。花序密集成稠密的穗状，形状奇特，

Hakea salicifolia 柳叶哈克木

酷似洗濯玻璃瓶的毛刷子，萼管钟形，基部与子房合生，裂片 5 枚，脱落，花瓣 5 枚，圆形，拓展。雄蕊多数，红色，远较花瓣为长。雌蕊 1 枚，红色。嫩叶浅紫红色，枝垂如柳。蒴果，碗状或半球形。（栽培园地：SCBG）

Kunzea 雪茶木属

该属共计 1 种，在 1 个园中有种植

Kunzea graniticola Byrnes 石南昆士亚

灌木。叶互生，叶片狭椭圆形。花白色，无柄，簇生于枝条末端。蒴果，背裂。（栽培园地：SCBG）

Kunzea graniticola 石南昆士亚（图 1）

Kunzea graniticola 石南昆士亚（图 2）

Leptospermum 薄子木属

该属共计 4 种，在 3 个园中有种植

Leptospermum brachyandrum (F. Muell.) Druce 美丽薄子木

灌木或小乔木。树皮较光滑，有时片状剥落。叶片

Leptospermum brachyandrum 美丽薄子木（图 1）

Leptospermum brachyandrum 美丽薄子木（图 2）

线状披针形，长 20~50mm，宽 2~4mm。花簇生叶腋；萼杯无毛；花瓣平展，白色；子房 3 室。蒴果。（栽培园地：SCBG）

Leptospermum petersonii F. M. Bailey 柠檬澳洲茶

灌木或小乔木。树皮片状纵裂。叶片狭椭圆形

Leptospermum petersonii 柠檬澳洲茶（图 1）

Leptospermum petersonii 柠檬澳洲茶（图2）

Leptospermum scoparium 松红梅

至披针形，顶端微凹，具柠檬香味。花单生，直径10~15mm；萼杯近无毛；花瓣白色，略带红色或紫色；子房5室。蒴果。（栽培园地：SCBG）

Leptospermum polygalifolium Salisb. 澳洲茶

灌木或小乔木。树皮粗糙，纤维状纵裂。叶片椭圆状披针形，长5~20mm，宽1~5mm，顶端钝。花单生叶腋，直径10~15mm；萼杯无毛；花瓣白色；子房5室。蒴果。（栽培园地：KIB）

Lophostemon 红胶木属

该属共计1种，在3个园中有种植

Lophostemon confertus (R. Brown) Peter G. Wilson et J. T. Waterhouse 红胶木

大乔木。基部树皮粗糙。叶4~5片假轮生于枝顶，叶片宽椭圆形或卵状披针形，顶端急尖。聚伞花序腋生；花具梗；萼裂片钻形，早落；雄蕊多数。蒴果半球形。（栽培园地：SCBG, SZBG, XMBG）

Leptospermum polygalifolium 澳洲茶

Leptospermum scoparium J. R. Forst. et G. Forst. 松红梅

灌木。树皮粗糙。叶片宽披针形，顶端渐尖。花单生叶腋，直径8~12mm；萼杯无毛；花瓣白色，有时粉红色或红色；子房5室。蒴果。（栽培园地：SCBG, KIB, XMBG）

Lophostemon confertus 红胶木

Melaleuca 白千层属

该属共计8种，在6个园中有种植

Melaleuca alternifolia (Maiden et Betche) Cheel 互叶白千层

灌木或小乔木。树皮纸质层状。叶互生，叶片线形，

桃金娘科 Myrtaceae

Melaleuca alternifolia 互叶白千层（图1）

Melaleuca armillaris 垂枝白千层

Melaleuca alternifolia 互叶白千层（图2）

长 10~35mm，宽约 1mm，柔软，具丰富的油腺体。穗状花序顶生；花白色，花瓣宽椭圆形。蒴果杯形，直径 2~3mm。（栽培园地：SCBG）

Melaleuca armillaris (Sol. ex Gaertn.) Sm. 垂枝白千层

灌木。树皮木栓质。叶互生，叶片线形，长 12~25mm，宽约 1mm。穗状花序；花常白色，或粉红色，花瓣卵形。蒴果半球形。（栽培园地：KIB, XTBG）

Melaleuca bracteata F. Muell. 千层金

灌木或小乔木。树皮木栓质，纵裂。叶片披针形或卵形，长 10~28mm，宽约 3mm。穗状花序顶生；花白色，花瓣圆形。蒴果球形。（栽培园地：SCBG, KIB, SZBG, GXIB）

Melaleuca leucadendra (L.) L. 白千层

乔木。树皮松软，呈薄层状剥落。叶片披针形或狭长圆形，长 4~10cm，宽 1~2cm。穗状花序顶生；花瓣 5 枚，卵形，花白色。蒴果近球形。（栽培园地：SCBG, KIB, XTBG, SZBG, GXIB）

Melaleuca linariifolia Smith 狭叶白千层

灌木或小乔木。树皮纸质松软。叶在小枝上交互互生，叶片狭椭圆形至线状披针形，长 20~45mm，宽约 3.5mm。穗状花序顶生；花白色，花瓣倒卵形。蒴果近球形，长 2.5~4mm。（栽培园地：SCBG, XMBG）

Melaleuca quinquenervia S. T. Blake 五脉白千层

乔木。树皮松软，呈薄层状剥落。叶披针形或椭圆形，长 3~7cm，宽 1~2.4cm，基出脉 5 条。穗状花序

Melaleuca bracteata 千层金

Melaleuca leucadendra 白千层（图2）

Melaleuca linariifolia 狭叶白千层

Melaleuca leucadendra 白千层（图1）

Melaleuca quinquenervia 五脉白千层

顶生；花瓣倒卵形，花白色，有时绿色。蒴果扁圆形。
（栽培园地：SCBG）

Melaleuca styphelioides Smith 美丽白千层

乔木。树皮纸质松软。叶片卵形到宽卵形，长7~15mm，宽3~6mm，顶端锐尖。穗状花序顶生；花白色，花瓣圆形。蒴果卵形。（栽培园地：SCBG）

Melaleuca styphelioides 美丽白千层（图1）

Melaleuca viridiflora 白树油（图1）

Melaleuca styphelioides 美丽白千层（图2）

Melaleuca viridiflora Sol. ex Gaertn. 白树油

灌木或小乔木。树皮灰褐色至白色，纸质松软。叶片质厚，宽椭圆形，长7~15cm，宽2~7cm，先端锐尖。穗状花序顶生；花奶油色、黄色、黄绿色或紫红色，花瓣长4~5.3mm，易脱落。蒴果近球形，直径5~6mm。（栽培园地：SCBG）

Melaleuca viridiflora 白树油（图2）

Metrosideros 铁心木属

该属共计2种，在2个园中有种植

Metrosideros collina (J. R. Forst. et G. Forst.) A. Gray 银叶铁心木

灌木或小乔木。幼枝、嫩叶灰白色被绒毛。叶片宽卵形到近圆形，顶端渐尖。聚伞花序顶生；萼片三角形；花丝深红色。蒴果（栽培园地：SCBG, XMBG）

Metrosideros collina 银叶铁心木（图1）

Metrosideros collina 银叶铁心木（图2）

Metrosideros excelsa Sol. ex Gaertn. 新西兰圣诞树

灌木至小乔木。叶片卵形至椭圆形，向两端渐尖，中脉明显，不下凹；叶柄常带紫红色。聚伞花序顶生；萼片三角形；花丝鲜红色。蒴果。（栽培园地：SCBG）

Metrosideros excelsa 新西兰圣诞树

Myrcianthes 忍冬番樱属

该属共计1种，在1个园中有种植

Myrcianthes fragrans (Sw.) McVaugh

小乔木。叶片椭圆形，顶端急尖、钝圆或微凹，具许多腺点。聚伞花序腋生；花瓣圆形，白色。浆果近球形，成熟时红色，具4枚阔卵形的宿萼。（栽培园地：XTBG）

Myrtus 香桃木属

该属共计1种，在3个园中有种植

Myrtus communis L. 香桃木

大灌木。幼枝圆形。叶片卵形至卵状披针形，长

Myrtus communis 香桃木（图1）

Myrtus communis 香桃木（图2）

Pimenta racemosa 众香（图2）

3~5cm，顶端渐尖，叶面亮绿色。花单生叶腋；花白色，花瓣宽卵形。浆果球形，成熟时紫黑色。（栽培园地：SCBG, WHIOB, XMBG）

Pimenta 多香果属

该属共计1种，在3个园中有种植

Pimenta racemosa (Mill.) J. W. Moore 众香

小乔木。树皮平滑，灰褐色，片状剥落。叶片椭圆形，顶端急尖或钝。聚伞花序顶生；花瓣宽卵形，花白色。浆果。（栽培园地：SCBG, IBCAS, XTBG）

Plinia 团番樱属

该属共计1种，在6个园中有种植

Plinia cauliflora (Mart.) Kausel 嘉宝果

灌木或小乔木。树皮片块状。叶片卵形至椭圆状披针形，顶端渐尖。花单生或簇生于老枝上；花白色；萼片三角形；花瓣卵圆形。浆果成熟时深紫色到黑色。（栽培园地：SCBG, WHIOB, XTBG, CNBG, SZBG, XMBG）

Pimenta racemosa 众香（图1）

Plinia cauliflora 嘉宝果（图1）

Plinia cauliflora 嘉宝果（图2）

Psidium 番石榴属

该属共计4种，在9个园中有种植

Psidium acutangulum Mart. ex DC. 尖果番石榴

灌木或小乔木。树皮平滑。叶片椭圆形至倒卵形，两面无毛，侧脉明显，9~12对。花白色，单花腋生；花瓣倒卵形。浆果梨形或球形，成熟时淡黄色，果肉淡黄色至白色。（栽培园地：XTBG）

Psidium cattleianum Afzel. ex Sabine 草莓番石榴

灌木或小乔木。树皮平滑；嫩枝圆形。叶片椭圆形至倒卵形，两面无毛，侧脉不明显。花白色，单花腋生；花瓣倒卵形。浆果梨形或球形，成熟时紫红色。（栽培园地：SCBG, WHIOB, XTBG）

Psidium cattleianum 草莓番石榴（图1）

Psidium acutangulum 尖果番石榴

Psidium cattleianum 草莓番石榴（图2）

Psidium guajava L. 番石榴

灌木或乔木。树皮平滑，片状剥落；嫩枝具棱。叶

桃金娘科 Myrtaceae

Psidium cattleianum 草莓番石榴（图 3）

Psidium guajava 番石榴（图 1）

片长圆形至椭圆形，背面被毛。花单生或排成聚伞花序；花瓣白色。浆果球形、卵圆形或梨形。（栽培园地：SCBG, IBCAS, WHIOB, KIB, XTBG, CNBG, SZBG, GXIB, XMBG）

Psidium inermis L. 菲律宾番石榴

灌木至小乔木。叶片倒卵形，顶端圆或截平。花单生叶腋；花瓣白色。浆果球形。（栽培园地：XTBG）

Psidium guajava 番石榴（图 2）

Rhodamnia 玫瑰木属

该属共计 1 种，在 1 个园中有种植

Rhodamnia dumetorum (Poir.) Merr. et Perry 玫瑰木

灌木或小乔木。小枝圆形。叶对生，叶片卵状披针形，顶端长尾尖，具离基三出脉。圆锥花序腋生或少数花单生，花白色。浆果圆形。（栽培园地：SCBG）

Rhodamnia dumetorum 玫瑰木（图 1）

47

Rhodamnia dumetorum 玫瑰木（图2）

Rhodomyrtus tomentosa 桃金娘（图2）

Rhodomyrtus 桃金娘属

该属共计1种，在5个园中有种植

Rhodomyrtus tomentosa (Ait.) Hassk. **桃金娘**

灌木。叶对生，叶片椭圆形或倒卵形，离基三出脉。花常单生；花瓣倒卵形，紫红色；雄蕊红色。浆果卵状壶形，成熟时紫黑色。（栽培园地：SCBG, WHIOB, XTBG, SZBG, GXIB）

Sannantha 扁籽岗松属

该属共计2种，在1个园中有种植

Sannantha tozerensis (A. R. Bean) Peter G. Wilson **卵叶岗松**

灌木。小枝具4~5棱。叶对生，叶片倒卵形，顶端圆形。伞形花序腋生；花瓣圆形，基部狭窄成短柄，白色；萼管钟状。蒴果。（栽培园地：SCBG）

Sannantha tozerensis 卵叶岗松

Sannantha virgata (J. R. Forst. et G. Forst.) Peter G. Wilson **帚状岗松**

灌木。小枝圆柱形。叶对生，常排成4列，叶片线状披针形。伞形花序腋生；花瓣圆形，基部狭窄成短柄，白色；萼管钟状。蒴果。（栽培园地：SCBG）

Stockwellia 四裂假桉属

该属共计1种，在1个园中有种植

Stockwellia quadrifida D. J. Carr, S. G. M. Carr et B. Hyland **四裂假桉**

大乔木。小枝圆形。叶对生，叶片卵形至椭圆形，

Rhodomyrtus tomentosa 桃金娘（图1）

Stockwellia quadrifida 四裂假桉（图1）

Stockwellia quadrifida 四裂假桉（图2）

长 7~12cm，宽 2~3.8cm，顶端渐尖。聚伞花序顶生，花无梗；花瓣与萼片 4 裂。蒴果卵形，直径 1.5~2cm。（栽培园地：SCBG）

Syzygium 蒲桃属

该属共计 58 种，在 9 个园中有种植

Syzygium abbreviatum Merr. 红莲雾

乔木。小枝圆形或具钝棱，无毛。叶片卵状披针形，向两端渐尖；叶柄短而不明显。浆果倒卵形，成熟时红色。（栽培园地：XTBG）

Syzygium acuminatissimum (Blume) DC. 肖蒲桃

乔木。小枝圆形或具钝棱，无毛。叶片卵状披针形或狭披针形，顶端尾状渐尖；叶柄长 5~8mm。聚伞花序排成圆锥花序，顶生；萼管倒圆锥形，萼齿不明显；花瓣小，长 1mm，白色；雄蕊极短。浆果球形。（栽培园地：SCBG, WHIOB, XTBG）

Syzygium acuminatissimum 肖蒲桃（图1）

Syzygium alliiligneum B. Hyland 洋葱蒲桃

小乔木。树皮片状剥落。叶片椭圆形至卵形，顶端急尖。浆果卵球形，成熟时红色。（栽培园地：SCBG）

Syzygium anisatum (Vickery) Craven et Biffin 茴香蒲桃

大乔木。小枝圆形。叶片狭椭圆形或狭长圆形，长 6~12cm，边缘全缘，呈波浪状，叶揉碎具茴香气味。聚伞花序顶生；萼管钟状，萼齿三角形。果核果状，长 5mm。（栽培园地：SCBG）

Syzygium acuminatissimum 肖蒲桃（图2）

Syzygium alliiligneum 洋葱蒲桃

Syzygium antisepticum (Blume) Merr. et L. M. Perry 美味蒲桃

灌木或小乔木。叶片卵状披针形，顶端长渐尖或具尾尖；叶柄短或不明显。浆果球形，白色至紫红色，直径约5mm。（栽培园地：XTBG）

Syzygium aqueum (Burm. f.) Alston 水莲雾

小乔木。叶片披针状椭圆形至长卵形，顶端渐

Syzygium anisatum 茴香蒲桃

尖，侧脉明显，8~10对；叶柄短而不明显。聚伞花序。浆果钟形，成熟时红色或粉色。（栽培园地：XTBG）

Syzygium araiocladum Merr. et Perry 线枝蒲桃

小乔木。嫩枝极纤细。叶片卵状长披针形，长3~5.5cm，宽1~1.5cm，顶端长尾状渐尖。聚伞花序顶生或生于上部叶腋内，长1.5cm；花蕾短棒状；萼管粉白色。果近球形。（栽培园地：SCBG, GXIB）

Syzygium araiocladum 线枝蒲桃

Syzygium aromaticum (L.) Merr. et L. M. Perry 丁子香

乔木。叶片狭椭圆形至狭倒卵状披针形形，长6~13cm，宽3~6cm，基部狭楔形。聚伞花序顶生；花萼管状，顶端4浅裂，裂片肥厚；花冠白色。浆果椭圆形，紫红色。（栽培园地：XTBG, GXIB）

Syzygium australe (J. C. Wendl. ex Link) B. Hyland 澳洲蒲桃

灌木或小乔木。树皮片状。叶片椭圆形至卵形，顶

Syzygium aromaticum 丁子香

Syzygium australe 澳洲蒲桃（图1）

Syzygium australe 澳洲蒲桃（图2）

端短渐尖。聚伞花序顶生。浆果卵球形，成熟时紫红色。（栽培园地：SCBG）

Syzygium australe 澳洲蒲桃（图3）

Syzygium austrosinense (Merr. et Perry) Chang et Miau 华南蒲桃

灌木至小乔木。嫩枝具4棱。叶片椭圆形，长4~7cm；叶柄明显。聚伞花序顶生或近顶生；花梗长2~5mm；花瓣分离。果球形。（栽培园地：SCBG）

Syzygium austroyunnanense H. T. Chang et R. H. Miao 滇南蒲桃

乔木。叶片椭圆形或长圆形，基部宽楔形，侧脉13~20对。圆锥花序顶生，长6~8cm。果球形。（栽培园地：XTBG）

Syzygium balsameum (Wight) Walp. 香胶蒲桃

灌木或小乔木。嫩枝稍压扁。叶片椭圆形或狭长圆形。圆锥花序腋生或生于无叶老枝上；萼管倒圆锥形，萼齿不明显。果球形。（栽培园地：XTBG）

Syzygium bullockii (Hance) Merr. et Perry 黑嘴蒲桃

灌木至小乔木。叶片椭圆形至卵状长圆形，基部圆形或微心形；叶柄极短。圆锥花序顶生，长2~4cm；花

Syzygium bullockii 黑嘴蒲桃（图1）

Syzygium bullockii 黑嘴蒲桃（图2）

小；花瓣连成帽状体。果椭圆形，成熟时深紫红色至黑色。（栽培园地：SCBG, XTBG）

Syzygium buxifolioideum Chang et Miau **假赤楠**

灌木或小乔木。嫩枝圆形。叶片椭圆形，长3~

Syzygium buxifolioideum 假赤楠（图1）

Syzygium buxifolioideum 假赤楠（图2）

4cm，顶端急尖至钝圆。聚伞花序腋生，长1cm；花蕾长3~4mm。果球形，直径约1cm。（栽培园地：GXIB）

Syzygium buxifolium Hook. et Arn. **赤楠**

灌木或小乔木。嫩枝具棱。叶片椭圆形、阔倒卵形，长1.5~3cm，宽1~2cm，基部楔形，侧脉多而密；叶柄长2mm。聚伞花序顶生；萼管倒圆锥形；花瓣分离。

Syzygium buxifolium 赤楠（图1）

Syzygium buxifolium 赤楠（图2）

果球形。（栽培园地：SCBG, WHIOB, XTBG, SZBG）

Syzygium cathayense Merr. et Perry 华夏蒲桃

小乔木。叶片狭长圆形，宽 3~4.5cm，基部楔形。圆锥花序腋生；萼齿 4 枚，裂片短三角形，长 1.5~2mm；花瓣分离，白色。（栽培园地：XTBG）

Syzygium championii (Benth.) Merr. et Perry 子凌蒲桃

灌木至乔木。嫩枝具 4 棱。叶片狭长圆形至椭圆形，长 3~6cm，基部阔楔形；叶柄长 2~3mm。聚伞花序顶生；花蕾棒状，长 1cm；萼管棒状，萼齿浅波形；花瓣合生成帽状。果球形，暗紫色。（栽培园地：SCBG, WHIOB）

Syzygium championii 子凌蒲桃

Syzygium chunianum Merr. et Perry 密脉蒲桃

乔木。嫩枝圆形。叶片薄革质，椭圆形或倒卵状椭圆形，长 4~10cm，顶端宽而急尖，侧脉多而密。圆锥花序顶生或近顶生；花蕾长约 2.5mm；萼齿不明显；花瓣连合成帽状。果球形。（栽培园地：SCBG）

Syzygium claviflorum (Roxb.) Wall. ex A. M. Cowan et Cowan 棒花蒲桃

灌木至小乔木。小枝圆形。叶片狭长圆形至椭圆形，长 12~21cm。聚伞花序或伞形花序腋生或生于无叶老枝上；萼管长约 1.5cm，棒状，萼齿浅波状。果长椭圆

Syzygium chunianum 密脉蒲桃（图 1）

Syzygium chunianum 密脉蒲桃（图 2）

形或长壶形。（栽培园地：XTBG）

Syzygium congestiflorum Chang et Miau 团花蒲桃

灌木。嫩枝圆形。叶片长圆状倒披针形，长 4~6cm。聚伞花序顶生；花无梗；花蕾球形；萼管短倒圆锥形，萼齿不明显；花瓣分离。果球形。（栽培园地：XTBG）

Syzygium cormiflorum (F. Muell.) B. Hyland 茎花蒲桃

乔木。嫩枝圆形。叶片阔椭圆形至卵形，长

Syzygium cormiflorum 茎花蒲桃

Syzygium cumini 乌墨（图2）

6~21cm。花序生长在树干上。果白色，直径3~6cm。（栽培园地：SCBG）

Syzygium cumini (L.) Skeels 乌墨

乔木。嫩枝圆形。叶片阔椭圆形至狭椭圆形，长6~13cm。圆锥花序腋生，长达11cm；萼管倒圆锥形，长4mm，萼齿很不明显；花瓣分离。果卵圆形或壶形。

（栽培园地：SCBG, WHIOB, XTBG, SZBG, GXIB）

Syzygium euonymifolium (Metc.) Merr. et Perry 卫矛叶蒲桃

乔木。嫩枝圆形。叶片阔椭圆形，长5~9cm，干后叶面灰绿色。聚伞花序腋生，长1cm；花蕾长2.5mm；花梗长1~1.5mm；花瓣分离。果球形。（栽培园地：SCBG）

Syzygium fluticosum (Roxb.) DC. 簇花蒲桃

乔木。嫩枝压扁。叶片狭椭圆形至椭圆形，长9~13cm。圆锥花序生于无叶老枝上，长4~7cm；花无梗；萼管长2~2.5mm；花瓣分离。果球形。（栽培园地：XTBG）

Syzygium fluviatile (Hemsl.) Merr. et Perry 水竹蒲桃

灌木。嫩枝圆形。叶片线状披针形或狭长圆形，宽7~14mm。聚伞花序腋生，长1~2cm；花蕾倒卵形；萼齿极短；花瓣分离。果球形。（栽培园地：SCBG, GXIB）

Syzygium cumini 乌墨（图1）

Syzygium fluviatile 水竹蒲桃（图1）

Syzygium fluviatile 水竹蒲桃（图2）

Syzygium fluviatile 水竹蒲桃（图3）

Syzygium formosanum (Hayata) Mori 台湾蒲桃

灌木。嫩枝圆形。叶片椭圆形或倒卵状椭圆形，长6cm。聚伞花序排成圆锥花序，生于枝顶叶腋内，长约3.5cm；花具短梗；花蕾卵圆形；花瓣分离。果球形。（栽培园地：XTBG）

Syzygium forrestii Merr. et Perry 滇边蒲桃

乔木。嫩枝略具棱。叶片长圆状披针形，长6~11cm，宽2.5~4cm，向两端渐尖。圆锥花序腋生或生于枝顶叶腋，多花，长3~8cm；花瓣连成帽状。果椭圆状卵形。（栽培园地：KIB, XTBG）

Syzygium globiflorum (Craib) Chantar. et J. Parn. 短药蒲桃

灌木或小乔木。叶片椭圆形或狭椭圆形，基部阔楔形。聚伞花序或圆锥花序，顶生，具花3~11朵；花梗长5~20mm；萼管长8~9mm；花药极短。果近球形。（栽培园地：XTBG）

Syzygium grande (Wight) Walp. 大蒲桃

乔木。嫩枝有棱。叶片长圆形或阔椭圆形，基部楔形。圆锥花序生于枝顶；萼齿不明显。果小，椭圆状卵形。（栽培园地：SCBG）

Syzygium grande 大蒲桃

Syzygium grijsii (Hance) Merr. et L. M. Perry 轮叶蒲桃

灌木。嫩枝具4棱。3叶轮生，叶片狭长圆形或狭披针形，长1.5~2cm，顶端尖，基部楔形。聚伞花序顶生；萼齿极短；花瓣分离。果球形。（栽培园地：SCBG, WHIOB）

Syzygium forrestii 滇边蒲桃

Syzygium grijsii 轮叶蒲桃（图1）

Syzygium grijsii 轮叶蒲桃（图2）

Syzygium hainanense H. T. Chang et R. H. Miao 海南蒲桃

小乔木。嫩枝圆形。叶片椭圆形，长8~11cm，基部阔楔形，顶端急尖，具尾尖。聚伞花序腋生。果椭圆形或倒卵形，长1.2~1.5cm，宽8~9mm。（栽培园地：SCBG, XTBG）

Syzygium hainanense 海南蒲桃（图1）

Syzygium hainanense 海南蒲桃（图2）

Syzygium hancei Merr. et Perry 红鳞蒲桃

灌木或小乔木。嫩枝圆形。叶片狭椭圆形至长圆形

Syzygium hancei 红鳞蒲桃（图1）

Syzygium hancei 红鳞蒲桃（图2）

或倒卵形，长3~7cm。圆锥花序腋生，长1~1.5cm；无花梗；花瓣分离。果球形。（栽培园地：SCBG, CNBG, SZBG, XMBG）

Syzygium jambos (L.) Alston 蒲桃

乔木。小枝圆形。叶片披针形或长圆形，宽3~4.5cm，基部阔楔形；叶柄明显。聚伞花序顶生，

Syzygium jambos 蒲桃（图1）

Syzygium levinei 山蒲桃（图1）

Syzygium jambos 蒲桃（图2）

Syzygium levinei 山蒲桃（图2）

Syzygium laosense (Gagnep.) Merr. et Perry var. **quocense** (Gagnep.) Chang et Miau 少花老挝蒲桃

小乔木。嫩枝圆形。叶片卵状长圆形或长圆形，长11~17cm，基部阔楔形。圆锥花序较短，具少数花；花梗极短；萼管长7mm；花瓣长5mm。（栽培园地：XTBG）

Syzygium levinei (Merr.) Merr. 山蒲桃

常绿乔木。嫩枝圆形。叶片椭圆形或卵状椭圆形。圆锥花序顶生和上部腋生，花序轴多糠秕或乳状突；有花数朵；花大，直径3~4cm；萼齿肉质，花瓣分离。果球形，果皮肉质。（栽培园地：SCBG, IBCAS, WHIOB, KIB, XTBG, CNBG, SZBG, GXIB, XMBG）

Syzygium kwangtungense (Merr.) Merr. et Perry 广东蒲桃

小乔木。嫩枝圆形。叶片革质，椭圆形至狭椭圆形，顶端尖，长5~8cm。圆锥花序顶生或近顶生；花蕾长约4mm；花瓣连合成帽状。果球形。（栽培园地：SCBG）

花瓣分离。果近球形。（栽培园地：SCBG）

Syzygium lineatum (DC.) Merr. et L. M. Perry 长花蒲桃

乔木。嫩枝圆形。叶片椭圆形或卵状椭圆形，干后背面浅褐色。圆锥花序顶生，长8~10cm，花序轴无毛；无花梗；花蕾梨形，长6~7mm；花瓣分离；雄蕊长5~7mm。果椭圆形。（栽培园地：XTBG）

Syzygium malaccense (L.) Merr. et L. M. Perry 马六甲蒲桃

乔木。叶片狭椭圆形至椭圆形，宽6~8cm，基部

Syzygium malaccense 马六甲蒲桃（图3）

楔形。聚伞花序生于无叶的老枝上；花红色；萼管长约1cm；花瓣分离。果卵圆形或壶形。（栽培园地：SCBG，XTBG）

Syzygium megacarpum (Craib) Rathakr. et N. C. Nair 阔叶蒲桃

乔木。叶片狭长椭圆形至椭圆形，长14~30cm，基部圆形，有时微心形，侧脉明显，11~14对，距边缘3~5mm处具边脉；叶柄极短。聚伞花序顶生，有花2~6朵；花大；萼管长1.5~2cm。果卵状球形。（栽培园地：SCBG，XTBG）

Syzygium malaccense 马六甲蒲桃（图1）

Syzygium malaccense 马六甲蒲桃（图2）

Syzygium megacarpum 阔叶蒲桃（图1）

Syzygium megacarpum 阔叶蒲桃（图2）

Syzygium myrsinifolium 竹叶蒲桃（图2）

Syzygium melanophyllum Hung T. Chang et R. H. Miao 黑长叶蒲桃

乔木。嫩枝圆形。叶片狭长圆形或披针形，长14~20cm，干后叶面黑色，侧脉23~32对。果序顶生，长约7cm；果球形，具白粉。（栽培园地：XTBG）

Syzygium myrsinifolium (Hance) Merr. et Perry 竹叶蒲桃

灌木至小乔木。嫩枝圆形。叶片线状披针形或狭披针形，长8~12cm，基部楔形；叶柄长5~7mm。圆锥花序顶生；花瓣合生成帽状；雄蕊长4~7mm；花柱长6~8mm。果椭圆形。（栽培园地：SCBG, XTBG, GXIB）

Syzygium myrtifolium Walp. 钟花蒲桃

灌木或小乔木。嫩枝圆形，稍压扁。嫩叶红色或橙色，叶片狭椭圆形或狭长圆形，基部楔形。聚伞花序顶生或腋生；萼管钟状。（栽培园地：SCBG, SZBG）

Syzygium myrtifolium 钟花蒲桃（图1）

Syzygium nervosum DC. 水翁

乔木。叶片长圆形至椭圆形，具侧脉8~9对。圆锥花序侧生于无叶的老枝上；萼管半球形，具帽状体，顶端具短喙。浆果阔卵圆形。（栽培园地：SCBG,

Syzygium myrsinifolium 竹叶蒲桃（图1）

Syzygium myrtifolium 钟花蒲桃（图2）

Syzygium nervosum 水翁（图1）

Syzygium nervosum 水翁（图2）

Syzygium nervosum 水翁（图3）

WHIOB、XTBG、SZBG、XMBG）

Syzygium oblatum (Roxb.) Wall. ex A. M. Cowan et Cowan 高檐蒲桃

乔木。嫩枝圆形。叶片椭圆形或长椭圆形，长9~12cm。圆锥花序顶生，长4~7cm，花序轴无毛；花梗长1mm；花瓣离生。果球形。（栽培园地：XTBG）

Syzygium oblatum 高檐蒲桃

Syzygium odoratum (Lour.) DC. 香蒲桃

常绿乔木。嫩枝圆形。叶片卵状披针形或卵状长圆形，长3~7cm；叶柄长3~5mm。圆锥花序顶生或近顶生，长2~4cm；萼管干后皱缩；花瓣分离或帽状。果球

Syzygium odoratum 香蒲桃

形。（栽培园地：SCBG, XTBG, SZBG）

Syzygium polyanthum (Wight) Walp. **多花蒲桃**

乔木。嫩枝圆形。叶片狭长圆形或披针形，顶端渐尖。圆锥花序近上部腋生，花粉红色。果球形。（栽培园地：SCBG）

Syzygium polyanthum 多花蒲桃

Syzygium polypetaloideum Merr. et Perry **假多瓣蒲桃**

灌木。嫩枝圆形。叶片狭披针形，宽 1.5~2.5cm，基部狭楔形；叶柄明显。聚伞花序常顶生，有时腋生；花瓣分离。果球形。（栽培园地：XTBG）

Syzygium rehderianum Merr. et Perry **红枝蒲桃**

灌木至小乔木。嫩枝红色，圆形。叶片椭圆形至狭椭圆形，长 4~7cm，基部阔楔形；叶柄明显。聚伞花序腋生或生于枝顶叶腋内，长 1~2cm；花瓣连成帽状。果椭圆状卵形。（栽培园地：SCBG, WHIOB, XTBG）

Syzygium rockii Merr. et Perry **滇西蒲桃**

乔木。嫩枝四棱形。叶片椭圆形，长 8~10cm；叶柄长约 1cm。圆锥花序顶生及近顶部腋生，长 5~10cm；花无梗；花蕾长 8~9mm。（栽培园地：XTBG）

Syzygium rysopodum Merr. et Perry **皱萼蒲桃**

乔木。嫩枝圆形。叶片椭圆形，长 4.5~9cm。聚伞花序常顶生，有时生于上部叶腋内；萼管粗棒形，干后皱缩。果梨形或椭圆形，长约 1cm，成熟时红色。（栽培园地：SCBG, XTBG）

Syzygium samarangense (Bl.) Merr. et Perry **洋蒲桃**

乔木。嫩枝压扁。叶片椭圆形至长圆形，基部圆形或微心形；叶柄极短，近无柄。聚伞花序顶生，有数朵花；萼管长 7~8mm。果梨形或圆锥形，肉质，洋红色。

Syzygium samarangense 洋蒲桃（图 1）

Syzygium samarangense 洋蒲桃（图 2）

Syzygium samarangense 洋蒲桃（图3）

Syzygium tephrodes 方枝蒲桃（图2）

（栽培园地：SCBG, IBCAS, WHIOB, XTBG, CNBG, SZBG, XMBG）

Syzygium sterrophyllum Merr. et Perry 硬叶蒲桃

灌木至小乔木。嫩枝具4棱。叶片狭披针形，长6~13cm。聚伞花序腋生或生枝顶叶腋，长1~1.5cm；花蕾长4.5mm；花瓣连合成帽状。果椭圆形。（栽培园地：XTBG）

Syzygium szemaoense Merr. et Perry 思茅蒲桃

灌木或小乔木。嫩枝具棱。叶片椭圆形或狭椭圆形，长4~10cm；叶柄明显。圆锥花序顶生或近顶生，长约1.5cm；花梗短或无花梗；花蕾长3.5mm；花瓣分离。果椭圆状卵形。（栽培园地：XTBG）

Syzygium tephrodes (Hance) Merr. et L. M. Perry 方枝蒲桃

灌木至小乔木。小枝具4棱。叶片卵状披针形，基部微心形；近无柄。圆锥花序顶生；花瓣连合，白色，具香气。果卵圆形，长3~4mm，灰白色。（栽培园地：SCBG, XTBG）

Syzygium tephrodes 方枝蒲桃（图1）

Syzygium tephrodes 方枝蒲桃（图3）

Syzygium tetragonum (Wight) Wall. ex Walp. 四角蒲桃

乔木。嫩枝粗壮，具4棱。叶片椭圆形或倒卵形，长12~18cm。聚伞花序组成圆锥花序，生于无叶的枝上；花无梗；花瓣连合成帽状。果球形。（栽培园地：SCBG, XTBG）

Syzygium thumra (Roxb.) Merr. et Perry 黑叶蒲桃

乔木。嫩枝圆形。叶片卵状椭圆形，长10~15cm，叶面干后黑色。圆锥花序顶生；花具梗；花蕾长5mm；花瓣分离。果球形。（栽培园地：XTBG）

Syzygium tsoongii (Merr.) Merr. et Perry 狭叶蒲桃

灌木或小乔木。嫩枝纤细，四方形。叶片细小，线

Syzygium tetragonum 四角蒲桃

Xanthostemon chrysanthus 金蒲桃（图 2）

形至狭长圆形，长 1.5~4.5cm，宽 4~12mm，顶端钝，基部圆或稍钝；叶柄极短。圆锥花序顶生；花瓣离生。果球形。（栽培园地：SCBG, XTBG）

Syzygium yunnanense Merr. et Perry 云南蒲桃

乔木。嫩枝圆形，无毛。叶片阔披针形至椭圆形，长 10~21cm。圆锥花序顶生，有时生于无叶老枝上，常多枝丛生；花无梗；萼管倒圆锥形，长 2.5mm；花瓣分离。果球形。（栽培园地：XTBG）

Xanthostemon 金蒲桃属

该属共计 3 种，在 4 个园中有种植

Xanthostemon chrysanthus (F. Muell.) Benth. 金蒲桃

乔木。嫩枝圆形。叶片椭圆形或卵状披针形，长 7~22cm；叶柄明显。聚伞花序顶生和腋生；花黄色。蒴果球形。（栽培园地：SCBG, XTBG, SZBG, XMBG）

Xanthostemon verticillatus (C. T. White et W. D. Francis) L. S. Sm. 舞女蒲桃

灌木至小乔木。嫩枝圆形。叶轮生；叶片椭圆状披针形，长 5~9cm。花淡绿白色，聚伞花序腋生；花序下面具苞片；花瓣 6 枚，分离。果半球形。（栽培园地：SCBG）

Xanthostemon verticillatus 舞女蒲桃（图 1）

Xanthostemon chrysanthus 金蒲桃（图 1）

Xanthostemon verticillatus 舞女蒲桃（图 2）

Xanthostemon youngii C. T. White et W. D. Francis 年青蒲桃

灌木至小乔木。嫩枝圆形。叶片椭圆形和倒卵形。花红色，由圆锥花序组成的聚伞花序顶生；花瓣分离。果半球形。（栽培园地：SCBG, XTBG, SZBG）

Xanthostemon youngii 年青蒲桃（图1）

Xanthostemon youngii 年青蒲桃（图2）

Najadaceae 茨藻科

该科共计5种，在4个园中有种植

一年生沉水草本，生于内陆淡水、半咸水、咸水或浅海海水中。植株纤长，柔软，二叉状分枝或单轴分枝；下部匍匐或具根状茎。茎光滑或具刺，茎节上多生有不定根。叶片线形，无柄，无气孔，具多种排列方式；叶脉1条或多条；叶全缘或具锯齿；叶基扩展成鞘或具鞘状托叶；叶耳、叶舌缺或有。花单性，单生、簇生或为花序，腋生或顶生，雌雄同株或异株；雄花无或有花被，或具苞片；花丝细长或无，花药1室、2室或4室，纵裂或不规则开裂，花粉粒圆球形、长圆形或丝状；雌花无花被片或具苞片，具1枚、2枚或4枚（少有其他数目）离生心皮，柱头2裂或为斜盾形。果为瘦果。

Najas 茨藻属

该属共计4种，在4个园中有种植

Najas chinensis N. Z. Wang 东方茨藻

一年生沉水草本。植株纤细。茎光滑无齿，分枝多，呈二叉状。叶近对生或3叶假轮生；叶片线形，边缘有细锯齿；叶脉1条；叶鞘圆形。雌雄同株；花单性；雄花具1个箴状佛焰苞；雄蕊1枚，花药4室。瘦果长椭圆形。外种皮细胞排列整齐，细胞壁突起。（栽培园地：SCBG）

Najas graminea Delile 草茨藻

一年生沉水纤弱草本。基部分枝较多，上部分枝较少，呈二叉状。叶3枚假轮生，或近对生；叶片线形，中脉1条，边缘具细齿，叶基扩大成鞘，抱茎；叶耳长三角形或披针形。雌雄同株。花单性；雄花无佛焰苞；花药4室。瘦果长椭圆形，不弯曲。（栽培园地：SCBG, WHIOB, XTBG）

Najas marina L. 大茨藻

一年生沉水草本。植株分枝多，呈二叉状，节间常具稀疏锐尖的粗刺。叶近对生和3叶假轮生；叶片线状披针形，叶缘具4~10枚粗锯齿；叶基扩展成鞘。雌雄异株；花黄绿色，单生于叶腋。瘦果顶端无喙。外种皮细胞排列不规则。（栽培园地：IBCAS, WHIOB）

Najas minor All. 小茨藻

一年生沉水纤细草本。茎圆柱形，光滑无齿；分枝多，呈二叉状；上部叶呈3叶假轮生，下部叶近对生；叶片线形，边缘每侧有锯齿；叶鞘上部呈倒心形，叶耳截圆形至圆形。雌雄同株；花单性；雄花具1瓶状佛焰苞；雄蕊1枚，花药1室。瘦果狭长椭圆形，上

Najas minor 小茨藻

部稍弯曲。种皮表皮细胞呈纺锤形,排列呈梯状。(栽培园地:SCBG, WHIOB)

Zannichellia 角果藻属

该属共计1种,在1个园中有种植

Zannichellia palustris L. 角果藻

多年生沉水草本。茎细弱。叶互生至近对生,叶片线形,全缘,基部具鞘状托叶。花腋生;雄花仅1枚雄蕊,花粉球形;雌花具4枚离生心皮。果顶端具长喙,向背后弯曲。(栽培园地:WHIOB)

Nelumbonaceae 莲科

该科共计2种,在6个园中有种植

多年生、水生草本;根状茎横生,粗壮。叶漂浮或高出水面,叶片近圆形,盾状,全缘,叶脉放射状。花大,美丽,伸出水面;萼片4~5枚;花瓣大,黄色、红色、粉红色或白色,内轮渐变成雄蕊;雄蕊药隔先端成1个细长内曲附属物;花柱短,柱头顶生;花托海绵质,果期膨大。坚果矩圆形或球形;种子无胚乳,子叶肥厚。

Nelumbo 莲属

该属共计2种,在6个园中有种植

Nelumbo lutea (Willd.) Pers. 黄莲

多年生挺水水生植物。花鲜黄色,单瓣,花瓣15~18枚。(栽培园地:SCBG)

Nelumbo nucifera Gaertn. 莲

多年生挺水草本。根状茎肥厚,节间膨大,内有多数气孔道。花瓣红色、粉红色或白色。坚果椭圆形或卵形。(栽培园地:SCBG, WHIOB, KIB, XTBG, CNBG, GXIB)

Nelumbo nucifera 莲

Nepenthaceae 猪笼草科

该科共计2种，在9个园中有种植

草本，有时多少木质，直立、攀援或平卧，高可达15m；茎圆筒形或三棱形，无毛或具毛，单一或分枝。叶互生，无柄或具柄，最完全的叶可分为叶柄、叶片、中脉延长而成的卷须、卷须上部扩大反卷而成的瓶状体和卷须末端扩大而成的瓶盖等5部分。花整齐，无苞片，单性异株，组成总状花序、圆锥花序或具二次分枝的蝎尾状聚伞花序，花被3~4片，背面被或不被柔毛，腹面具腺体和蜜腺，通常分离而排成2基数的2轮，开展，稀基部合生成倒圆锥形的花被管，雄花具雄蕊4~24枚，无定数，花丝合生成1柱，花药于柱顶聚生成1头状体，外向纵裂，2室；雌花具1枚雌蕊，雌蕊由3~4枚与花被片对生的心皮组成，子房上位。蒴果，室背开裂为3~4个革质的果爿；种子多数，种皮向两端伸长，丝状，罕种皮不伸长，卵球形。

Nepenthes 猪笼草属

该属共计2种，在9个园中有种植

Nepenthes mirabilis (Lour.) Druce 猪笼草

直立或攀援草本。叶片披针形或长椭圆形，基生叶

Nepenthes mirabilis 猪笼草（图2）

近无柄，卷须短于叶片长；茎生叶具柄，卷须约与叶片等长；捕虫笼近圆筒形，下部稍扩大，具2条翅，瓶盖卵形或近圆形。总状花序，被长柔毛；花被片4片，红色至紫红色。蒴果栗色，狭披针形。（栽培园地：SCBG, IBCAS, WHIOB, KIB, LSBG, CNBG, SZBG, GXIB, XMBG）

Nepenthes ventricosa Blanco 葫芦猪笼草

直立或攀援草本。茎木质或半木质。叶片狭披针形，常交替排列，末端具淡红色的卷须，捕虫笼葫芦状，常为猩红色，中部稍缢缩，瓶盖舌形并向后倾斜。雌雄异株；总状花序，花小，绿色至深褐色，花被5片。（栽培园地：SCBG）

Nepenthes mirabilis 猪笼草（图1）

Nepenthes ventricosa 葫芦猪笼草（图1）

Nepenthes ventricosa 葫芦猪笼草（图2）

Nyctaginaceae 紫茉莉科

该科共计6种，在11个园中有种植

草本、灌木或乔木，有时为具刺藤状灌木。单叶，对生、互生或假轮生，全缘，具柄，无托叶。花辐射对称，两性，稀单性或杂性；单生、簇生或成聚伞花序、伞形花序；常具苞片或小苞片，有的苞片色彩鲜艳；花被单层，常为花冠状，圆筒形或漏斗状，有时钟形，下部合生成管，顶端5~10裂，在芽内镊合状或折扇状排列，宿存；雄蕊1至多数，通常3~5枚，下位，花丝离生或基部连合，芽时内卷，花药2室，纵裂；子房上位，1室，内有1粒胚珠，花柱单一，柱头球形，不分裂或分裂。瘦果状掺花果包在宿存花被内，有棱或槽，有时具翅，常具腺。

Boerhavia 黄细心属

该属共计1种，在1个园中有种植

Boerhavia diffusa L. 黄细心

多年生蔓性草本。根肉质，肥状。叶片卵形，顶端急尖或钝，基部圆形或楔形。果棍棒状，横切面稍圆，顶端圆，具短毛和小腺体。（栽培园地：WHIOB）

Bougainvillea 叶子花属

该属共计2种，在9个园中有种植

Bougainvillea glabra Choisy 光叶子花

藤状灌木。枝、叶无毛或疏生柔毛。苞片长圆形或椭圆形，长成时与花几等长；花被管疏生柔毛。（栽培园地：SCBG, IBCAS, KIB, XTBG, SZBG, GXIB）

Bougainvillea glabra 光叶子花（图1）

Bougainvillea spectabilis 叶子花（图2）

Bougainvillea glabra 光叶子花（图2）

Bougainvillea spectabilis 叶子花（图3）

成时较花长；花被管密生柔毛。（栽培园地：SCBG, IBCAS, WHIOB, XTBG, LSBG, CNBG, SZBG, GXIB）

Mirabilis 紫茉莉属

该属共计1种，在9个园中有种植

Mirabilis jalapa L. 紫茉莉

一年生草本。叶片卵形或卵状三角形，两面无毛。花常数朵簇生枝端；总苞钟形，果时宿存；花紫红

Bougainvillea spectabilis Willd. 叶子花

藤状灌木。枝、叶密生柔毛。苞片椭圆状卵形，长

Bougainvillea spectabilis 叶子花（图1）

Mirabilis jalapa 紫茉莉（图1）

紫茉莉科
Nyctaginaceae

Mirabilis jalapa 紫茉莉（图2）

Mirabilis jalapa 紫茉莉（图3）

色、黄色、白色或杂色，高脚碟状。瘦果球形，直径5~8mm。（栽培园地：SCBG, IBCAS, WHIOB, KIB, XTBG, XJB, CNBG, GXIB, XMBG）

Pisonia 腺果藤属

该属共计2种，在4个园中有种植

Pisonia aculeata L. 腺果藤

藤状灌木。叶片近革质，卵形至椭圆形，仅背面被黄褐色短柔毛。花单性，雌雄异株，成聚伞圆锥花序，被黄褐色短柔毛。果棍棒形，长7~14mm，宽约4mm，5棱，具有柄的乳头状腺体和黑褐色短柔毛。（栽培园地：SCBG, XTBG, LSBG, XMBG）

Pisonia grandis R. Br. 抗风桐

乔木。叶片椭圆形、长圆形或卵形，纸质或膜质，

Pisonia grandis 抗风桐（图1）

Pisonia grandis 抗风桐（图2）

被微柔毛或近无毛。聚伞花序顶生，被浅棕色柔毛。花两性。果棍棒状，长约1.2cm，宽约2.5mm，5肋，具无柄乳头状腺体和柔毛，棱上具1排黏刺。（栽培园地：SCBG, XTBG）

Nymphaeaceae 睡莲科

该科共计25种，在9个园中有种植

多年生，少数一年生，水生或沼泽生草本；根状茎沉水生。叶常二型：漂浮叶或出水叶互生，心形至盾形，芽时内卷，具长叶柄及托叶；沉水叶细弱，有时细裂。花两性，辐射对称，单生在花梗顶端；萼片3~12枚，常4~6枚，绿色至花瓣状，离生或附生于花托；花瓣3枚至多数，或渐变成雄蕊；雄蕊6枚至多数，花药内向、侧向或外向，纵裂；心皮3枚至多数，离生，或连合成1个多室子房，或嵌生在扩大的花托内，柱头离生，成辐射状或环状柱头盘，子房上位、半下位或下位，胚珠1枚至多数，直生或倒生，从子房顶端垂生或生在子房内壁上。坚果或浆果，不裂或由于种子外面胶质的膨胀成不规则开裂。

Barclaya 红海带属

该属共计1种，在1个园中有种植

Barclaya longifolia Hochst. ex A. Rich 红海带
多年生沉水草本。叶丛生，叶片狭长三角形或披针形，深红色或红色至绿黄色。（栽培园地：WHIOB）

Brasenia 莼属

该属共计1种，在1个园中有种植

Brasenia schreberi J. F. Gmel. 莼菜
多年生水生草本；具根状茎。叶片全部浮水，宽椭圆形，边缘全缘。花暗紫色；萼片及花瓣条形，顶端钝圆；雄蕊12~36枚。坚果矩圆卵形。（栽培园地：SCBG）

Cabomba 水盾草属

该属共计1种，在2个园中有种植

Cabomba caroliniana A. Gray 水盾草
多年生沉水草本。具根状茎，茎多分枝。叶二型：沉水叶对生，叶片掌状细裂，无明显黏液；浮水叶在开花时生出，互生，叶片椭圆形。花单生叶腋；雄蕊6枚。（栽培园地：SCBG, WHIOB）

Cabomba caroliniana 水盾草

Euryale 芡属

该属共计1种，在5个园中有种植

Euryale ferox Salisb. 芡实
一年生浮叶型水生草本。浮水叶革质，椭圆肾形至圆形，直径10~150cm，全缘，叶面绿色，背面紫色，

Brasenia schreberi 莼菜

Euryale ferox 芡实（图1）

Euryale ferox 芡实（图2）

两面在叶脉处具明显锐刺；叶梗、花梗都具硬刺。（栽培园地：SCBG, IBCAS, WHIOB, CNBG, SZBG）

Nuphar 萍蓬草属

该属共计7种，在7个园中有种植

Nuphar japonica DC. 日本萍蓬草

多年生水生草本。浮水叶深绿色，叶片长椭圆

Nuphar japonica 日本萍蓬草

状披针形或长圆状披针形，基部浅裂，裂片占全叶1/3~1/4。花黄色，柱头亮黄色。（栽培园地：SCBG, IBCAS）

Nuphar japonica DC. var. rubrotinctum (Casp.) Ohwi 红荷根

本变种的茎、叶柄及叶缘带红色。（栽培园地：WHIOB）

Nuphar luteum (L.) J. E. Smith 欧亚萍蓬草

多年生水生草本。叶片近革质，椭圆形，浮水叶片长15~25cm，长明显大于宽。（栽培园地：WHIOB, KIB）

Nuphar luteum 欧亚萍蓬草（图1）

Nuphar luteum 欧亚萍蓬草（图2）

Nuphar pumilum (Timm) DC. 萍蓬草

多年生水生草本。叶片纸质，卵形或宽卵形，浮水叶片长6~18cm。（栽培园地：SCBG, IBCAS, WHIOB, KIB, SZBG, GXIB）

Nuphar sagittifolia (Walter) Pursh 条叶萍蓬草

多年生浮水或沉水水生植物。叶片纸质，长披针形，

Nuphar pumilum 萍蓬草

长 8~25cm，基部弯缺占叶片 1/5~1/8，叶面深绿色，边缘波状。（栽培园地：WHIOB）

Nuphar shimadai Hayata 台湾萍蓬草

多年生水生草本。叶片纸质，矩圆形或卵形，浮水叶片长 9~14cm。柱头盘 10 裂。（栽培园地：WHIOB, XTBG, SZBG）

Nuphar sinensis Hand.-Mazz. 中华萍蓬草

多年生水生草本。叶片厚纸质，心状卵形，长 8.5~15cm，基部深裂约达全叶 1/3，裂片展开。（栽培园地：SCBG, IBCAS）

Nymphaea 睡莲属

该属共计 12 种，在 7 个园中有种植

Nymphaea alba L. 白睡莲

多年生浮水草本。叶片纸质，近圆形，边缘全缘，叶片深裂至叶梗基部，裂片尖锐。花白天开放，白色，花瓣 20~25 枚。（栽培园地：WHIOB, KIB, XTBG, CNBG, SZBG）

Nuphar sinensis 中华萍蓬草（图1）

Nymphaea alba 白睡莲（图1）

Nymphaea alba 白睡莲（图2）

Nymphaea caerulea Savigny 蓝睡莲

多年生浮水草本。叶片近圆形或椭圆形，叶片深裂至叶柄着生处，边缘近全缘，具少数齿，叶面绿色，背面具紫色斑点。花蓝色，花瓣 15~20 枚。（栽培园地：SCBG, CNBG, SZBG）

Nymphaea candida C. Presl 雪白睡莲

多年生浮水草本。叶片纸质，近圆形，边缘全缘，

Nuphar sinensis 中华萍蓬草（图1）

Nymphaea candida 雪白睡莲

叶片深裂至叶梗基部,裂片连接或重叠。花白天开放,白色,花瓣20~25枚。(栽培园地:SCBG, WHIOB)

Nymphaea capensis Thunb. 埃及蓝睡莲

多年生浮水草本。叶片圆形或卵形,边缘具不规则缺刻,叶片深裂至基部。花瓣浅蓝色,狭卵状披针形,20~32枚。(栽培园地:SCBG, WHIOB)

Nymphaea lotus L. 齿叶睡莲

多年生或一年生浮水草本。叶片圆形或近圆形,边缘具明显锐齿,叶基部深裂至全叶约3/4,叶面深绿色,背面浅绿色。夜间开放,花白色,花瓣22~30枚。(栽培园地:SCBG, WHIOB)

Nymphaea lotus L. var. **pubescens** (Willd.) Hook. f. et Thoms. 齿叶睡莲

本变种的叶片背面带红色,密生柔毛;花直径约15cm;花梗略和叶柄等长。(栽培园地:KIB, SZBG)

Nymphaea mexicana Zucc. 黄睡莲

多年生浮水草本。叶片纸质,近圆形,边缘全缘,叶片深裂至叶梗基部。花白天开放,黄色或浅黄色,花瓣20~23枚。(栽培园地:SCBG, WHIOB, KIB, XTBG, SZBG)

Nymphaea lotus 齿叶睡莲(图1)

Nymphaea mexicana 黄睡莲(图1)

Nymphaea mexicana 黄睡莲(图2)

Nymphaea odorata Ait. 粉睡莲

多年生浮水草本。叶片纸质,近圆形,边缘全缘,叶片深裂至叶梗基部,裂片连接或重叠。花纯白色或呈乳白色,上午开放。(栽培园地:SCBG, WHIOB, XTBG, CNBG, GXIB)

Nymphaea pentapetala (Walter) Fernald 美洲黄莲

多年生浮水草本。叶片纸质,近圆形,边缘全

Nymphaea lotus 齿叶睡莲(图2)

缘。花萼5枚，花大，花瓣淡黄色。（栽培园地：WHIOB）

Nymphaea rubra Roxb. 红花睡莲

多年生或一年生浮水草本。长成后叶面红褐色，老叶绿色，背面暗红褐色，边缘具明显锐齿，叶基部深裂至全叶约3/4。夜间开放，花鲜红色或紫红色。（栽培园地：XTBG, SZBG）

Nymphaea rubra 红花睡莲

Nymphaea stellata Willd. 延药睡莲

多年生或一年生浮水草本。叶基部深裂具弯缺，边缘近全缘或具波状钝齿。花浅蓝色，挺立水面白天开放，花瓣10~30枚。（栽培园地：SCBG, WHIOB）

Nymphaea tetragona Georgi 睡莲

多年生浮水草本。叶片直径6~15cm，全缘，基部深裂至叶柄。花白色，浮于水面，花直径3~4cm。（栽培园地：SCBG, WHIOB, KIB, CNBG, GXIB）

Nymphaea tetragona 睡莲

Victoria 王莲属

该属共计2种，在7个园中有种植

Victoria amazonica (Poepp.) Sowerby 王莲

大型多年生或一年生浮叶水生草本。长成后叶片直径0.8~2m，叶面微红色，具皱褶，叶片立边较窄，常不足10cm；叶柄红色，被密刺。花深紫红色。（栽培园地：KIB, XTBG, CNBG, XMBG）

Victoria amazonica 王莲

Victoria cruziana Orbigin. 克鲁兹王莲

大型多年生或一年生浮叶水生草本。长成后叶片直径1.5~2m，叶面绿色，平整，叶片立边高10~15cm；叶柄绿色，密被粗刺。花白色。（栽培园地：SCBG, IBCAS, KIB, CNBG, SZBG）

Victoria cruziana 克鲁兹王莲

Nyssaceae 蓝果树科

该科共计6种，在10个园中有种植

落叶乔木，稀灌木。单叶互生，有叶柄，无托叶，卵形、椭圆形或矩圆状椭圆形，全缘或边缘锯齿状。花序头状、总状或伞形；花单性或杂性，异株或同株，常无花梗或有短花梗。雄花：花萼小，裂片齿牙状或短裂片状或不发育；花瓣5枚稀更多，覆瓦状排列；雄蕊常为花瓣的2倍或较少，常排列成2轮，花丝线形或钻形，花药内向，椭圆形；花盘肉质，垫状，无毛。雌花：花萼的管状部分常与子房合生，上部裂成齿状的裂片5枚；花瓣小，5枚或10枚，排列成覆瓦状；花盘垫状，无毛，有时不发育；子房下位，1室或6~10室，每室有1枚下垂的倒生胚珠，花柱钻形，上部微弯曲，有时分枝。果为核果或翅果，顶端有宿存的花萼和花盘，1室或3~5室，每室有下垂种子1颗，外种皮很薄，纸质或膜质。

Camptotheca 喜树属

该属共计1种，在10个园中有种植

Camptotheca acuminata Decne. 喜树

落叶乔木。叶片纸质，矩圆状卵形或矩圆状椭圆形，全缘，侧脉11~15对。花杂性，同株；头状花序。翅果矩圆形，幼时绿色，干燥后黄褐色，呈近球形的头状果序。（栽培园地：SCBG, IBCAS, WHIOB, KIB, XTBG, LSBG, CNBG, SZBG, GXIB, XMBG）

Camptotheca acuminata 喜树（图1）

Camptotheca acuminata 喜树（图2）

Nyssa 蓝果树属

该属共计5种，在7个园中有种植

Nyssa javanica (Blume) Wanger. 华南蓝果树

落叶乔木。小枝、花梗和叶背面幼时被短柔毛或微绒毛，后近无毛。叶片薄革质，矩圆状披针形或矩圆状倒卵形，全缘。头状花序直径1.2~1.8cm，雄花花序有20~40朵花，雌花的花序有3~8朵花；花瓣4~5枚。核果椭圆形，稍扁，长1.5~2cm，成熟后紫色。（栽培园地：WHIOB, XTBG）

Nyssa javanica 华南蓝果树

Nyssa ogeche Bartr. ex Marsh. 高山紫树

落叶灌木或小乔木。嫩枝黄棕色至红棕色，被短柔毛。叶片长椭圆形至倒卵形，全缘或疏具锯齿，背面疏具短柔毛。花单性，较小，绿白色。核果红色，长3~4cm，果肉味酸。（栽培园地：SCBG）

枝上，雌花生于具叶的幼枝上。核果矩圆状椭圆形或长倒卵圆形，成熟时深蓝色，后变深褐色。（栽培园地：SCBG, WHIOB, KIB, XTBG, LSBG, CNBG, GXIB）

Nyssa yunnanensis W. C. Yin 云南蓝果树

落叶大乔木。小枝密被黄褐色微绒毛。叶片厚纸质，椭圆形或倒卵形，全缘或微浅波状，背面具微绒毛。雌雄异株，腋生，雄花多数成伞形花序，总花梗密被微绒毛，萼片和花瓣均5枚。头状果序；核果椭圆形，干燥后紫褐色。（栽培园地：SCBG, KIB, XTBG）

Nyssa ogeche 高山紫树

Nyssa shweliensis (W. W. Smith) Airy Shaw 瑞丽蓝果树

落叶乔木，小枝、叶柄和花梗具宿存微绒毛。叶片纸质，卵形或卵状椭圆形。雄花成密的总状花序或小的伞形花序，花梗长7~8mm；花瓣5枚。果序伞形，具果4~5枚；果卵圆形或椭圆形，长1.3cm。（栽培园地：KIB）

Nyssa sinensis Oliv. 蓝果树

落叶乔木。小枝、叶柄和花梗幼时疏具紧贴柔毛，后近无毛。叶片椭圆形或长椭圆形，边缘略呈浅波状。花序伞形或短总状；花单性，雄花着生于叶已脱落的老

Nyssa sinensis 蓝果树

Nyssa yunnanensis 云南蓝果树

Ochnaceae 金莲木科

该科共计 3 种，在 4 个园中有种植

乔木或灌木，少有草本。单叶互生，极少有羽状复叶，通常有多数羽状脉，托叶存在，有时成撕裂状。花两性，辐射对称，排成顶生或腋生的总状花序或圆锥花序，有时为伞形花序，极少单生，具苞片；花萼 5 片，少有 10 片，分离，覆瓦状排列，有时基部合生，通常宿存；花瓣 5~10 片，通常 5 片，基部无爪或具短爪，覆瓦状排列或旋转排列；雄蕊 5~10 枚或多数，分离，花丝通常宿存，花药条形，基着，纵裂或顶孔开裂，退化雄蕊有时存在尖锥状或花瓣状，有时合生成 1 管；子房上位，全缘或深裂，1~12 室，花柱单生或少有顶部分裂，胚珠每室 1~2 颗或多颗，生中轴胎座或侧膜胎座上。成熟心皮常完全分离且成核果状，位于增大的花托上，或成蒴果而室间开裂；种子 1 颗至多颗。

Ochna 金莲木属

该属共计 3 种，在 4 个园中有种植

Ochna integerrima (Lour.) Merr. 金莲木

落叶灌木或小乔木。叶片椭圆形或倒卵状披针形，边缘具小锯齿。花先于展叶期开放，花序近伞房状，花径 3cm；萼片长圆形，开放时外翻，结果时呈暗红色；花瓣 5 枚，倒卵形，子房 10~12 室，柱头盘状，5~6 裂。核果成熟时黑色。（栽培园地：SCBG, KIB, XTBG）

Ochna kirkii Oliv. 桂叶黄梅

常绿灌木。叶片椭圆形，边缘具髯毛状细锯齿。花期全年断断续续。花单生或 2~3 朵呈伞房状，萼片 5 枚，阔披针形，顶端尖或钝尖，开放时不外翻，结果时呈鲜红色；花瓣 5 枚，倒卵形或近阔匙形，雄蕊多数，花丝宿存。核果成熟时黑色。（栽培园地：SCBG,

Ochna integerrima 金莲木（图 1）

Ochna kirkii 桂叶黄梅（图 1）

Ochna integerrima 金莲木（图 2）

Ochna kirkii 桂叶黄梅（图 2）

XTBG, SZBG）

Ochna serrulata Walp. 细齿金莲木

灌木或小乔木。叶片椭圆形至狭椭圆形，边缘具细锯齿。花黄色，直径约2cm，具香味；果时萼片扩大，由黄绿色变为鲜红色。浆果，直径约5mm，成熟时黑色。（栽培园地：XTBG）

Olacaceae 铁青树科

该科共计6种，在5个园中有种植

常绿或落叶乔木、灌木或藤本。单叶，互生，稀对生（我国不产），全缘；羽状脉，稀三或五出脉；无托叶。花小，通常两性，辐射对称，排成总状花序状、穗状花序状、圆锥花序状、头状花序状或伞形花序状的聚伞花序或二歧聚伞花序，稀花单生；花萼筒小，杯状或碟状，花后不增大或增大，顶端具(3)4~5(6)枚小裂齿，或顶端截平，下部无副萼或有副萼；花瓣4~5片，稀3片或6片，离生或部分花瓣合生或合生成花冠管，花蕾时通常成镊合状排列；花盘环状；雄蕊为花瓣数的2~3倍或与花瓣同数并与其对生。核果或坚果，成熟时花萼筒不增大亦不包围果，或增大半包围或全包围果；成熟种子1枚。

Erythropalum 赤苍藤属

该属共计1种，在3个园中有种植

Erythropalum scandens Blume 赤苍藤

常绿藤本。叶片卵形、长卵形或三角状卵形。花排成腋生的二歧聚伞花序；花萼筒具4~5枚裂片；花冠白色，裂齿小，卵状三角形。核果卵状椭圆形或椭圆状，全为增大成壶状的花萼筒所包围，花萼筒顶端具宿存波状裂齿，成熟时淡红褐色，常不规则开裂为3~5裂瓣；种子蓝紫色。（栽培园地：SCBG, XTBG, GXIB）

Malania 蒜头果属

该属共计1种，在1个园中有种植

Malania oleifera Chun et S. Lee 蒜头果

常绿乔木。叶片长椭圆形、长圆形或长圆状披针形。

Erythropalum scandens 赤苍藤

Malania oleifera 蒜头果（图1）

Malania oleifera 蒜头果（图2）

Schoepfia chinensis 华南青皮木

花10~15朵，排成伞形花序状、复伞形花序状或短总状花序状的蝎尾状聚伞花序；雄蕊2轮，常8枚，其中4枚与花瓣对生，另4枚与花瓣互生。核果扁球形或近梨形，直径3~4.5cm；种子1枚，球形或扁球形。（栽培园地：GXIB）

Olax 铁青树属

该属共计1种，在1个园中有种植

Olax acuminata Wall. ex Benth. 尖叶铁青树

小乔木。叶片长椭圆形或卵状披针形。花3~8朵，排成总状花序状的蝎尾状聚伞花序，花序腋生；能育雄蕊3枚，与花瓣对生，退化雄蕊6枚，略长于能育雄蕊。核果长圆球形或卵球形，直径1.5~1.8cm，成熟时橙红色，半埋在增大成杯状的花萼筒内。（栽培园地：XTBG）

Schoepfia 青皮木属

该属共计3种，在4个园中有种植

Schoepfia chinensis Gardn. et Champ. 华南青皮木

落叶小乔木。叶片长椭圆形、椭圆形或卵状披针形。花无梗，排成短穗状或近似头状花序式的螺旋状聚伞花序；花冠黄白色或淡红色。果椭圆形或长圆形，成熟时几全部为增大成壶状的花萼筒所包围，花萼外面红色或紫红色。（栽培园地：SCBG, WHIOB）

Schoepfia fragrans Wall. 香芙木

常绿小乔木。叶片长椭圆形、长卵形、椭圆形或长圆形。花5~10朵或更多，排成总状花序状的蝎尾状聚伞花序；花冠白色或淡黄色。果近球形，成熟时几全部为增大的花萼筒所包围，增大的花萼筒外部黄色。（栽培园地：XTBG）

Schoepfia fragrans 香芙木

Schoepfia jasminodora Sieb. et Zucc. 青皮木

落叶小乔木或灌木。叶片卵形或长卵形；叶柄红色。花无梗，3~9朵排成穗状花序状的螺旋状聚伞花序；无副萼，花冠钟形或宽钟形，白色或浅黄色；柱头常伸出花冠管外。果椭圆形或长圆形，成熟时几全部为增大成壶状的花萼筒所包围，增大的花萼筒外部紫红色。（栽培园地：SCBG, SZBG）

Oleaceae 木犀科

该科共计130种，在12个园中有种植

乔木，直立或藤状灌木。叶对生，稀互生或轮生，单叶、三出复叶或羽状复叶，稀羽状分裂，全缘或具齿；具叶柄，无托叶。花辐射对称，两性，稀单性或杂性，雌雄同株、异株或杂性异株，通常聚伞花序排列成圆锥花序，或为总状、伞状、头状花序，顶生或腋生，或聚伞花序簇生于叶腋，稀花单生；花萼4裂，有时多达12裂，稀无花萼；花冠4裂，有时多达12裂，浅裂、深裂至近离生，或有时在基部成对合生，稀无花冠，花蕾时呈覆瓦状或镊合状排列；雄蕊2枚，稀4枚，着生于花冠管上或花冠裂片基部；子房上位，由2心皮组成2室，每室具胚珠2枚，有时1或多枚，胚珠下垂，稀向上，花柱单一或无花柱，柱头2裂或头状。果为翅果、蒴果、核果、浆果或浆果状核果。

Chionanthus 流苏树属

该属共计4种，在7个园中有种植

Chionanthus henryanus P. S. Green 李榄

灌木或乔木。叶片倒卵状披针形，顶端急尖，基部下延，侧脉9~15对；叶柄粗壮，长2.5~4cm。圆锥花序腋生，连同花序梗长9~15cm，被灰褐色柔毛；花长2~3mm。核果狭卵球形或狭椭圆形，长5~10cm，宽2.5~5cm，呈黑色，被圆形皮孔。（栽培园地：WHIOB, XTBG）

Chionanthus ramiflorus Roxb. 枝花流苏树

灌木或乔木。叶片椭圆形、长圆状椭圆形或卵状椭圆形，两面常密生乳突状小点，两面细脉不明显或仅背面明显；叶柄长2~5cm。花序腋生，长2.5~12cm；花长2.5~3mm，白色、淡黄色或黄色。核果长1.5~3cm，直径0.5~2.2cm，呈蓝黑色，被白粉。（栽培园地：SCBG, KIB, XTBG, XMBG）

Chionanthus retusus Lindl. et Paxt. 流苏树

落叶灌木或乔木。叶片长圆形、椭圆形或圆形；叶柄长0.5~2cm，密被黄色卷曲柔毛。聚伞状圆锥花序长3~12cm；花长1.2~2.5cm，单性而雌雄异株或为两性花；花冠白色，4深裂，裂片线状倒披针形。果椭圆形，长1~1.5cm，直径6~10mm，呈蓝黑色或黑色，被白粉。（栽培园地：WHIOB, KIB, CNBG, XMBG）

Chionanthus virginicus L. 美国流苏树

落叶灌木或小乔木。叶片窄椭圆形、椭圆形或倒卵形，长7.5~20cm。聚伞圆锥花序顶生；花梗底部具1枚叶状苞片；花单性异株，白色，具香气；花冠4裂，裂片条状，长1.8~3.2cm，雄花花冠较雌花长。核果卵形，长1.2~1.7cm，深蓝色。（栽培园地：IBCAS）

Fontanesia 雪柳属

该属共计1种，在9个园中有种植

Fontanesia phillyreoides Labill. ssp. fortunei (Carr.) Yalt. 雪柳

落叶灌木或小乔木。小枝四棱形。叶片纸质，披针

Chionanthus retusus 流苏树

Fontanesia phillyreoides ssp. fortunei 雪柳

形、卵状披针形或狭卵形；具短柄。圆锥花序顶生或腋生；花两性或杂性同株；花冠白色、黄色或淡红白色，深4裂。果黄棕色，倒卵形至倒卵状椭圆形，扁平，长7~9mm，边缘具窄翅。（栽培园地：SCBG, IBCAS, WHIOB, KIB, XJB, LSBG, CNBG, GXIB, IAE）

Forsythia 连翘属

该属共计5种，在9个园中有种植

Forsythia europaea Degen et Bald. 欧洲连翘

直立落叶灌木。叶片卵形，长7cm，宽3cm，全缘。花两性，一至数朵着生于叶腋，先于叶开放，长可达2cm；花冠淡黄色，钟状，深4裂。蒴果卵形；种子一侧具翅。（栽培园地：IBCAS）

Forsythia giraldiana Lingelsh. 秦连翘

直立落叶灌木。节间具片状髓。叶片长椭圆形至倒卵状披针形，全缘或疏生小锯齿，背面被较密柔毛、长柔毛或仅沿叶脉疏被柔毛以至无毛。花常单生或2~3朵生于叶腋；花萼裂片长3~4mm；花冠黄色，长1.5~2.2cm，深4裂。蒴果卵形或披针状卵形；果梗长2~5mm。（栽培园地：IBCAS）

Forsythia ovata Nakai 卵叶连翘

落叶披散灌木。节间具片状髓。叶片卵形、宽卵形至近圆形，长4~7cm，宽3~6.5cm，边缘具锯齿，稀近全缘，两面无毛。花单生于叶腋，先于叶开放；花萼裂片长2~3.5mm；花冠琥珀黄色，长1~2cm，深4裂。果卵球形、卵形或椭圆状卵形，果梗长约5mm。（栽培园地：IBCAS）

Forsythia suspensa (Thunb.) Vahl 连翘

落叶灌木。单叶或3裂至三出复叶，叶片卵形、宽卵形或椭圆状卵形至椭圆形，叶缘具锯齿，两面无

Forsythia suspensa 连翘（图2）

毛。花常单生或2至数朵生于叶腋，先于叶开放；花萼裂片长6~7mm；花冠黄色，深4裂。果卵球形、卵状椭圆形或长椭圆形，果梗长0.7~1.5cm。（栽培园地：IBCAS, WHIOB, KIB, XJB, LSBG, CNBG, GXIB, XMBG）

Forsythia viridissima Lindl. 金钟花

直立落叶灌木。叶片长椭圆形、披针形或倒卵状

Forsythia suspensa 连翘（图1）

Forsythia viridissima 金钟花（图1）

Forsythia viridissima 金钟花（图2）

Fraxinus americana 美国白梣（图2）

长椭圆形，常上半部具不规则锐锯齿或粗锯齿，两面无毛。花1~3朵生于叶腋，先于叶开放；花萼裂片长2~4mm；花冠深黄色，钟状，深4裂，裂片内面基部具橘黄色条纹。蒴果卵形或宽卵形，果梗长3~7mm。（栽培园地：SCBG, WHIOB, KIB, LSBG, CNBG, GXIB）

Fraxinus 梣属

该属共计26种，在11个园中有种植

Fraxinus americana L. 美国白梣

乔木。小枝光滑，具皮孔。羽状复叶长20~30cm；小叶5~9枚，常7枚，具短柄，小叶片卵形或卵状披针形，边缘具钝锯齿或近全缘，背面苍白。雌雄异株。圆锥花序生于去年无叶的侧枝上，无毛；花萼宿存；花药矩圆形，顶端具凸尖。翅果长3~4cm，翅狭窄不下延。（栽培园地：SCBG, IBCAS, KIB, XTBG, CNBG）

Fraxinus angustifolia Vahl 窄叶梣

落叶乔木。树皮光滑，小枝浅灰色。羽状复叶长15~25cm，对生或3片轮生；小叶3~13枚，小叶片狭披针形。花序为雄花花序、两性花花序或雄花两性花混合花序。翅果长3~4cm，翅淡褐色，长1.5~2cm。（栽培园地：IBCAS）

Fraxinus bungeana DC. 小叶梣

落叶小乔木或灌木。枝具细小皮孔。羽状复叶，叶柄基部增厚；小叶5~7枚，小叶片阔卵形、菱形至卵状披针形，顶端尾尖，叶缘具深锯齿至缺裂状，小叶柄短。圆锥花序顶生或腋生枝梢，长5~9cm；花萼小，萼齿尖三角形；花冠白色至淡黄色，裂片线形。翅果匙状长圆形，翅下延至坚果中下部。（栽培园地：IBCAS, XTBG, CNBG）

Fraxinus chinensis Roxb. 白蜡树

落叶乔木。小枝黄褐色，无毛。羽状复叶长15~25cm；小叶5~7枚，顶生小叶宽2~4cm，叶缘具整齐锯齿，背面无毛或沿中脉被白色长柔毛，小叶柄长3~5mm。圆锥花序顶生或腋生枝梢，长8~10cm；花雌雄异株。翅平展，下延至坚果中部；花萼筒状，紧贴坚果基部。（栽培园地：SCBG, IBCAS, WHIOB, XTBG, XJB, LSBG, CNBG, GXIB）

Fraxinus chinensis Roxb. ssp. rhynchophylla (Hance) E. Murray 花曲柳

本亚种与原亚种区别为：顶生小叶宽3.5~5cm，常宽卵形、椭圆形，有时披针形，顶端渐尖、骤尖或尾尖，

Fraxinus americana 美国白梣（图1）

Fraxinus chinensis 白蜡树

边缘具圆齿。（栽培园地：IBCAS, WHIOB, CNBG, IAE）

Fraxinus depauperata (Lingelsh.) Z. Wei 疏花梣

落叶小乔木。羽状复叶长 15~25cm；小叶 3~5 枚，小叶片卵状披针形或椭圆形，边缘具不整齐粗锯齿，背面仅沿中脉被稀疏曲柔毛；小叶柄长 0.8~1.5cm。圆锥花序疏花，长 8~12cm；花萼小，萼齿尖三角形，长于萼管；花具花冠。翅果长约 3.5cm，翅下延至坚果中部以上。（栽培园地：WHIOB）

Fraxinus depauperata 疏花梣

Fraxinus excelsior L. 欧梣

落叶乔木。小枝无毛。羽状复叶；小叶 9~11 枚，小叶片卵状长椭圆形至卵状披针形，仅背面中脉有长柔毛，无小叶柄。圆锥花序生于去年生枝侧；花杂性，无花被。翅果较宽，长 2.5~4cm，顶端钝、微凹或急尖。（栽培园地：IBCAS）

Fraxinus ferruginea Lingelsh. 锈毛梣

落叶乔木。嫩枝被锈色茸毛，茎皮孔小。羽状复叶，叶轴被锈色茸毛；小叶 9~15 枚，小叶片卵状披针形至斜长圆形，近全缘；小叶柄短。圆锥花序顶生，大而伸展，花多，密集；花序梗长；苞片宿存；花杂性；花萼顶端截平；花冠白色。翅果线状匙形。（栽培园地：XTBG）

Fraxinus floribunda Wall. ex Roxb. 多花梣

落叶大乔木。小枝具小而凸起的皮孔。羽状复叶；小叶 7~9 枚，小叶片卵状披针形至椭圆形，边缘具锐锯齿，背面疏被柔毛和淡黄色毡毛及红色糠秕状毛，渐秃净。圆锥花序顶生，大而伸展，多花，长 20~30cm；花在叶后开放；花萼大，萼齿呈阔三角形；花冠白色。翅果线形，果翅表面被红色糠秕状毛。（栽培园地：XTBG）

Fraxinus griffithii C. B. Clarke 光蜡树

半落叶乔木。小枝具疣点状凸起的皮孔。羽状复叶

Fraxinus griffithii 光蜡树（图 1）

Fraxinus griffithii 光蜡树（图 2）

长10~25cm；小叶常5~7枚，小叶片卵形至长卵形，近全缘，叶面无毛，光亮，背面具细小腺点；小叶柄长约1cm。圆锥花序顶生，长10~25cm，多花，先叶开放；叶状苞片匙状线形；萼齿阔三角形；花冠白色。翅果长2.5~3cm，翅下延至坚果中部以下。（栽培园地：WHIOB, GXIB）

Fraxinus hupehensis Chu, Shang et Su 湖北梣

落叶大乔木。营养枝常呈棘刺状。小枝挺直。羽状复叶，叶轴具狭翅；小叶7~9枚，小叶片披针形至卵状披针形，稍小，叶缘具锐锯齿，侧脉6~7对。花杂性，密集簇生，呈甚短的聚伞圆锥花序。翅果匙形，长4~5cm。（栽培园地：SCBG, IBCAS, WHIOB, CNBG, SZBG, GXIB）

Fraxinus insularis Hemsl. 苦枥木

落叶大乔木。羽状复叶；小叶5~7枚，叶缘具浅锯齿，两面光滑无毛，明显具柄。圆锥花序顶生枝端或出自当年生枝的叶腋，长20~30cm，多花，先叶开放；花序梗基部有时具叶状苞片；花芳香；花萼较宽，萼齿截平，上方膜质；花冠白色。翅果红色至褐色，长2~4cm，翅下延至坚果上部。（栽培园地：WHIOB, XTBG, GXIB）

Fraxinus hupehensis 湖北梣（图1）

Fraxinus insularis 苦枥木

Fraxinus longicuspis Sieb. et Zucc. 尖萼梣

落叶大乔木。羽状复叶，小叶3~5枚，小叶片卵状披针形，近全缘或具不明显锯齿。聚伞圆锥花序，两性花，花密集簇生。（栽培园地：IBCAS）

Fraxinus malacophylla Hemsl. 白枪杆

落叶乔木。小枝疏被毛，皮孔细小。羽状复叶；小叶9~15枚，小叶片椭圆形至披针状椭圆形，近全缘，叶面密被棕色茸毛，背面密被白色柔毛和黄色绒毛，近无柄。圆锥花序生于当年生枝端或上部叶腋；苞片线形；萼齿截平或浅裂成阔三角形；花冠白色。翅果匙形，长3~4cm，翅下延至坚果中部以下。（栽培园地：KIB, XTBG）

Fraxinus mandschurica Rupr. 水曲柳

落叶大乔木。小枝四棱形，节膨大，具小皮孔。羽状复叶；小叶7~11枚，小叶片长圆形至卵状长圆形，叶缘具齿，近无柄。圆锥花序侧生于去年生枝上，先叶开放；雄花与两性花异株，均无花冠也无花萼。翅果明显扭曲，翅下延至坚果基部。（栽培园地：IBCAS,

Fraxinus hupehensis 湖北梣（图2）

Fraxinus malacophylla 白枪杆

WHIOB, KIB, XJB, IAE）

Fraxinus ornus L. 花梣

落叶乔木。羽状复叶对生，长 20~30cm；小叶 5~9 枚，小叶片宽卵形，边缘波状，具细锯齿；叶柄长 5~15cm。花在叶后开放，排成长 10~20cm 的密集圆锥花序；花瓣 4 枚，乳白色，长 5~6mm。翅果长 1.5~2.5cm，成熟时由绿色转为褐色。（栽培园地：IBCAS）

Fraxinus paxiana Lingelsh. 秦岭梣

落叶大乔木。羽状复叶，叶轴上面具窄沟，关节上常簇生锈色茸毛；小叶 7~9 枚，小叶片卵状长圆形，叶缘具齿，两面常无毛，小叶无柄或具短柄。圆锥花序顶生及侧生枝梢叶腋，大而疏松，花序梗无毛；花杂性异株，先叶开放；花萼大，萼齿截平或呈阔三角形；花冠白色。翅果线状匙形，果翅下延至坚果中上部。（栽培园地：WHIOB）

Fraxinus pennsylvanica Marsh. 美国红梣

落叶乔木。羽状复叶长 18~44cm；叶柄基部几不膨大；小叶 7~9 枚，叶缘具不明显钝锯齿或近全缘；小叶无柄或近无柄。圆锥花序长 5~20cm；花密集，雄花与两性花异株，与叶同时开放；具花萼。翅果不扭曲，果翅下延近坚果中部。（栽培园地：IBCAS，XJB）

Fraxinus platypoda Oliv. 象蜡树

落叶大乔木。羽状复叶，叶柄基部囊状膨大，呈耳状半抱茎；小叶 7~11 枚，小叶片长圆状椭圆形，无柄或近无柄。聚伞圆锥花序侧生于去年生枝上，长 12~15cm；花杂性异株，无花冠，具花萼。翅果扁平，翅下延至坚果基部。（栽培园地：WHIOB，XTBG）

Fraxinus profunda (Bush) Bush 绒毛白蜡

落叶乔木。羽状复叶对生，长 25~40cm；小叶 7~9 枚，边缘具细齿，叶两面及脉上被绒毛，叶背沿脉被柔毛，

小叶柄短。花先于叶开放，紫绿色，无花瓣。翅果大，长 5~8cm。（栽培园地：IBCAS）

Fraxinus retusifoliolata Feng et P. Y. Bai 楷叶梣

落叶小乔木。小枝近四棱形，散生椭圆形皮孔。羽状复叶长 9~16cm，叶轴密被锈色茸毛；小叶 15~25 枚，椭圆形至长圆形，近全缘，叶面几无毛，背面脉上被淡黄色茸毛，小叶柄甚短或近无。圆锥花序长 5~9cm，多花，密集；苞片匙状线形；萼齿甚短或截平；花冠白色。翅果匙形，果翅下延至坚果中部。（栽培园地：KIB）

Fraxinus sieboldiana Blume 庐山梣

落叶小乔木。羽状复叶，叶轴稍曲折；小叶 3~5 枚，小叶片卵形或阔卵形，顶端锐尖或渐尖，近全缘或中下部以上具锯齿，两面无毛，近无柄或具短柄。圆锥花序密集多花；花杂性；花萼甚小，萼齿几不明显；花冠白色至淡黄色。翅果紫色，翅下延至坚果中部。（栽培园地：LSBG）

Fraxinus sieboldiana 庐山梣

Fraxinus sikkimensis (Lingelsh.) Hand.-Mazz. 锡金梣

大乔木。羽状复叶长 25~35cm，叶轴近圆柱形，关节处密被锈色茸毛；小叶 7~9 枚，小叶片披针形，边缘具齿，脉上多少被长柔毛；小叶柄具短柄或无毛。圆锥花序顶生或侧生枝梢叶腋，疏松；花序梗被糠秕状毛；无苞片；花萼大，萼齿浅。翅果匙形，果翅下延至坚果中部。（栽培园地：KIB）

Fraxinus sogdiana Bunge 天山梣

落叶乔木。小枝疏生点状淡黄色皮孔。羽状复叶在枝端呈螺旋状三叶轮生；小叶 7~13 枚，小叶片卵状披针形或狭披针形，边缘具齿，小叶柄长 0.5~1.2cm。聚伞圆锥花序长约 5cm；花杂性，2~3 朵轮生，无花冠、花萼。翅果强度扭曲，果翅下延至坚果基部。（栽

Fraxinus stylosa Lingelsh. 宿柱梣

落叶小乔木。羽状复叶长 6~15cm，叶轴细而直，无毛；小叶 3~5 枚，小叶片卵状披针形至阔披针形，顶端长渐尖，边缘具细锯齿；小叶柄短。圆锥花序顶生或腋生当年生枝梢；萼齿明显，狭三角形，急尖头；花冠淡黄色。翅果倒披针状，具宿存花柱，果翅下延至坚果中部以上。（栽培园地：WHIOB）

Fraxinus texensis (Gray) Sarg.

落叶小乔木。羽状复叶长 13~20cm，小叶 5 枚，小叶片圆形至阔卵圆形，全缘或近顶端疏具不明显锯齿。花紫色，雌雄异株。翅果长 1.5~3cm。（栽培园地：IBCAS）

Jasminum 素馨属

该属共计 29 种，在 11 个园中有种植

Jasminum attenuatum Roxb. 大叶素馨

大型木质藤本，全株无毛。小枝圆柱形。单叶，叶片大，革质，长椭圆形至椭圆状披针形；叶柄长 1~2cm，扭转。总状或圆锥状聚伞花序有花 5~9 朵；花萼钟状，萼齿钝，几近截形。浆果卵形，长 1~1.6cm，幼时呈绿白色，后变橘红色。（栽培园地：XTBG）

Jasminum cinnamomifolium Kobuski 樟叶素馨

攀援灌木，全株无毛。小枝圆柱形或具沟纹。叶片纸质或薄革质，椭圆形或狭椭圆形，基出脉 5 条，外侧 1 对不明显。花单生或 1~5 朵排成伞状聚伞花序；花萼裂片 5 枚，尖三角形；花冠白色，高脚碟状。浆果近球形或椭圆形，长 1~1.5cm，呈黑色。（栽培园地：SCBG, WHIOB）

Jasminum cinnamomifolium 樟叶素馨（图 1）

Jasminum cinnamomifolium 樟叶素馨（图 2）

Jasminum coarctatum Roxb. 密花素馨

攀援灌木。小枝、花序及花萼疏被短柔毛至无毛。小枝扁平，节处稍膨大。叶片纸质，侧脉 3~5 对，叶柄近中部具关节。头状或圆锥状聚伞花序密集，有花多朵，基部具小叶状苞片；花芳香；花萼裂片锥状线形；花冠白色，高脚碟状。浆果黑色。（栽培园地：KIB, XTBG）

Jasminum coffeinum Hand.-Mazz. 咖啡素馨

攀援藤本。小枝圆柱形或四棱形，棱上具狭翼。叶片革质，椭圆形，顶端短尾尖，基部圆形，叶柄近中部具关节。总状花序有 3~10 朵花；花萼裂片尖三角形或宽三角形；花冠白色，高脚碟状，肉质。浆果椭圆形，长 2.3~2.7cm，呈紫黑色。（栽培园地：XTBG）

Jasminum duclouxii (Levl.) Rehd. 丛林素馨

攀援灌木。小枝暗紫红色，具不明显棱角或呈圆柱状。叶片常为披针形，侧脉几与主脉垂直。伞房状聚伞花序，稀总状聚伞花序，每花序有 3~15 朵花；花萼裂片尖三角形；花冠粉红色、紫色或白色，近漏斗状，基部直径 1~3mm。浆果球形，直径 0.6~1.2cm，呈黑色。（栽培园地：WHIOB, XTBG）

Jasminum elongatum (P. J. Bergius) Willd. 扭肚藤

攀援灌木。小枝、花序及花萼密被黄色、黄褐色或锈色毛。叶片边缘常波状；叶柄长 2~5mm。聚伞花序密集，花微香；花萼裂片锥形；花冠白色，高脚碟状，花冠管长 2~3cm，直径 1~2mm。浆果长圆形或卵圆形，呈黑色。（栽培园地：SCBG, WHIOB, XTBG, GXIB, XMBG）

Jasminum floridum Bunge 探春花

直立或攀援灌木。枝扭曲，四棱形。复叶，小叶 3 或 5 枚，小枝基部常具单叶。聚伞花序或伞状聚伞花序顶生，有 3~25 朵花；花萼裂片与萼管等长或较长；花冠黄色，近漏斗状，花冠裂片顶端锐尖。浆果长圆

Jasminum elongatum 扭肚藤（图1）

Jasminum grandiflorum 素馨花（图2）

Jasminum elongatum 扭肚藤（图2）

形或球形，长5~10cm，成熟时呈黑色。（栽培园地：WHIOB, LSBG, CNBG）

Jasminum grandiflorum L. 素馨花

攀援灌木。小枝圆柱形，具棱或沟。叶羽状深裂或具5~9枚小叶，叶轴常具窄翼。聚伞花序有2~9朵花，花序中间之花的梗明显短于周围之花的梗；花芳香；花萼裂片锥状线形，长5~10mm；花冠白色，高脚碟状，花冠管长1.3~2.5cm，裂片长1.3~2.2cm，宽0.8~1.4cm。（栽培园地：SCBG, IBCAS, KIB, XTBG）

Jasminum humile L. 矮探春

灌木或小乔木，有时攀援状。小枝棱明显。复叶，有小叶3~7枚。伞状、伞房状或圆锥状聚伞花序，有花1~10朵；花梗长0.5~3cm；花芳香；花萼裂片三角

Jasminum humile 矮探春（图1）

Jasminum grandiflorum 素馨花（图1）

Jasminum humile 矮探春（图2）

形，较萼管短；花冠黄色，近漏斗状，花冠裂片先端圆或稍尖。浆果椭圆形或球形，成熟时呈紫黑色。（栽培园地：KIB）

Jasminum lanceolarium Roxb. 清香藤

大型攀援灌木。小枝圆柱形。叶对生或近对生，三出复叶；小叶片革质，顶生小叶片与侧生小叶片等大或略大。复聚伞花序常呈圆锥状，有多朵花；苞片线形；花芳香；花萼裂片三角形，不明显；花冠白色，高脚碟状。浆果球形或椭圆形，长 0.6~1.8cm，黑色，干时呈橘黄色。（栽培园地：SCBG, WHIOB, XTBG）

Jasminum lanceolarium 清香藤

Jasminum laurifolium Roxb. 桂叶素馨

常绿缠绕藤本，全株无毛。小枝圆柱形。单叶，叶片革质，基出脉 3 条，叶柄近基部具关节。聚伞花序有 1~8 朵花；小苞片线形；花芳香；花萼裂片线形；花冠白色，高脚碟状。浆果卵状长圆形，长 0.8~2.2cm，呈黑色，光亮。（栽培园地：WHIOB, XTBG）

Jasminum longitubum Chia 长管素馨

木质藤本。小枝圆柱形，被短柔毛。单叶，叶片薄革质或革质，卵形或长圆形；叶柄中部具关节。单花或聚伞花序有花 2~3 朵，花序基部常具叶状苞片，花梗极短；花萼被短柔毛，裂片线形；花冠白色，花冠管长约 3cm，直径约 1mm。（栽培园地：GXIB）

Jasminum mesnyi Hance 野迎春

常绿直立亚灌木。小枝四棱形，下垂。叶对生，三出复叶或小枝基部具单叶。花常单生于叶腋，和叶同时开放；苞片叶状；花萼裂片叶状；花冠黄色，漏斗状，裂片极开展，直径 2~4.5cm，花冠管长 1~1.5cm。浆果椭圆形，直径 6~8mm。（栽培园地：SCBG, WHIOB, KIB, CNBG, SZBG, GXIB, XMBG）

Jasminum mesnyi 野迎春

Jasminum microcalyx Hance 小萼素馨

攀援灌木。小枝圆柱形。单叶，叶片薄革质或革质，叶柄中部具关节。聚伞花序小，有花 1~5 朵；花小，芳香；花萼裂片圆钝或几近截形；花冠白色，高脚碟形，花冠裂片长 4~5mm。浆果椭圆形，长 0.9~1.2cm，呈黑色。（栽培园地：XTBG）

Jasminum multiflorum (Burm. f.) Andr. 毛茉莉

攀援灌木。小枝、花序及花萼密被黄褐色绒毛。单叶，叶片卵形或心形，叶柄近基部具关节。头状花序或密集呈圆锥状聚伞花序；花芳香；花萼裂片锥

Jasminum multiflorum 毛茉莉

形；花冠白色，高脚碟状，花冠管粗短，长1~1.7cm，直径2~3mm。浆果椭圆形，呈褐色。（栽培园地：SCBG, XTBG）

Jasminum nervosum Lour. 青藤仔

攀援灌木。小枝圆柱形。单叶，叶片纸质，基出脉3或5条，叶柄具关节。聚伞花序有花1~5朵；苞片线形；花芳香；花萼常呈白色，裂片线形；花冠白色，高脚碟状。浆果球形或长圆形，成熟时由红变黑。（栽培园地：SCBG, XTBG）

Jasminum nudiflorum 迎春花（图2）

Jasminum nervosum 青藤仔

Jasminum nudiflorum Lindl. 迎春花

落叶灌木。小枝四棱形，棱上多少具狭翼。三出复叶，小枝基部常具单叶。花单生；苞片小叶状；花萼裂片窄披针形；花冠黄色，裂片较不开展，直径2~2.5cm，花冠管长0.8~2cm。（栽培园地：SCBG, IBCAS, WHIOB, KIB, XTBG, XJB, LSBG, CNBG, XMBG）

Jasminum odoratissimum 浓香茉莉

Jasminum nudiflorum 迎春花（图1）

Jasminum odoratissimum L. 浓香茉莉

常绿灌木或呈缠绕状。小枝有棱，无毛。复叶，小叶常5片，稀达7片，厚革质，卵形或椭圆状卵形，全缘，边缘下卷，两面光滑无毛。花黄色，为顶生聚伞花序；花萼裂片呈三角形，长为萼筒之1/3；花冠筒长于花冠裂片2~3倍。浆果近圆形。（栽培园地：SCBG, WHIOB, CNBG）

Jasminum officinale L. 素方花

攀援灌木。小枝具棱或沟。叶对生，羽状深裂或羽

Jasminum officinale 素方花

Jasminum polyanthum 多花素馨（图1）

状复叶，具小叶5~7枚。聚伞花序伞状或近伞状，有花1~10朵；花萼裂片锥状线形，长5~10mm；花冠白色，或外面红色，内面白色，花冠管长1~1.5cm，裂片长6~8mm，宽3~8mm。浆果球形或椭圆形，成熟时由暗红色变为紫色。（栽培园地：XTBG）

Jasminum pentaneurum Hand.-Mazz. 厚叶素馨

攀援灌木。小枝圆柱形或扁平而成钝角形，枝中空。叶对生，单叶，叶片革质，基出脉5条，最外一对常不明显或缺而成三出脉；叶柄下部具关节。聚伞花序密集似头状，有花多朵；花序、基部有1~2对小叶状苞片；花芳香；花萼裂片线形；花冠白色。浆果球形、椭圆形或肾形，长0.9~1.8cm，呈黑色。（栽培园地：SCBG, GXIB）

Jasminum polyanthum 多花素馨（图2）

超过2mm；花冠花蕾时外面呈红色，开放后变白色，内面白色。浆果近球形，直径0.6~1.1cm，黑色。（栽培园地：KIB, XTBG, XMBG）

Jasminum rufohirtum Gagnep. 云南素馨

木质藤本。小枝、花序及花萼密被锈色毛。小枝圆柱形。单叶，叶片椭圆形、宽卵形或心形；叶柄长0.5~1.2cm。聚伞花序密集，具多朵花；花序基部常具小叶状苞片；花芳香；花萼黄色，裂片线形；花冠白色，高脚碟状，花冠管长约2.5cm。浆果椭圆形或近球形，呈紫黑色。（栽培园地：SCBG）

Jasminum sambac (L.) Ait. 茉莉花

直立或攀援灌木。小枝圆柱形或稍压扁，疏被柔毛。单叶，叶片卵状椭圆形或圆形；叶柄长2~6mm。聚伞花序常具3朵花；花极芳香；花萼裂片线形；花冠白色，花冠管径2~3mm，花冠裂片长圆形或近圆形，宽5~9mm。果球形，直径约1cm，呈紫黑色。（栽培园地：SCBG, IBCAS, WHIOB, KIB, XTBG, LSBG, CNBG, SZBG, GXIB, XMBG）

Jasminum pentaneurum 厚叶素馨

Jasminum polyanthum Franch. 多花素馨

缠绕木质藤本。小枝圆柱形或具棱。叶对生，羽状深裂或为羽状复叶，具小叶5~7枚，小叶片具明显基出脉3条。总状花序或圆锥花序有5~50朵花；花极芳香；花萼裂片钝三角形、尖三角形或锥状线形，长不

Jasminum sambac 茉莉花（图1）

Jasminum sinense 华素馨

Jasminum sambac 茉莉花（图2）

Jasminum seguinii Levl. 亮叶素馨

缠绕木质藤本。小枝圆柱形或压扁状。单叶，叶片革质，较小，叶柄中部具关节。总状或圆锥状聚伞花序较大，开展，多花；花芳香；花萼裂片钝三角形或尖三角形；花冠白色，高脚碟状，花冠裂片长0.8~1.7cm。浆果直径0.5~1.5cm，呈黑色。（栽培园地：WHIOB, XTBG）

Jasminum sinense Hemsl. 华素馨

缠绕藤本。小枝圆柱形，密被锈色长柔毛。三出复叶；侧生小叶片为顶生小叶片的1/4~1/2大小。聚伞花序常呈圆锥状排列，花多数，稍密集，芳香；花萼裂片线形或尖三角形；花冠白色或淡黄色，高脚碟状。浆果长圆形或近球形，长0.8~1.7cm，呈黑色。（栽培园地：SCBG, WHIOB）

Jasminum subglandulosum Kurz 腺叶素馨

攀援灌木。小枝、叶片、花梗及花萼具细小红色腺点。枝具纵裂而翼状突起的木栓层。单叶，叶片卵形、倒卵形或椭圆形。总状聚伞花序疏展，具2~9朵花；花萼裂片三角形；花冠白色，高脚碟状。浆果椭圆形或长圆形，长1.2~1.6cm，呈紫黑色。（栽培园地：XTBG, GXIB）

Jasminum subhumile W. W. Smith 滇素馨

灌木或小乔木。小枝具棱角。叶互生，三出复叶与单叶混生，小叶3枚。聚伞花序常呈圆锥状排列，具10~120朵花；花梗长1~1.2cm；花芳香；花萼裂片不明显；花冠黄色，近漏斗状，花冠裂片先端圆或钝。浆果球形或椭圆形，长1~1.6cm，呈黑色或红黑色。（栽培园地：KIB）

Jasminum subhumile 滇素馨

Jasminum urophyllum Hemsl. 川素馨

攀援灌木。小枝纤细，具条纹。三出复叶；小叶片革质，先端渐尖至尾状渐尖，基出脉3条。伞房花序或伞房状聚伞花序，具3~10朵花；花萼裂片小，钝三角形或尖三角形，长不超过2mm；花冠白色。浆果椭圆形或近球形，长0.8~1.2cm，成熟时呈紫黑色。（栽培园地：SCBG, WHIOB）

Jasminum wengeri C. E. C. Fisch. 异叶素馨

灌木。全株密被锈色长柔毛。小枝圆柱形。叶对生，

Jasminum urophyllum 川素馨

三出复叶；顶生小叶片卵状披针形，侧生小叶片极小，为顶生小叶片的 1/10~1/8 大小。聚伞花序密集；花序基部的苞片呈小叶状；花萼裂片锥状线形；花冠白色，高脚碟形。（栽培园地：XTBG）

Ligustrum 女贞属

该属共计 23 种，在 12 个园中有种植

Ligustrum compactum (Wall. ex G. Don) Hook. f. et Thomson ex Decne. 长叶女贞

灌木或小乔木。叶片纸质，椭圆状披针形、卵状披针形或长卵形，侧脉 6~20 对，排列紧密。圆锥花序疏松，长 7~20cm；花无梗或近无梗；花冠白色，4 裂，裂片与花冠管近等长；雄蕊 2 枚。浆果状核果，常弯生，蓝黑色或黑色。（栽培园地：WHIOB, SZBG）

Ligustrum confusum Decne. 散生女贞

灌木或小乔木。小枝密生圆形突起皮孔。叶片椭圆形、卵形或狭卵形，侧脉 4~7 对。圆锥花序顶生；花近无梗或梗长达 1.5mm；花冠白色，4 裂，裂片与花冠管近等长；雄蕊 2 枚。浆果状核果近球形，略弯曲，呈黑色或黑褐色。（栽培园地：IBCAS, KIB, XTBG）

Ligustrum confusum 散生女贞

Ligustrum delavayanum Hariot 紫药女贞

灌木。叶片薄革质，椭圆形或卵状椭圆形，两面无毛，侧脉 2~6 对，两面常不明显。圆锥花序花密集，长 1~5.5cm，宽 1~2cm；花冠白色，长 4~7.5mm，4 裂，花冠管约为裂片长的 2 倍；雄蕊 2 枚，花药紫色。浆果状核果椭圆形或球形，黑色，常被白粉。（栽培园地：KIB）

Ligustrum expansum Rehd. 扩展女贞

直立灌木。叶片长圆状椭圆形、长圆状披针形

Ligustrum compactum 长叶女贞

或倒卵形。圆锥花序宽大，顶生，长 10~18cm，宽 8~16cm，下部常具叶状苞片；花冠白色，高脚碟状，花冠管长约为裂片的 2 倍。浆果状核果长圆状椭圆形。（栽培园地：WHIOB）

Ligustrum henryi Hemsl. 丽叶女贞

灌木。小枝被毛，具圆形皮孔。叶片宽卵形、椭圆形或近圆形，侧脉 4~6 对。圆锥花序圆柱形，顶生，长 3~8cm；花梗极短；花冠白色，4 裂，花冠管约为裂片长的 2 倍或更长；雄蕊 2 枚。浆果状核果近肾形，弯曲，呈黑色或紫红色。（栽培园地：WHIOB）

Ligustrum ibota Sieb. et Zucc. 大叶东亚女贞

落叶灌木。叶片纸质，长圆形、椭圆形、卵形或倒披针形。圆锥花序长 1.5~3cm，宽 2.5cm；花冠白色，4 裂，花冠管约为裂片长的 2 倍或更长；雄蕊 2 枚。浆果状核果宽长圆形。（栽培园地：IBCAS）

Ligustrum japonicum Thunb. 日本女贞

大型常绿灌木。叶片厚革质，椭圆形或宽卵状椭圆形，侧脉 4~7 对。圆锥花序塔形，长 5~17cm；花梗极短；花冠白色，花冠管长约为花萼 2 倍，裂片 4 枚，与花冠管近等长或稍短；雄蕊 2 枚。浆果状核果长圆形或椭圆形，直立，呈紫黑色，外被白粉。（栽培园地：SCBG, WHIOB, KIB, CNBG）

Ligustrum japonicum 日本女贞

Ligustrum leucanthum (S. Moore) P. S. Green 蜡子树

落叶灌木或小乔木。小枝水平开展。叶片纸质或厚纸质，常椭圆形至宽披针形，顶端常尖，两面被毛，侧脉在背面略凸起。圆锥花序长 1.5~4cm，宽 1.5~2.5cm；花冠白色，4 裂，花冠管长约为裂片 2 倍；雄蕊 2 枚。浆果状核果，呈蓝黑色。（栽培园地：IBCAS, WHIOB, LSBG）

Ligustrum liukiuense Koidz. 台湾女贞

常绿灌木。小枝疏被圆形皮孔，幼枝被微柔毛。叶片革质或厚革质，椭圆形、宽卵形至近圆形，两面无毛，密被腺点。圆锥花序顶生，塔形，长 6~15cm，宽几与长相等；花冠白色，4 裂，花冠管与裂片近等长；雄蕊 2 枚。浆果状核果，直径 6~7mm。（栽培园地：SCBG）

Ligustrum lucidum Ait. 女贞

灌木或乔木，无毛。叶片革质，卵形、长卵形或椭圆形至宽椭圆形，侧脉 4~9 对。圆锥花序顶生，长 8~20cm；花无梗或近无梗；花冠白色，4 裂，裂片与花冠管近等长；雄蕊 2 枚。浆果状核果肾形或近肾形，略弯曲，深蓝黑色，成熟时呈红黑色，被白粉。（栽培园地：SCBG, IBCAS, WHIOB, KIB, XTBG, XJB, CNBG, SZBG, GXIB, XMBG）

Ligustrum lucidum 女贞（图 1）

Ligustrum lucidum 女贞（图 2）

Ligustrum lucidum Ait. f. **latifolium** (Cheng) Hsu 落叶女贞

本变型与原变型主要区别为：叶片纸质，椭圆形、长卵形至披针形，侧脉 7~11 对，相互平行，常与主脉几近垂直。（栽培园地：CNBG）

Ligustrum obtusifolium Sieb. et Zucc. 水蜡树

落叶多分枝灌木。叶片纸质，披针状长椭圆形、长椭圆形或倒卵状长椭圆形，顶端常钝，两面无毛，侧脉 4~7 对，在叶面微凹入。圆锥花序长 1.5~4cm，宽 1.5~2.5cm；花冠白色，4 裂，花冠管为裂片长的 2 倍；雄蕊 2 枚。浆果状核果，近球形或宽椭圆形。（栽培园地：WHIOB, IAE）

Ligustrum obtusifolium Sieb. et Zucc. ssp. **microphyllum** (Nakai) P. S. Green 东亚女贞

本亚种与原亚种的主要区别为：植株较矮，高 0.5~1.5m；叶片较小，长 0.8~2cm，宽 0.4~1.3cm。（栽培园地：LSBG）

Ligustrum ovalifolium Hassk. 卵叶女贞

半常绿灌木。叶片近革质，倒卵形、卵形或近圆形。圆锥花序塔形，长 5~10cm，宽 3~6cm；花冠白色，4 裂，花冠管约为裂片长的 2 倍或更长；雄蕊 2 枚。浆果状核果，近球形或宽椭圆形，呈紫黑色。（栽培园地：WHIOB, KIB, CNBG）

Ligustrum ovalifolium 卵叶女贞

Ligustrum pricei Hayata 总梗女贞

灌木或小乔木。小枝开展，被圆形皮孔和短柔毛，后渐无毛。叶片革质，长圆状披针形、椭圆状披针形或椭圆形，两面无毛，侧脉 4~7 对。圆锥花序长 2~6.5cm，宽 1.5~4.5cm；花冠白色，花冠管长 5~7mm，为裂片长的 2 倍或更长；雄蕊 2 枚。浆果状核果，椭圆形或卵状椭圆形，呈黑色。（栽培园地：WHIOB）

Ligustrum punctifolium M. C. Chang 斑叶女贞

灌木。叶片革质，椭圆状长圆形、卵形或倒卵形，顶端钝、凹或锐尖，叶面深绿色，散生斑状腺点，背面淡绿色，密被褐色斑状腺点。圆锥花序长约 5cm，宽约 2cm；花冠白色，4 裂，与花冠管近等长；雄蕊 2 枚。浆果状核果近球形。（栽培园地：SCBG, SZBG）

Ligustrum quihoui Carr. 小叶女贞

落叶灌木。叶片薄革质，披针形、长圆状椭圆形至倒卵形，顶端锐尖、钝或微凹。圆锥花序紧缩，长为宽的 2~5 倍；花冠白色，4 裂，裂片与花冠管近等长；雄蕊 2 枚。浆果状核果倒卵形、宽椭圆形或近球形，呈紫黑色。（栽培园地：SCBG, IBCAS, WHIOB, KIB, XTBG, LSBG, CNBG, SZBG, GXIB, XMBG）

Ligustrum quihoui 小叶女贞

Ligustrum retusum Merr. 凹叶女贞

直立灌木。叶片革质，倒卵状椭圆形或倒卵形，顶端钝而微凹，无腺点，两面无毛，侧脉 3~4 对。圆锥花序长 3~6cm，宽 2.5~4.5cm；花冠白色，4 裂，裂片与花冠管近等长；雄蕊 2 枚。浆果状核果近球形或椭圆形。（栽培园地：SCBG）

Ligustrum robustum (Roxb.) Blume 粗壮女贞

灌木或小乔木。植株多少被毛。小枝密被长圆形皮孔。叶片纸质，椭圆状披针形或披针形，顶端长渐尖，侧脉 5~7 对。圆锥花序顶生；花梗长 0~2mm；花冠白色，4 裂，裂片与花冠管近等长；雄蕊 2 枚。浆果状核果倒卵状长圆形或肾形，弯曲，呈黑色。（栽培园地：XTBG）

Ligustrum sinense Lour. 小蜡

落叶灌木或小乔木。叶片纸质，卵形、长圆形至披针形，两面多少被毛，侧脉 4~8 对。圆锥花序塔形，长 4~11cm，宽 3~8cm；花梗长 1~3mm；花冠白色，4 裂，花冠管与裂片近等长；雄蕊 2 枚。浆果状核果近球形。（栽培园地：SCBG, IBCAS, WHIOB, KIB, XTBG, LSBG, CNBG, SZBG, GXIB, XMBG）

Ligustrum sinense Lour. var. **myrianthum** (Diels) Hook. f. 光萼小蜡

本变种与原变种的主要区别为：幼枝、花序轴和叶

Ligustrum sinense 小蜡（图 1）

Ligustrum sinense var. myrianthum 光萼小蜡

Ligustrum sinense 小蜡（图 2）

Ligustrum sinense var. rugosulum 皱叶小蜡

Ligustrum sinense 小蜡（图 3）

柄密被锈色或黄棕色柔毛或硬毛，稀为短柔毛；叶片革质，长椭圆状披针形至卵状椭圆形，叶面疏被短柔毛，背面密被锈色或黄棕色柔毛，脉上尤甚；花序腋生，基部常无叶。（栽培园地：WHIOB, KIB, XTBG）

Ligustrum sinense Lour. var. **rugosulum** (W. W. Smith) M. C. Chang 皱叶小蜡

本变种与原变种的主要区别为：叶片较大，卵状披针形至椭圆形或卵状椭圆形，长 4~13cm，宽 2~5.5cm，叶脉在叶面明显凹入，背面凸起。（栽培园地：KIB, XTBG）

Ligustrum walkeri (Roxb.) Blume ssp. **walkeri** (Decne.) P. S. Green

本亚种的叶片披针形；花冠裂片长约为冠管的 2 倍，常反折；果常椭圆形，长 7~10mm，直径 4~5mm。（栽培园地：IBCAS）

Myxopyrum 胶核木属

该属共计 1 种，在 1 个园中有种植

Myxopyrum pierrei Gagnep. 胶核藤

大型攀援灌木。小枝四棱形。叶片革质，椭圆形或椭圆状披针形，两面无毛，具网状小凸起和腺点，基出脉3条。花小，两性，组成腋生的圆锥花序；花萼4裂；花冠管黄色或浅红色，肉质肥厚，呈壶状，裂片4枚，短于花冠管。浆果近球形，直径0.8~2cm。（栽培园地：SCBG）

Myxopyrum pierrei 胶核藤

Nyctanthes 夜花属

该属共计 1 种，在 1 个园中有种植

Nyctanthes arbor-tristis L. 夜花

小乔木。小枝四棱形。叶片革质，卵形或长卵形，两面被糙硬毛，侧脉3~5对。花两性，芳香，3~5朵组成头状花序，常再排列成聚伞花序；花萼管状；花冠

Nyctanthes arbor-tristis 夜花

黄色，高脚碟状，裂片4~8枚；雄蕊2枚，几无花丝。蒴果压扁，倒心形或椭圆形，黑色，成熟时开裂成2片。（栽培园地：XTBG）

Olea 木犀榄属

该属共计 9 种，在 9 个园中有种植

Olea brachiata (Lour.) Merr. ex G. W. Groff, Ding et E. H. Groff 滨木犀榄

灌木。小枝圆柱形，节处压扁。叶片革质，椭圆形、长椭圆形或椭圆状披针形，中部以上最宽，叶缘具齿，稀全缘。圆锥花序，有时成总状或伞状，常被柔毛；花小，白色，杂性异株；花冠浅裂，裂片短于花冠管。核果球形，直径5~7mm，成熟时紫黑色或蓝紫色。（栽培园地：SCBG）

Olea dioica Roxb. 异株木犀榄

灌木或小乔木。枝圆柱形，节处压扁。叶片革质，披针形、倒披针形或长椭圆状披针形，全缘或具不规则疏锯齿。聚伞花序圆锥状、总状或伞状，常无毛；花较小，白色或浅黄色，杂性异株；花冠浅裂，裂片短于花冠管。核果椭圆形或卵形，若球形则直径1~1.1cm，成熟时黑色或紫黑色。（栽培园地：SCBG，XTBG）

Olea brachiata 滨木犀榄

Olea europaea 木犀榄（图2）

Olea ferruginea Royle 锈鳞木犀榄

灌木或小乔木。小枝、叶背面、叶柄或花柄梗被锈色鳞片。叶片革质，狭披针形至长圆状椭圆形，顶端渐尖，具长凸尖头。圆锥花序腋生；花两性；花序梗长 4~11mm，具棱；花柱短，与花冠管近等长。果宽椭圆形或近球形，长 7~9mm，直径 4~6mm，成熟时暗褐色。（栽培园地：SCBG, KIB, XTBG, GXIB, XMBG）

Olea dioica 异株木犀榄

Olea europaea L. 木犀榄

常绿小乔木。小枝、叶背面和花序均密被银灰色鳞片。小枝具棱角。叶片革质，常披针形，全缘，叶缘反卷。圆锥花序长 2~4cm；花芳香，白色，两性；花冠深裂几达基部，裂片长于花冠管。核果椭圆形，长 1.6~2.5cm，成熟时蓝黑色。（栽培园地：IBCAS, WHIOB, KIB, XTBG, CNBG, SZBG）

Olea ferruginea 锈鳞木犀榄

Olea ferruginea Royle ssp. africana (Mill.) P. S. Green 非洲木犀榄

本亚种与原亚种的主要区别为：植株被锈色鳞片；叶片较大，长 2~9cm，宽 0.7~1.5cm，侧脉在近叶缘处明显汇合成一条线；果较小，圆形或长圆形，长约 1cm，有时具小尖头。（栽培园地：KIB）

Olea hainanensis L. 海南木犀榄

灌木或小乔木。植株无毛或仅花序稍被毛。小枝近圆柱形，节处稍压扁。叶片稍大，长椭圆状披针形或卵状长圆形。圆锥花序长 2~7.5cm；花白色或黄色，杂性异株；花冠浅裂，裂片短于花冠管。核果长椭圆形，

Olea europaea 木犀榄（图1）

直径7~9mm，两端稍钝，呈紫黑色或紫红色。（栽培园地：SCBG）

Olea paniculata R. Br. 腺叶木犀榄

乔木。小枝扁平，散生白色圆形或椭圆形皮孔。叶片纸质，卵状椭圆形、椭圆形或椭圆状披针形，全缘，叶背脉腋内有凹陷具睫毛的腺体。圆锥花序长8~10cm，无毛；花白色，两性；花冠深裂，裂片长于花冠管。核果长卵形，稍歪斜，尖，成熟时黄褐色。（栽培园地：XTBG）

Olea rosea Craib 红花木犀榄

灌木或小乔木；植株常密被毛，稀无毛。叶片革质，披针形、长圆状披针形或卵状椭圆形。圆锥花序密被黄色柔毛；花杂性异株；雄花黄白色，干时玫瑰红色；两性花序花梗短粗；花冠浅裂，裂片短于花冠管。核果长椭圆形，直径5~6mm，成熟时红紫色。（栽培园地：XTBG）

Olea tsoongii (Merr.) P. S. Green 云南木犀榄

灌木或乔木。叶片革质，倒披针形、倒卵状椭圆形或椭圆形。花序圆锥状、总状或伞形，常被毛；花较大，长3~4.5mm，白色、淡黄色或红色，杂性异株；两性花序花梗短粗；花冠浅裂，裂片短于花冠管。核果卵球形、长椭圆形或近球形，直径3~9mm，顶端短尖，呈紫黑色。（栽培园地：KIB）

Olea tsoongii 云南木犀榄

Osmanthus armatus 红柄木犀（图1）

Osmanthus armatus 红柄木犀（图2）

Osmanthus 木犀属

该属共计17种，在9个园中有种植

Osmanthus armatus Diels 红柄木犀

常绿灌木或乔木。叶片厚革质，长圆状披针形至椭圆形，边缘具硬而尖的刺状牙齿6~10对，叶脉在叶面凸起；叶柄短，长2~5mm。聚伞花序簇生于叶腋；花芳香；花冠白色，花冠管与裂片近等长。核果黑色。（栽培园地：SCBG, WHIOB, CNBG）

Osmanthus attenuatus P. S. Green 狭叶木犀

常绿灌木。幼枝被柔毛。叶片革质，狭椭圆形至披针形，全缘，两面具水泡突起的腺点。聚伞花序腋生；花梗无毛；花芳香；花冠白色，花冠管与裂片近等长；雄蕊着生于花冠管中部。（栽培园地：WHIOB）

Osmanthus cooperi Hemsl. 宁波木犀

常绿小乔木或灌木。小枝具皮孔。叶片革质，椭圆形或倒卵形，顶端稍呈尾状，全缘，腺点在两面呈针尖状突起。聚伞花序簇生于叶腋；花冠白色，花冠管与裂片近等长；雄蕊着生于花冠管下部。核果蓝黑色。（栽培园地：WHIOB, CNBG）

Osmanthus delavayi Franch. 山桂花

常绿灌木。枝密被柔毛。叶片厚革质，长圆形、宽椭圆形或宽卵形，叶缘具锐尖锯齿。聚伞花序簇生于叶腋或小枝顶端；花芳香；花冠白色，花冠管远长于花冠裂片。核果蓝黑色。（栽培园地：SCBG, WHIOB, KIB）

Osmanthus fordii Hemsl. 石山桂花

常绿灌木。植株无毛。枝具皮孔。叶片薄革质，椭圆形，全缘，腺点在上面呈针尖状突起，侧脉在两面均明显凸起。聚伞花序簇生于叶腋；花冠白色，花冠管与花冠裂片近等长或短于裂片；雄蕊着生于花冠管中部。（栽培园地：XTBG, GXIB）

Osmanthus fragrans (Thunb.) Lour. 木犀

常绿乔木或灌木。全株无毛。叶片革质，椭圆形、长椭圆形或椭圆状披针形，叶脉不呈网状，侧脉在叶面凹入。聚伞花序簇生于叶腋，或近于总状；花极芳香；花冠黄白色、淡黄色或黄色，花冠裂片比花冠管长2倍以上。核果歪斜，椭圆形，呈紫黑色。（栽培园地：SCBG, IBCAS, WHIOB, KIB, XTBG, LSBG, CNBG, GXIB, XMBG）

Osmanthus gracilinervis 细脉木犀

Osmanthus fragrans 木犀（图1）

Osmanthus henryi 蒙自桂花（图1）

Osmanthus fragrans 木犀（图2）

Osmanthus henryi 蒙自桂花（图2）

Osmanthus gracilinervis Chia ex R. L. Lu 细脉木犀

常绿小乔木或灌木。本种与狭叶木犀相似，主要区别为本种的小枝、叶柄、中脉和苞片均无毛。（栽培园地：WHIOB）

Osmanthus henryi P. S. Green 蒙自桂花

常绿小乔木或灌木。小枝具皮孔，幼时被柔毛。叶片厚革质，椭圆形至倒披针形，全缘或具牙齿状锯齿，每边约有20对，侧脉7~9对。聚伞花序簇生于叶腋；

花梗无毛；花芳香；花冠白色或淡黄色，花冠裂片长于花冠管。核果长椭圆形。（栽培园地：WHIOB, KIB, XTBG, GXIB）

Osmanthus heterophyllus (G. Don) P. S. Green 柊树

常绿灌木或小乔木。幼枝被柔毛。叶片革质，长圆状椭圆形或椭圆形，叶缘具3~4对刺状牙齿或全缘。聚伞花序簇生于叶腋；花梗无毛；花略具芳香；花冠白色，花冠管远短于花冠裂片；雄蕊着生于花冠管基部。

Osmanthus heterophyllus 柊树

Osmanthus matsumuranus 牛矢果

核果卵圆形，呈暗紫色。（栽培园地：SCBG, IBCAS, XTBG, CNBG）

Osmanthus marginatus (Champ. ex Benth.) Hemsl. 厚边木犀

常绿灌木或乔木。叶片厚革质，宽椭圆形、狭椭圆形或披针状椭圆形，全缘或暗锯齿。聚伞花序组成短小圆锥花序，常腋生，排列紧密；花冠淡黄白色、淡绿白色或淡黄绿色，花冠管与裂片近等长。核果椭圆形或倒卵形，成熟时黑色。（栽培园地：SCBG, WHIOB）

Osmanthus marginatus (Champ. ex Benth.) Hemsl. var. **longissimus** (H. T. Chang) R. L. Lu 长叶木犀

本变种与原变种的主要区别为：叶片质地特别厚，为极厚的革质，叶缘反卷，宽椭圆形，长 9~13cm，宽 4.5~5.5cm。（栽培园地：LSBG）

Osmanthus matsumuranus Hayata 牛矢果

常绿灌木或乔木。叶片倒披针形，全缘或上半部有锯齿；叶柄长 1.5~3cm。聚伞花序组成短小圆锥花序，腋生，排列疏松；花芳香；花冠淡绿白色或淡黄绿色，花冠管与裂片近等长。核果成熟时紫红色至黑色。（栽培园地：SCBG, WHIOB, KIB, XTBG, CNBG, GXIB）

Osmanthus minor P. S. Green 小叶月桂

常绿灌木或小乔木。树皮呈片状剥落。叶片狭椭圆形或狭倒卵形，全缘；叶柄长 1~1.5cm。圆锥花序短小而纤细，腋生；花冠白色，花冠管与裂片近等长。核果成熟时黑色。（栽培园地：SCBG）

Osmanthus pubipedicellatus Chia ex H. T. Chang 毛柄木犀

常绿灌木。小枝、叶柄和花梗均被柔毛。叶片厚革质，狭椭圆形，全缘，叶面具光泽，中脉在叶面深凹，侧脉略凹入。聚伞花序成簇腋生；花芳香；花冠白色，花冠管短于裂片。（栽培园地：WHIOB）

Osmanthus serrulatus Rehd. 短丝木犀

常绿灌木或小乔木。小枝具皮孔。叶片革质，倒卵状披针形、倒卵状椭圆形至椭圆形，叶缘具 12~20 对尖刺状锯齿，齿长 1mm，稀全缘，侧脉在叶背与小脉连接成网状。聚伞花序簇生于叶腋；花芳香；花冠白色，裂片深裂几达基部。核果椭圆形，呈蓝黑色。（栽培园地：WHIOB）

Osmanthus venosus Pamp. 毛木犀

常绿灌木或小乔木，高 2~4(10)m。小枝被柔毛。叶对生，叶片革质，狭椭圆形、披针形或倒披针形，长 (4.5)8~10(14)cm，宽 (1.5)2.5~3(4)cm，基部楔形至钝，全缘或仅在中部具 3~4 对牙齿状锯齿；叶柄长 1~1.5cm，被柔毛。聚伞花序簇生于叶腋；花芳香；花冠白色，花冠管与裂片近等长。（栽培园地：WHIOB）

Osmanthus yunnanensis (Franch.) P. S. Green 野桂花

常绿乔木或灌木。叶片革质，卵状披针形或椭圆形，全缘或具 20~25 对尖齿状锯齿，侧脉 10~12 对，与小脉连接呈网状。聚伞花序簇生于叶腋；苞片形边缘具明显睫毛；花芳香；花冠黄白色，裂片深裂几达基部。

Osmanthus yunnanensis 野桂花

Syringa pinnatifolia 羽叶丁香

核果紫黑色。（栽培园地：WHIOB, KIB, XTBG）

Syringa 丁香属

该属共计14种，在9个园中有种植

Syringa oblata Lindl. 紫丁香

灌木或小乔木。小枝、花序轴、花梗、苞片、花萼、幼叶两面及叶柄均无毛而密被腺毛。叶片卵圆形至肾形，宽常大于长，基部心形、截形、近圆形或宽楔形。圆锥花序由侧芽抽生；花冠紫色，花冠管远长于花萼；花药内藏。蒴果倒卵状椭圆形、卵形至长椭圆形。（栽培园地：WHIOB, XJB, LSBG, CNBG, IAE, XMBG）

Syringa oblata Lindl. var. **alba** Hort. ex Rehd. 白丁香

本变种与原变种的主要区别为：花白色；叶片较小，基部常为截形、圆楔形至近圆形，或近心形。（栽培园地：XJB, CNBG, IAE）

Syringa oblata Lindl. var. **giraldii** (Lingelsh.) Rehd. 毛紫丁香

本变种与原变种的主要区别为：小枝、叶面、花序和花梗除具腺毛外，被微柔毛、短柔毛或无毛；叶背面被短柔毛或柔毛，有时老时脱落；叶柄被短柔毛、柔毛或无毛。（栽培园地：CNBG）

Syringa pinnatifolia Hemsl. 羽叶丁香

直立灌木。小枝四棱形，无毛，疏生皮孔。羽状复叶；小叶7~11枚；小叶片对生或近对生，卵状披针形、卵状长椭圆形至卵形，无小叶柄。圆锥花序由侧芽抽生；花冠白色、淡红色，略带淡紫色，长1~1.6cm，花冠管略呈漏斗状，远长于花萼；花药内藏。蒴果长椭圆形。（栽培园地：WHIOB, XJB）

Syringa pubescens Turcz. 巧玲花

灌木。小枝四棱形，无毛，疏生皮孔。叶片卵形、椭圆状卵形、菱状卵形或卵圆形，背面常沿叶脉被毛。圆锥花序由侧芽抽生；花序轴与花梗、花萼略带紫红色，无毛，花序轴四棱形；花冠紫色或淡紫色，花冠管远长于花萼；花药内藏。蒴果长椭圆形，皮孔明显。（栽培园地：XJB）

Syringa pubescens Turcz. ssp. **microphylla** (Diels) M. C. Chang et X. L. Chen 小叶巧玲花

本亚种与原亚种的主要区别为：花序轴、花梗、花萼具微柔毛；花序轴近圆柱形；花紫红色或淡紫红色。（栽培园地：GXIB）

Syringa reticulata (Blume) Hara 日本丁香

落叶小乔木或大乔木。叶片卵形、宽卵形或卵圆形，基部圆形至浅心形，背面被短柔毛，沿中脉尤密。（栽培园地：KIB）

Syringa reticulata (Blume) Hara ssp. **pekinensis** (Rupr.) P. S. Green et M. C. Chang 北京丁香

本亚种与暴马丁香的主要区别为：叶片纸质，叶脉在叶面平；果端锐尖至长渐尖。（栽培园地：LSBG）

Syringa reticulata (Blume) Hara var. **amurensis** (Rupr.) Pringle 暴马丁香

本变种的叶片厚纸质，宽卵形、椭圆状卵形或长圆状披针形，叶脉在叶面明显凹入使叶面皱缩。圆锥花序由侧芽抽生；花冠白色，花冠管与花萼近等长；花丝伸出花冠管外。蒴果长椭圆形。（栽培园地：IBCAS, XJB, CNBG, IAE）

Syringa tibetica P. Y. Bai 藏南丁香

小乔木。小枝具明显皮孔。叶片长圆形或长圆状椭圆形，两面沿叶脉被短柔毛。圆锥花序由顶芽抽生；花冠白色，花冠管远长于花萼，裂片顶端呈兜状而具喙；花药黄色，全部露在花冠管外。（栽培园地：KIB）

Syringa villosa Vahl 红丁香

灌木。叶片卵形、椭圆状卵形、宽椭圆形至倒卵状长椭圆形，叶背多少被毛。圆锥花序由顶芽抽生，排列紧密，长5~13cm，宽3~10cm；花芳香；花冠淡紫红色、粉红色至白色，花冠管近圆柱形，裂片展开；花药位于花冠管喉部或稍凸出。蒴果长圆形。（栽培园地：XJB）

Syringa vulgaris L. 欧丁香

灌木或小乔木。小枝、叶柄、叶片两面、花序轴、花梗和花萼均无毛。叶片卵形、宽卵形或长卵形，长常大于宽，基部截形、宽楔形或心形。圆锥花序由侧芽抽生；花芳香；花冠紫色或淡紫色，花冠管远长于花萼，裂片开展；花药内藏。蒴果倒卵状椭圆形、卵形至长椭圆形。（栽培园地：WHIOB, XJB）

Syringa wolfii Schneid. 辽东丁香

直立灌木。叶片椭圆状长圆形、椭圆状披针形、椭圆形或倒卵状长圆形，叶背多少被毛。圆锥花序直立，由顶芽抽生；花芳香；花冠紫色、淡紫色、紫红色或深红色，漏斗状，花冠管远长于花萼；花药内藏。蒴果长圆形，成熟时不反折。（栽培园地：WHIOB）

Syringa yunnanensis Franch. 云南丁香

灌木。小枝具白色皮孔。叶片椭圆形、椭圆状披针形、倒卵形至倒披针形，两面无毛。圆锥花序直立，由顶芽抽出；花冠白色、淡紫红色或淡粉红色，漏斗状，花冠管远长于花萼；花药内藏。蒴果长圆柱形，稍被皮孔。（栽培园地：KIB）

Onagraceae 柳叶菜科

该科共计34种，在10个园中有种植

一年生或多年生草本，有时为半灌木或灌木，稀为小乔木，有的为水生草本。叶互生或对生；托叶小或不存在。花两性，稀单性，辐射对称或两侧对称，单生于叶腋或排成顶生的穗状花序、总状花序或圆锥花序。花通常4数，稀2或5数；花管（floral tube，由花萼、花冠，有时还有花丝之下部合生而成）存在或不存在；萼片(2~)4或5枚；花瓣(0~2~)4或5枚，在芽时常旋转或覆瓦状排列，脱落；雄蕊(2~)4枚，或8或10枚排成2轮；花药"丁"字形着生，稀基部着生；子房下位，(1~2~)4~5室，每室有少数或多数胚珠，中轴胎座；花柱1枚，柱头头状、棍棒状或具裂片。果为蒴果，室背开裂、室间开裂或不开裂，有时为浆果或坚果。

Chamerion 柳兰属

该属共计1种，在1个园中有种植

Chamerion angustifolium L. 柳兰

多年生粗壮草本。叶互生，叶片线状披针形或狭披针形，边缘近全缘，侧脉10~25对，近边缘处网结；无叶柄。总状花序直立，长5~40cm，花序上部的苞片不明显；花4数；花管缺；萼片紫红色；花瓣粉红色至紫红色，稍不等大，全缘或顶端具浅凹缺。蒴果密被贴生的白灰色柔毛；种子具种缨。（栽培园地：SCBG）

Circaea 露珠草属

该属共计4种，在4个园中有种植

Circaea alpina L. 高山露珠草

多年生草本。根状茎顶端有块茎状加厚。叶对生；叶片具侧脉4~10对。顶生总状花序长12cm，基部有时具1枚刚毛状小苞片，花梗无毛；花2数；萼片白色或粉红色；花瓣白色，倒卵形至倒三角形，顶端凹缺不足花瓣长度的一半；子房1室。蒴果不开裂，连果梗长3.5~7.8mm。（栽培园地：LSBG）

Circaea cordata Royle 露珠草

粗壮草本。植株密被毛。根状茎不具块茎。叶对生；叶片狭卵形至宽卵形。顶生总状花序长2~20cm，花序轴混生腺毛和毛，基部具1枚极小的刚毛状小苞片；花2数；萼片白色或淡绿色；花瓣白色，倒卵形至阔倒卵形，顶端凹缺至1/2~2/3；蜜腺全部藏于花管之内；子房2室。蒴果斜倒卵形至透镜形，基部近圆形。（栽培园地：LSBG）

Circaea erubescens Franch. et Sav. 谷蓼

多年生草本。植株无毛。根状茎上无块茎。叶对生；叶片披针形至卵形。顶生总状花序长2~20cm，基部常无刚毛状小苞片；花2数；萼片红色至紫红色；花瓣倒卵状菱形，粉红色，顶端凹缺至花瓣长度的1/10~1/5；蜜腺伸出于花管之外；子房2室。蒴果倒

卵形至阔卵形，略呈背向压扁。（栽培园地：XTBG, LSBG）

Circaea mollis Sieb. et Zucc. 南方露珠草

多年生草本。茎被毛较稠密；根状茎不具块茎。叶对生；叶基楔形，稀心形。顶生总状花序长 1.5~4cm，具腺状毛和镰状毛；花 2 数；萼片淡绿色或带白色；花瓣白色，阔倒卵形，顶端下凹至花瓣长度的 1/4~1/2；蜜腺突出于花管之外；子房 2 室。蒴果具明显的纵沟。（栽培园地：SCBG, WHIOB, LSBG）

Epilobium hirsutum L. 柳叶菜

多年生粗壮草本。植株密被伸展长柔毛，混生短而直的腺毛。叶片草质，边缘每侧具 20~50 枚细锯齿，无柄，且多少抱茎。总状花序直立；花 4 数，花管长 1.3~2cm；花瓣常玫瑰红色、粉红色或紫红色，长 9~20mm；柱头白色，4 深裂，长稍高过雄蕊。种缨黄褐色或灰白色。（栽培园地：IBCAS, WHIOB, KIB, LSBG）

Circaea mollis 南方露珠草

Epilobium hirsutum 柳叶菜

Epilobium 柳叶菜属

该属共计 6 种，在 5 个园中有种植

Epilobium amurense Hausskn. ssp. **cephalostigma** (Hausskn.) C. J. Chen 光滑柳叶菜

多年生直立草本。茎常多分枝，上部被曲柔毛，无腺毛，中下部具不明显的棱线，但不贯穿节间，棱线上近无毛。叶对生，长圆状披针形至狭卵形，叶柄长 1.5~6cm。花序轴被曲柔毛；花较小，长 4.5~7mm，4 数；花瓣白色、粉红色或玫瑰紫色；萼片疏被曲柔毛。（栽培园地：WHIOB）

Epilobium palustre L. 沼生柳叶菜

多年生直立草本。茎无棱线，被曲柔毛。叶片近线形至狭披针形，全缘或每边具 5~9 枚不明显浅齿。花辐射对称；花管长 1~1.2mm；花瓣白色、粉红色或玫瑰紫色。蒴果长 3~9cm，果梗长 1~5cm；种缨灰白色或褐黄色。（栽培园地：WHIOB）

Epilobium pannosum Hausskn. 硬毛柳叶菜

多年生草本；植株各部密被贴生丝状长粗毛。叶对生，密集叠覆排列，叶片无柄，椭圆形至披针形或卵形。花序初期下垂，后变直立；花 4 数，辐射对称；花管长 0.8~1.2cm；花瓣粉红色至玫瑰色，宽倒心形，长 8~16mm。（栽培园地：XTBG）

Epilobium platystigmatosum C. Robin. 阔柱柳叶菜

多年生直立草本，常丛生。茎多分枝，被曲柔毛，无棱线。叶对生，上部者互生，叶片狭披针形至近线形。花4数；子房密被曲柔毛；花管长0.6~0.8mm；花瓣白色、粉红色，稀玫瑰色。蒴果长2.3~5mm；种缨灰白色。（栽培园地：WHIOB）

Epilobium pyrricholophum Franch. et Savat. 长籽柳叶菜

多年生草本。茎密被曲柔毛与腺毛。叶片卵形或宽卵形至披针形，边缘具锐锯齿。花辐射对称；花管长1~1.2mm；花瓣粉红色至紫红色，长6~8mm。蒴果长3.5~7cm，果梗长0.7~1.5cm；种子长1.5~1.8mm，种缨红褐色。（栽培园地：LSBG）

Fuchsia 倒挂金钟属

该属共计4种，在6个园中有种植

Fuchsia boliviana Carr. 大红倒挂金种

常绿大灌木。叶片较大，多毛，叶柄红色。大型伞房花序下垂，长达20cm；花长3~7cm；萼筒白色；花瓣朱红色。浆果紫红色，长10~26mm。（栽培园地：IBCAS）

Fuchsia fulgens DC. 长筒倒挂金钟

落叶大灌木，全株光滑。叶对生，叶片卵形，基部圆形至心形，边缘具浅锯齿，被细柔毛。花呈顶生总状花序，下垂；花梗长1.5~2.5cm；萼筒红色，长5~7.5cm，裂片4枚，长1.5cm，顶端钝，带绿色或白色，略开张；花瓣4枚，红色，长约1cm。浆果绿色。（栽培园地：LSBG）

Fuchsia hybrida Hort. ex Sieb. et Voss. 倒挂金钟

直立半灌木。叶对生，叶片卵形或狭卵形，边缘具远离的浅齿或齿突，叶柄长2~3.5cm。花两性，单一，下垂；花管红色，筒状；萼片4枚，红色；花瓣4枚，紫红色、红色至白色，排成覆瓦状。浆果紫红色。（栽培园地：SCBG, WHIOB, KIB, LSBG, XMBG）

Fuchsia magellanica Lam. 短筒倒挂金钟

小灌木或草本，无毛或近无毛。叶对生或3枚轮生，叶片卵状长圆形至卵状披针形，边缘具疏锯齿及缘毛，两面光滑至被短柔毛。花单生于上部叶腋，花梗长2~5cm；萼筒远短于萼裂片，红色，裂片长1.5~2.5cm，长圆状披针形；花瓣4枚，阔倒卵形，堇紫色；雄蕊红色，伸出花瓣外。（栽培园地：KIB）

Fuchsia hybrida 倒挂金钟

Fuchsia magellanica 短筒倒挂金钟

Gaura 山桃草属

该属共计1种，在5个园中有种植

Gaura lindheimeri Engelm. et Gray 山桃草

多年生粗壮草本，常丛生。茎生叶互生，无柄，叶片椭圆状披针形或倒披针形。花序长穗状，直立，长20~50cm；花4数，两侧对称；花瓣白色，后变粉红色，排向一侧，倒卵形或椭圆形，长12~15mm。蒴果坚果状，狭纺锤形。（栽培园地：SCBG, WHIOB, KIB,

柳叶菜科 Onagraceae

Gaura lindheimeri 山桃草

LSBG, XMBG）

Ludwigia 丁香蓼属

该属共计10种，在5个园中有种植

Ludwigia adscendens (L.) Hara 水龙

多年生浮水或上升草本。浮水茎节上常簇生白色海绵质根状浮器。叶片倒卵形、椭圆形或倒卵状披针形，顶端常钝圆。花单生于上部叶腋；萼片5枚；花瓣乳白色，基部淡黄色；雄蕊10枚。蒴果淡褐色，圆柱状；种子每室单列，嵌入木质硬内果皮内。（栽培园地：SCBG, WHIOB, XTBG）

Ludwigia adscendens 水龙

Ludwigia arcuata Walt. 柳叶丁香蓼

多年生挺水植物。茎深红色。叶对生，叶片细长，狭披针形；水上叶叶面绿色，背面红色；水中叶红色。花小，金黄色。（栽培园地：WHIOB）

Ludwigia epilobioides Maxim. 假柳叶菜

一年生粗壮直立草本。茎四棱形，多分枝。叶片狭椭圆形至狭披针形，顶端渐尖。萼片4~5枚，三角状卵形；花瓣黄色，倒卵形，长2~2.5mm；雄蕊与萼片同数。蒴果近无梗，长1~2.8cm；种子成熟时嵌入海绵质内果皮内。（栽培园地：CNBG）

Ludwigia glandulosa Walter 大红叶

水生草本。茎直立，红色。叶对生；水中叶狭披针形至狭倒卵状披针形，顶端尖锐或圆钝，具短柄，叶片橄榄绿色，略带棕色，有时偏红色；水上叶长2cm，宽0.5cm。花单生于叶腋，较小；花萼细长；花瓣4枚，黄色，长卵圆形。（栽培园地：SCBG）

Ludwigia glandulosa 大红叶

Ludwigia hyssopifolia (G. Don) Exell 草龙

一年生直立草本。幼枝及花序被微柔毛。茎常三棱形或四棱形，多分枝。叶片披针形至线形。花腋生，萼片4枚；花瓣4枚，黄色，倒卵形或近椭圆形，长2~3mm；雄蕊8枚。蒴果近无梗；种子在蒴果上部1/5~1/3增粗部分每室多列，游离生，但下部每室1列，嵌入硬内果皮里。（栽培园地：SCBG, XTBG, SZBG）

Ludwigia octovalvis (Jacq.) Raven 毛草龙

多年生粗壮直立草本。茎多分枝，稍具纵棱，常被伸展的黄褐色粗毛。叶片披针形至线状披针形，两面被黄褐色粗毛。萼片4枚；花瓣黄色，倒卵状楔形，长7~14mm；雄蕊8枚。蒴果圆柱状，具8条棱，绿色至紫红色，长2.5~3.5cm；种子每室多列，游离生。

Ludwigia hyssopifolia 草龙

Ludwigia octovalvis 毛草龙

（栽培园地：SCBG, WHIOB, XTBG, SZBG）

Ludwigia ovalis Miq. 卵叶丁香蓼

多年生匍匐草本，近无毛。节上生根。叶片卵形至椭圆形，基部骤狭成具翅的柄。花单生于茎枝上部叶腋，几无梗；萼片4枚，卵状三角形；花瓣缺；雄蕊4枚；花盘隆起，绿色，深4裂。蒴果近长圆形，具4棱；种子每室多列，游离生。（栽培园地：SCBG, WHIOB）

Ludwigia peploides (Kunth) Raven ssp. **stipulacea** (Ohwi) Raven 黄花水龙

多年生浮水或上升草本。浮水茎节上常生圆柱形海绵质根状浮器。直立茎无毛。叶片长圆形或倒卵状长圆形，顶端锐尖或渐尖。花单生于上部叶腋；萼片5枚；花瓣金黄色，基部常具深色斑点；雄蕊10枚。蒴果具10条纵棱；种子每室单列纵向排列，嵌入木质硬内果皮内。（栽培园地：SCBG, WHIOB）

Ludwigia peploides ssp. stipulacea 黄花水龙

Ludwigia perennis L. 细花丁香蓼

一年生直立草本。茎常分枝。叶片椭圆状或卵状披针形，基部两侧下延成柄翅。萼片4枚，稀5枚；花瓣黄色，椭圆形或倒卵状长圆形，长1.4~2.5mm；雄蕊与萼片同数，稀更多。蒴果圆柱状，成熟时迅速不规则室背开裂；种子在每室多列，游离生。（栽培园地：XTBG）

Ludwigia prostrata Roxb. 丁香蓼

一年生直立草本。外形及花、果酷似假柳叶菜，主要区别为：种子游离生，每室1列，横卧，种脊明显；萼片4枚，较小；花瓣很小，匙形。（栽培园地：XTBG, CNBG）

Oenothera 月见草属

该属共计8种，在8个园中有种植

Oenothera biennis L. 月见草

直立二年生粗状草本，植株各部均被曲柔毛、长毛或腺毛。基生莲座叶丛紧贴地面；茎生叶片椭圆形至

Ludwigia ovalis 卵叶丁香蓼

Oenothera biennis 月见草（图1）

Oenothera glazioviana 黄花月见草

Oenothera biennis 月见草（图2）

Oenothera lamarkiana 拉马克月见草

倒披针形。花序穗状；萼片4枚；花瓣4枚，黄色，稀淡黄色，宽倒卵形，长2.5~3mm，顶端微凹缺；雄蕊8枚，花药"丁"字形着生；柱头围以花药。蒴果锥状圆柱形；种子棱形，具棱角，各面具不整齐洼点。（栽培园地：WHIOB, KIB, CNBG）

Oenothera glazioviana Mich. 黄花月见草

直立二年生至多年生草本。植株各部均被曲柔毛、长毛与短腺毛。基生叶莲座状，叶片倒披针形；茎生叶螺旋状互生，向上渐变小。花序穗状，生茎枝顶；萼片4枚，黄绿色；花瓣4枚，黄色，长4~5cm；雄蕊8枚，花药"丁"字形着生；柱头开花时长于花药。蒴果锥状圆柱形；种子棱形，具棱角，各面具不整齐洼点。（栽培园地：KIB, XMBG）

Oenothera lamarkiana Ser. 拉马克月见草

一年生草本。茎直立，粗壮。叶片狭披针形，边缘疏具锯齿。穗状花序顶生；萼片4枚，黄绿色带红棕色；花瓣4枚，阔倒卵形，顶端凹，黄色；雄蕊8枚，花药"丁"字形着生；柱头与花瓣等长。（栽培园地：LSBG）

Oenothera missouriensis Sims 密苏里月见草

多年生丛生矮小草本。茎带红色。叶片狭卵状披针形至线状披针形，叶面深绿色。花大，直径6~7.5cm，黄色。果具4条纵翅，长5~7cm。（栽培园地：KIB）

Oenothera parviflora L. 小花月见草

直立二年生草本。茎、叶、花萼疏被曲柔毛，有时花序、花萼疏生具疱状基部的长毛与腺毛。茎生叶片披针形至狭卵形或狭椭圆形。花序穗状，直立或弯曲上升；花瓣4枚，黄色或淡黄色；柱头低于或围以花药。蒴果锥状圆柱形；种子棱形，具棱角，各面具不整齐洼点。（栽培园地：SCBG）

Oenothera rosea L'Her. ex Ait. 粉花月见草

多年生草本。茎常丛生，上升。茎生叶片披针形或长圆状卵形，叶柄长1~2cm。花瓣4枚，粉红色至紫红色，长6~9mm；柱头红色，围以花药。蒴果棒状，长0.8~1cm，具4条纵翅，果梗长6~12mm；种子长圆状倒卵形。（栽培园地：KIB）

Oenothera rosea 粉花月见草

Oenothera speciosa Nutt. 美丽月见草

多年生草本。茎疏被短柔毛至无毛。叶片小，常狭卵状披针形，边缘疏具不明显锯齿或波状。花粉红色至白色，直径 4~5cm。（栽培园地：SCBG, WHIOB, KIB, CNBG）

Oenothera speciosa 美丽月见草

Oenothera stricta Ledeb. et Link 待宵草

直立或外倾一年生或二年生草本。叶片狭椭圆形至倒线状披针形，边缘疏生齿突。花序穗状；萼片 4 枚，黄绿色；花瓣 4 枚，黄色，基部具红斑，长 1.5~2.7cm。蒴果圆柱状；种子宽椭圆状，无棱角，表面具整齐洼点。（栽培园地：IBCAS, WHIOB, KIB, XJB, XMBG）

Oenothera stricta 待宵草

Opiliaceae 山柚子科

该科共计 4 种，在 3 个园中有种植

常绿小乔木、灌木或木质藤本。叶互生，单叶，全缘，无托叶。花小，辐射对称，两性或单性，组成腋生或顶生的穗状花序、总状花序或圆锥花序状的聚伞花序，单花被或具花萼和花冠，花被片或花瓣 4~5 数，离生或合生，花蕾时镊合状排列；雄蕊与花被片或花瓣同数、对生，花丝离生或基部与花瓣合生，花药 2 室，纵裂；花盘各式，位于雄蕊内，环状或杯状，或为分离的腺体；子房上位或半下位，1 室，倒生胚珠 1 颗，无珠被，花柱短或无，柱头全缘或具浅裂。核果；种子的胚乳具丰富油质，胚小，圆柱状，子叶线形。

Champereia 台湾山柚属

该属共计 1 种，在 1 个园中有种植

Champereia manillana (Bl.) Merr. var. **longistaminea** (W. Z. Li) H. S. Kiu 茎花山柚

灌木或乔木。叶片披针形、长圆形或卵形，侧脉 5~9 对。圆锥花序长 8~20cm；苞片披针形，长约 0.5mm；花梗 1~2mm；萼片 1.5~1.7mm；雄蕊 1.5~1.7mm。核果橙色，长 2.2~2.5cm，直径 1.5~1.7cm。（栽培园地：XTBG）

Lepionurus 鳞尾木属

该属共计 1 种，在 1 个园中有种植

Lepionurus sylvestris Blume 鳞尾木

灌木。叶形多样，常倒卵形、长圆形、披针形或卵形。总状花序 1~8 个生于叶腋，花序轴直立、俯垂或下垂；苞片阔卵形，顶端渐尖或具细尖，每个苞片内着生 3 朵花；花淡黄色；花盘杯状，具裂缺。核果橙红色，基部具宿存花盘。（栽培园地：GXIB）

Opilia 山柚子属

该属共计 1 种，在 1 个园中有种植

Opilia amentacea Roxb. 山柚子

攀援灌木或小乔木。小枝被微柔毛。叶片革质，卵形或卵状披针形。花序直立，密被淡红褐色短柔毛；苞片阔卵形；花梗被微柔毛；花萼小，全缘；花瓣 5 枚，黄绿色；外面被短柔毛，早落；腺体椭圆状，钝头，长度仅为雄蕊的一半。核果卵球形、球形或椭圆形，红色，基部具宿存的花萼和花盘。（栽培园地：XTBG）

Urobotrya 尾球木属

该属共计 1 种，在 2 个园中有种植

Urobotrya latisquama (Gagnep.) Hiepko 尾球木

灌木或小乔木。叶片无毛，阔披针形至狭披针形，稀卵形或倒卵形。花序常单个生于叶腋或已落叶的茎干上；苞片阔卵形至圆形，顶端骤渐尖；花被片 4 枚，黄绿色；雄蕊与花被片对生，花药椭圆状；花盘突起呈环状；子房高于花盘部分近圆锥状，1 室。核果红色。（栽培园地：SCBG, XTBG）

Lepionurus sylvestris 鳞尾木（图 1）

Lepionurus sylvestris 鳞尾木（图 2）

Urobotrya latisquama 尾球木

Orchidaceae 兰科

该科共计665种，在11个园中有种植

地生、附生或较少为腐生草本，极罕为攀援藤本；地生与腐生种类常有块茎或肥厚的根状茎，附生种类常有由茎的一部分膨大而成的肉质假鳞茎。叶基生或茎生，后者通常互生或生于假鳞茎顶端或近顶端处，扁平或有时圆柱形或两侧压扁，基部具或不具关节。花葶或花序顶生或侧生；花常排列成总状花序或圆锥花序，少有为缩短的头状花序或减退为单花，两性，通常两侧对称；花被片6枚，2轮；萼片离生或不同程度的合生；中央1枚花瓣的形态常有较大的特化，明显不同于2枚侧生花瓣，称唇瓣，唇瓣由于花（花梗和子房）作180°扭转或90°弯曲，常处于下方（远轴的一方）；子房下位，1室，侧膜胎座，较少3室而具中轴胎座；除子房外整个雌雄蕊器官完全融合成柱状体，称蕊柱；蕊柱顶端一般具药床和1个花药，腹面有1个柱头穴，柱头与花药之间有1个舌状器官，称蕊喙。果通常为蒴果，较少呈荚果状，具极多种子。种子细小，种皮常在两端延长成翅状。

Acampe 脆兰属

该属共计3种，在6个园中有种植

Acampe ochracea (Lindl.) Hochr. 窄果脆兰

附生草本。叶片长13~20cm，宽2~3.5cm。花序与叶对生，与叶近等长，常具4~5个侧枝；每个侧枝为1个总状花序；唇瓣三角形，侧裂片小，直立；距圆筒形；蕊柱顶端两侧各具1枚尖齿状的蕊柱齿。（栽培园地：XTBG）

Acampe papillosa 短序脆兰（图1）

Acampe ochracea 窄果脆兰

Acampe papillosa (Lindl.) Lindl. 短序脆兰

附生草本。叶片长7~15 cm，宽1.5~2.5cm。花序与叶对生或腋生，长仅2~4cm，具少数至多数短侧枝，拟伞形花序；唇瓣卵形，顶端中部具许多小肉瘤，边缘鸡冠状皱褶；距圆筒形；蕊柱顶端两侧各具1枚短钝的蕊柱齿。（栽培园地：KIB, XTBG, SZBG）

Acampe papillosa 短序脆兰（图2）

Acampe rigida (Buch.-Ham. ex J. E. Smith) P. F. Hunt 多花脆兰

附生草本。叶片较大，长达 25cm 以上，宽 3.5~5cm，顶端钝且不等侧二圆裂。花序腋生或与叶对生，远短于叶，常不分枝；花黄色带紫褐色横纹，不甚开展，萼片和花瓣近直立；唇瓣中裂片顶端具不规则的缺刻；距短圆锥形。（栽培园地：SCBG, WHIOB, KIB, XTBG, SZBG, GXIB）

Acampe rigida 多花脆兰（图 1）

Acampe rigida 多花脆兰（图 2）

Acanthephippium 坛花兰属

该属共计 2 种，在 5 个园中有种植

Acanthephippium striatum Lindl. 锥囊坛花兰

地生草本。假鳞茎长卵形，顶生 1~2 片叶。花白色并具红色脉纹；唇盘不增厚，中央具 1 条纵向的脊突；萼囊向末端延伸成距状的狭圆锥形；唇瓣中裂片基部两侧各具 1 个红色斑块。（栽培园地：KIB, SZBG）

Acanthephippium sylhetense Lindl. 坛花兰

地生草本。假鳞茎卵状圆柱形，具 2~4 片叶，叶互生于假鳞茎顶端。花白色或稻草黄色，内面在中部

Acanthephippium striatum 锥囊坛花兰（图 1）

Acanthephippium striatum 锥囊坛花兰（图 2）

Acanthephippium sylhetense 坛花兰（图 1）

Acanthephippium sylhetense 坛花兰（图 2）

以上具紫褐色斑点；唇盘肉质增厚，中央具 3~4 条在上缘具齿的褶片状脊；萼囊宽而短钝。（栽培园地：SCBG, KIB, XTBG, SZBG, GXIB）

Acriopsis 合萼兰属

该属共计 1 种，在 1 个园中有种植

Acriopsis indica Wight 合萼兰

附生草本。假鳞茎长圆状卵形，常具 3 节；顶生 3 片叶，花后长出。圆锥花序远比叶长，疏生数十朵小花；花黄绿色并稍带紫色斑点，唇瓣白色；唇瓣近长圆形，上面中央具 2 枚近半圆形的褶片；蕊柱上部具臂状物。（栽培园地：SCBG）

Acriopsis indica 合萼兰

Aerangis 空船兰属

该属共计 1 种，在 1 个园中有种植

Aerangis biloba (Lindl.) Schltr. 二裂叶空船兰

附生草本。叶片倒卵形，顶端不等侧二裂，革质，

Aerangis biloba 二裂叶空船兰（图 1）

Aerangis biloba 二裂叶空船兰（图 2）

Aerangis biloba 二裂叶空船兰（图 3）

叶面暗绿色具黑色斑点。总状花序下垂；花白色，蜡质，直径约 4.7cm，芳香，距远长于花。（栽培园地：SCBG）

Aerides 指甲兰属

该属共计 4 种，在 7 个园中有种植

Aerides falcata Lindl. 指甲兰

附生草本。总状花序较短，疏生数朵花；花淡白色，上部紫红色；唇瓣 3 裂，中裂片无爪，近宽卵形，基部近距口处具半圆形的胼胝体；距几乎与中裂片平行而弯曲向上。（栽培园地：KIB, GXIB）

Aerides flabellata Rolfe ex Downie 扇唇指甲兰

附生草本。花序较短，疏生数朵花；花黄褐色带红褐色斑点；唇瓣白色带淡紫色斑点，3 裂；中裂片具长爪，前端扩大成扇状，顶端凹入，边缘具不整齐的缺刻；距较长，圆筒状，向前弯曲而末端指向唇瓣中裂片的背面。（栽培园地：SCBG, XTBG, SZBG）

O 兰科
rchidaceae

Aerides odorata Lour. 香花指甲兰

附生草本。花序较短，疏生数朵花；花大，直径约3cm，白色带粉红色，芳香；唇瓣着生于蕊柱足末端，3裂；侧裂片直立，较大，倒卵状楔形；中裂片较窄，狭长圆形，基部无附属物；距狭角状，向前弯曲。（栽培园地：WHIOB）

Aerides falcata 指甲兰

Aerides odorata 香花指甲兰（图1）

Aerides flabellata 扇唇指甲兰（图1）

Aerides flabellata 扇唇指甲兰（图2）

Aerides odorata 香花指甲兰（图2）

Aerides rosea Lodd. ex Lindl. et Paxton 多花指甲兰

附生草本。花序长，密生多花；花白色带紫色斑点；唇瓣3裂；侧裂片小，直立，耳状；中裂片近菱形，密布紫红色斑点，边缘稍具不整齐锯齿，基部向距内延伸为先端钩曲的附属物；距较短，向前伸，狭圆锥形。（栽培园地：SCBG, IBCAS, KIB, XTBG, SZBG, GXIB）

Aerides rosea 多花指甲兰（图1）

Aerides rosea 多花指甲兰（图2）

Agrostophyllum 禾叶兰属

该属共计1种，在2个园中有种植

Agrostophyllum callosum Rchb. f. 禾叶兰

附生草本。茎直立，中下部圆柱形，上部多少压扁，具多片2列排列的禾状叶。花淡红色或白色，具紫红色晕，很小；唇瓣近宽长圆形，中部略缢缩，基部凹陷成浅囊状，内有1枚胼胝体，胼胝体向两侧呈2叉状分枝。（栽培园地：WHIOB, KIB）

Amesiella 阿梅兰属

该属共计2种，在1个园中有种植

Amesiella monticola Cootes et D. P. Banks 山地阿梅兰

附生草本。叶片条状倒卵形，顶端不等侧二裂。总状花序短；花白色，芳香，萼片与花瓣相似，卵圆形；唇瓣基部黄色，具长距。（栽培园地：SCBG）

Amesiella monticola 山地阿梅兰

Amesiella philippinensis (Ames) Garay 菲律宾风兰

附生草本。叶近基生，叶片椭圆状长圆形，顶端钝。总状花序3~5朵花；花白色，芳香，直径5cm；萼片与花瓣相似，卵圆形；唇瓣基部白色，具长距。（栽培园地：SCBG）

兰科 Orchidaceae

Amesiella philippinensis 菲律宾风兰（图1）

Amesiella philippinensis 菲律宾风兰（图2）

Amitostigma 无柱兰属

该属共计1种，在1个园中有种植

Amitostigma gracile (Blume) Schltr. 无柱兰

地生草本。叶1片，近基生。总状花序5~20朵花；花小，粉紫色；唇瓣基部以上3裂，侧裂片倒卵状矩圆形，中裂片长大于宽，前部略宽近倒卵形，顶端近截平或具3枚细锯齿；距纤细，圆筒状，明显短于子房。（栽培园地：LSBG）

Angraecum 彗星兰属

该属共计2种，在1个园中有种植

Angraecum distichum Lindl. 二列叶彗星兰

附生草本。叶片厚肉质，交互排列成鳞片状。总状

Angraecum distichum 二列叶彗星兰

花序2~4朵花；花白色，芳香，直径约5cm；萼片卵圆状三角形；花瓣比萼片窄，长圆形；唇瓣围抱蕊柱，基部具距。（栽培园地：SCBG）

Angraecum eburneum Bory 象牙彗星兰

附生草本。茎粗壮；叶片革质，长条状，顶端不等侧二裂。总状花序长达20cm；花淡绿色，蜡质，芳香，直径9~12cm；萼片与花瓣相似，长圆状披针形；唇瓣白色，横圆形，顶端具尖头，基部具长距。（栽培园地：SCBG）

Angraecum eburneum 象牙彗星兰（图1）

Angraecum eburneum 象牙彗星兰（图2）

Anoectochilus formosanus 台湾银线兰

Anoectochilus roxburghii 金线兰（图1）

Anoectochilus 金线兰属

该属共计3种，在3个园中有种植

Anoectochilus burmannicus Rolfe 滇南金线兰

地生草本。叶面暗绿色，无金红色或白色网脉。总状花序具多数疏生的花；花较大，不倒置，萼片淡红色，背面被短柔毛，花瓣黄白色，唇瓣黄色，长15~20mm，呈"Y"字形，两侧边缘具细圆齿或近全缘，前部明显扩大并2裂，叉开成锐角；基部凹陷呈圆锥状距，末端钝。（栽培园地：SCBG）

Anoectochilus formosanus Hayata 台湾银线兰

地生草本。叶面墨绿色，具银白色网脉。花倒置；唇瓣位于下方，爪部两侧各具5条丝状长流苏裂条，前部2裂片镰状倒披针形、菱状长圆形或狭长圆形；距内胼胝体位于其近末端处。（栽培园地：GXIB）

Anoectochilus roxburghii (Wall.) Lindl. 金线兰

地生草本。叶面暗紫色或黑紫色，具金红色且有绢丝光泽的网脉。花不倒置，萼片背面被柔毛；唇瓣白色，长约12mm，呈"Y"字形，前部扩大并2裂，裂片

Anoectochilus roxburghii 金线兰（图2）

近长圆形或楔状长圆形，基部具圆锥状距，中部收狭成爪，其两侧各具6~8条流苏状细裂条。（栽培园地：SCBG, WHIOB）

Anthogonium 筒瓣兰属

该属共计1种，在1个园中有种植

Anthogonium gracile Lindl. 筒瓣兰

地生草本。假鳞茎圆球形，顶生2~5片叶。花葶直

兰科 Orchidaceae

Anthogonium gracile 筒瓣兰（图1）

Anthogonium gracile 筒瓣兰（图2）

立，不分枝或偶然在上部分枝，疏生数朵花，花下倾，纯紫红色或白色而带紫红色的唇瓣，萼片下半部合生成狭筒状，上半部分离。（栽培园地：SZBG）

Apostasia 拟兰属

该属共计1种，在2个园中有种植

Apostasia odorata Blume 拟兰

地生草本。根状茎较长，常具少数支柱状根。叶片披针形或线状披针形，顶端具长芒尖，基部收狭成柄。圆锥状花序顶生，常具十余朵淡黄色花；蕊柱背侧在退化雄蕊下方具2个突出的翅。（栽培园地：WHIOB, XTBG）

Appendicula 牛齿兰属

该属共计1种，在4个园中有种植

Appendicula cornuta Blume 牛齿兰

附生草本。茎丛生，直立或悬垂，全部包藏于筒状叶鞘之中。花小，白色；唇瓣近中部略缢缩，顶端钝，边缘皱波状，在上部具1枚肥厚的褶片状附属物，近基部具1枚半圆形或宽舌状的、向后伸展的、两侧边缘内弯的膜片状附属物。（栽培园地：SCBG, WHIOB, XTBG, SZBG）

Appendicula cornuta 牛齿兰（图1）

Appendicula cornuta 牛齿兰（图2）

Arachnis 蜘蛛兰属

该属共计1种，在4个园中有种植

Arachnis labrosa (Lindl. ex Paxt.) Rchb. f. 窄唇蜘蛛兰

附生草本。茎伸长，长达50cm。花序斜出，长达

Arachnis labrosa 窄唇蜘蛛兰

1m，具分枝；花淡黄色带红棕色斑点，开展，萼片和花瓣倒披针形；唇瓣3裂；中裂片顶端锐尖或稍钝，并且其背面具1个圆锥形肉突，基部中央凹陷，而其两侧各具1个指向后方的乳突。（栽培园地：SCBG，KIB，XTBG，SZBG）

Arundina 竹叶兰属

该属共计1种，在8个园中有种植

Arundina graminifolia (D. Don) Hochr. 竹叶兰

地生草本。茎细竹竿状，直立，有时可高达2m以上。花序总状或基部有1~2个分枝而成圆锥状，具2~10朵花，花粉红色或略带紫色或白色，唇瓣中裂片顶端2浅裂或微凹。（栽培园地：SCBG，WHIOB，KIB，XTBG，CNBG，SZBG，GXIB，XMBG）

Arundina graminifolia 竹叶兰

Ascocentrum 鸟舌兰属

该属共计3种，在6个园中有种植

Ascocentrum ampullaceum (Roxb.) Schltr. 鸟舌兰

附生草本。茎粗短，包藏于叶基；叶片厚革质，长圆形，下部常"V"字形对折。花在花蕾时黄绿色，开放后朱红色；萼片和花瓣近相似，宽卵形；唇瓣3裂；中裂片与距呈直角向外伸展，狭长圆形，基部两侧各具1枚黄色的胼胝体；距棒状圆筒形，与萼片近等长。（栽培园地：SCBG，WHIOB，KIB，XTBG，SZBG，XMBG）

Ascocentrum ampullaceum 鸟舌兰（图1）

Ascocentrum ampullaceum 鸟舌兰（图2）

Ascocentrum aurantiacum Schltr. 橙花鸟舌兰

附生草本。叶片革质，带状，交互对生，中间具槽，镰状弯曲。总状花序长约10cm，具20~30朵花；花橙

Ascocentrum aurantiacum 橙花鸟舌兰

黄色；萼片和花瓣近相似，宽卵形；唇瓣3裂；中裂片与距呈直角向外伸展，狭长圆形，基部两侧各具1枚黄色的胼胝体；距棒状圆筒形，与萼片近等长。（栽培园地：SCBG）

Ascocentrum himalaicum (Deb, Sengupta et Malick) Christenson 圆柱叶鸟舌兰

附生草本。叶片半圆柱形，长10cm以上，在近轴面具1条纵槽。花除唇瓣白色外，其余淡红色；唇瓣3裂，基部在两侧裂片之间具1枚胼胝体；中裂片向前伸展，近倒卵状楔形，顶端近截形，上面中央具3条纵贯的脉纹；距细圆筒形，朝上弯曲呈镰刀状，末端钝。（栽培园地：SCBG, WHIOB）

Ascocentrum himalaicum 圆柱叶鸟舌兰

Bifrenaria 比佛兰属

该属共计2种，在2个园中有种植

Bifrenaria harrisoniae (Hook.) Rchb. f. 哈里斯比佛兰

附生或石生草本。假鳞茎宽卵状梨形，具棱槽；叶单生，叶片椭圆状长圆形，折扇状。总状花序短，基生，具1~2朵花；花大，芳香，花瓣与萼片相似，淡黄绿色；唇瓣紫红色，侧裂片具红褐色条纹，唇盘黄色，

Bifrenaria harrisoniae 哈里斯比佛兰

具毛。（栽培园地：SCBG）

Bifrenaria inodora Lindl. 无香比佛兰

附生草本。假鳞茎四棱形。叶单生，叶片革质，折扇状。总状花序长达7cm，半直立，基生，1~2朵花；花大，无香味或微香，花瓣与萼片相似，淡绿色；唇瓣紫红色，具毛。（栽培园地：XMBG）

Bifrenaria inodora 无香比佛兰

Bletilla 白及属

该属共计3种，在10个园中有种植

Bletilla formosana (Hayata) Schltr. 小白及

地生草本。花序具2~6朵花；花序轴或多或少呈"之"字状曲折；花较小，淡紫色或粉红色，稀白色；萼片和花瓣长15~20mm；唇瓣中裂片边缘微波状，顶端中央常不凹缺；唇盘上面的5条纵的脊状褶片从基部至中裂片上面均为波状。（栽培园地：KIB）

Bletilla ochracea Schltr. 黄花白及

地生草本。花序轴或多或少呈"之"字状曲折；花黄色或萼片和花瓣背面黄绿色，内面黄白色，稀近白

Bletilla formosana 小白及（图1）

Bletilla formosana 小白及（图2）

色；唇瓣白色或淡黄色，3 裂；侧裂片顶端钝，几乎不伸至中裂片旁；唇盘上面具 5 条纵脊状褶片，仅在中裂片上面为波状。（栽培园地：WHIOB, XTBG）

Bletilla striata (Thunb. ex A. Murray) Rchb. f. **白及**

地生草本。花序具 3~10 朵花，常不分枝或极罕分枝；花序轴或多或少呈"之"字状曲折；花大，紫红色或粉红色；萼片和花瓣长 25~30mm；唇瓣较萼片和花瓣稍短，倒卵状椭圆形，顶端中央凹缺；唇盘上面具 5 条纵褶片，仅在中裂片上面为波状。（栽培园地：SCBG, IBCAS, WHIOB, KIB, XTBG, LSBG, CNBG, SZBG, GXIB, XMBG）

Brassavola 白拉索兰属

该属共计 4 种，在 3 个园中有种植

Brassavola cucullata (L.) R. Br. **兜状白拉索兰**

附生草本。假鳞茎纤细，圆柱形，具关节，鞘管状。叶顶生，叶片线状钻形、圆柱形，肉革质。花黄绿色，有时具褐红色边缘，萼片和花瓣相似，长尾状，唇瓣白色，两侧具流苏。（栽培园地：WHIOB, XMBG）

Brassavola cucullata 兜状白拉索兰（图1）

Brassavola cucullata 兜状白拉索兰（图2）

Brassavola flagellaris Barb. Rodr. **鞭状白拉索兰**

附生或石生草本。假鳞茎圆筒形。叶顶生，叶片圆

Bletilla striata 白及

兰科 Orchidaceae

Brassavola flagellaris 鞭状白拉索兰（图1）

Brassavola flagellaris 鞭状白拉索兰（图2）

筒形，具槽，顶端具尖头。总状花序具 2~15 朵花；花黄白色，花瓣与萼片相似，线形，顶端具尖头；唇瓣倒卵形，白色，基部具黄绿色斑点。（栽培园地：XMBG）

Brassavola glauca Lindl. 小猪哥白拉索兰

附生草本。假鳞茎长圆状纺锤形。叶顶生 1 片，叶片长圆状椭圆形，革质，灰绿色，顶端钝。花序具单花；花芳香，萼片和花瓣相似，淡绿色或黄绿色，披针形；唇瓣绿白色，围抱蕊柱呈管状，喉部具紫色斑点。（栽培园地：SCBG）

Brassavola glauca 小猪哥白拉索兰

Brassavola nodosa (L.) Lindl. 夜夫人白拉索兰

附生或石生草本。茎短圆筒形，具鞘；叶顶生 1 枚，叶片柱形，具槽，顶端具短尖。花序长达 20cm；花芳香，萼片和花瓣相似，淡绿色或黄绿色，线形；唇瓣白色，宽卵形。（栽培园地：XMBG）

Brassavola nodosa 夜夫人白拉索兰

Brassia 长萼兰属

该属共计 1 种，在 1 个园中有种植

Brassia verrucosa Bateman ex Lindl. 疣斑长萼兰

附生草本。茎长卵状圆锥形，具皱褶，两侧压扁。叶 2 片，叶片革质，椭圆状披针形。总状花序长达 90cm；花瓣与萼片相似，淡绿色，具暗绿色、红色至棕紫色斑点；唇瓣近菱形，基部具绿色疣状胼胝体。（栽培园地：SCBG）

Brassia verrucosa 疣斑长萼兰

Bulbophyllum 石豆兰属

该属共计 81 种，在 9 个园中有种植

Bulbophyllum affine Lindl. 赤唇石豆兰

附生草本。根状茎粗壮；假鳞茎近圆柱形，在根状

Bulbophyllum affine 赤唇石豆兰（图1）

茎上疏生。花单朵，淡黄色带紫色条纹，质地较厚；侧萼片狭镰状披针形，中部以上不扭曲，顶端急尖；蕊柱足无分离部分；蕊柱齿不明显；药帽僧帽状或长圆锥形，表面密生细乳突。（栽培园地：SCBG, XTBG, CNBG, XMBG）

Bulbophyllum albociliatum (T. S. Liu et H. Y. Su) K. Nakaj. 白毛卷瓣兰

附生草本。假鳞茎在根状茎上疏生，卵状圆锥形或狭卵球形。叶片长圆形或卵状披针形，顶端钝或圆形。花葶远高出假鳞茎之上；花小，中萼片和花瓣的边缘均具齿、流苏、睫毛或疣肿等附属物；侧萼片长不及1.5cm。（栽培园地：WHIOB）

Bulbophyllum ambrosia (Hance) Schltr. 芳香石豆兰

附生草本。假鳞茎在根状茎上疏生，较细。单花，

Bulbophyllum affine 赤唇石豆兰（图2）

Bulbophyllum ambrosia 芳香石豆兰（图1）

Bulbophyllum affine 赤唇石豆兰（图3）

Bulbophyllum ambrosia 芳香石豆兰（图2）

多少下垂，淡黄色带紫色；侧萼片斜卵状三角形，中部以上侧偏而扭曲呈喙状，基部贴生于蕊柱足而形成宽钝的萼囊，唇瓣上面具1~2条肉质褶片。（栽培园地：SCBG, IBCAS, WHIOB, XTBG, CNBG）

Bulbophyllum amplifolium (Rolfe) Balak. et Chowdhury 大叶卷瓣兰

附生草本。假鳞茎在根状茎上疏生或彼此有明显的距离。叶片宽大，椭圆形，具长2~4cm的柄。花瓣边缘具齿，中萼片近圆形，顶端具长而弯曲的刚毛，刚毛顶端棒状；蕊柱齿大而宽扁，镰刀状，长约5mm，顶端具短尖。（栽培园地：SCBG）

Bulbophyllum andersonii 梳帽卷瓣兰（图2）

Bulbophyllum annandalei Ridl. 阿那答卷瓣兰

附生草本。假鳞茎圆锥形。叶顶生。伞形花序疏散，具2~4朵花，长9~12cm；花黄白色，并具淡紫色条纹；中萼片和花瓣具紫色睫状缘毛，侧萼片黄白色，约长3cm；唇瓣黄色，有时具紫红色斑点，舌状，中下部外弯。（栽培园地：SCBG）

Bulbophyllum amplifolium 大叶卷瓣兰

Bulbophyllum andersonii (Hook. f.) J. J. Smith 梳帽卷瓣兰

附生草本。假鳞茎疏生，卵状圆锥形或狭卵形。伞形花序具数朵花；花浅白色密布紫红色斑点；中萼片顶端具长芒；侧萼片基部上方扭转，而上、下侧边缘除基部和顶端外分别彼此粘合；花瓣顶端具长芒；药帽顶端边缘篦齿状。（栽培园地：SCBG, WHIOB, KIB, XTBG, CNBG, SZBG, GXIB）

Bulbophyllum annandalei 阿那答卷瓣兰

Bulbophyllum auratum (Lindl.) Ridl. 金伞卷瓣兰

附生草本。假鳞茎长2cm，相距约1cm，卵形。叶片顶端具紫晕，长约12cm。伞形花序具数朵花；花黄白色，具紫红色条纹和斑点；中萼片和花瓣边缘具红色缘毛，顶端具长芒；侧萼片粉白色，反折，约长3cm；唇瓣黄色至暗红色。（栽培园地：SCBG）

Bulbophyllum blepharistes Rchb. f. 眼睑石豆兰

附生草本。假鳞茎近球形，青绿色，具光泽，顶生2片叶。叶片平展，长椭圆形，中脉微凹，顶端钝圆，微凹。（栽培园地：XTBG）

Bulbophyllum blumei (Lindl.) J. J. Smith 布鲁氏石豆兰

附生草本。假鳞茎狭圆锥形，长4cm，相距2~5cm。叶片椭圆形，长10~12cm。花序长15cm，具1~2朵花；花形酷似蟑螂；中萼片长约2.2cm，具暗紫

Bulbophyllum andersonii 梳帽卷瓣兰（图1）

Bulbophyllum auratum 金伞卷瓣兰（图1）

Bulbophyllum auratum 金伞卷瓣兰（图2）

Bulbophyllum blumei 布鲁氏石豆兰

红色斑纹，边缘具白色缘毛；侧萼片开展，长5~8cm，具暗紫红色斑纹，边缘黄色，基部宽阔，顶端连接；花瓣微小，白色，具暗紫红色斑；唇瓣长达6cm，基部宽阔，顶端变窄长。（栽培园地：SCBG）

Bulbophyllum burfordiense Garay, Hamer et Siegerist 绿蝉豆兰

附生草本。假鳞茎卵圆形或圆锥形。花序基生，长约20cm，单花；花形似蝉，绿棕色，具白色斑点；花瓣三角形；侧萼片离生，顶端急尖或稍钝；中萼片常较小；唇瓣具缘毛。（栽培园地：SCBG）

Bulbophyllum burfordiense 绿蝉豆兰（图1）

Bulbophyllum burfordiense 绿蝉豆兰（图2）

Bulbophyllum cameronense Garay, Hamer et Siegerist 金马仑石豆兰

附生草本。假鳞茎近球形，相距约5.5cm，外被硬毛；叶片长达30cm，宽12cm。花黄色，具紫色条纹；中萼片长约2.5cm，宽约1cm；侧萼片和花瓣长约2cm；唇瓣黄色，具橙色斑块。（栽培园地：SCBG）

Bulbophyllum cariniflorum Rchb. f. 尖叶石豆兰

附生草本。假鳞茎顶生2片叶，叶片长圆形，顶端急尖。花叶同期；花葶不高出叶外，花不偏向一侧，中萼片与侧萼片近等长。（栽培园地：WHIOB）

Bulbophyllum cameronense 金马仑石豆兰（图1）

Bulbophyllum cameronense 金马仑石豆兰（图2）

Bulbophyllum colomaculosum Z. H. Tsi et S. C. Chen 豹斑石豆兰

附生草本。假鳞茎卵形，聚生，顶生1片叶；叶片椭圆形或倒卵状椭圆形，顶端钝。总状花序短，具1~3朵花；花半张开，质地厚，黄色并且密布暗紫色斑点；唇瓣红色，肉质，舌形，从中部向外下弯，基部两侧边缘具锯齿；唇盘从唇瓣基部至中部具2条龙骨脊，中央具1条凹槽，被细乳突。（栽培园地：XTBG，CNBG）

Bulbophyllum crassipes Hook. f. 短耳石豆兰

附生草本。假鳞茎常具4~5条棱，顶生1片叶。总状花序密生许多覆瓦状排列的花；花淡黄褐色；侧萼片下侧边缘彼此靠合而上侧边缘内卷而形成兜状；花瓣顶端急尖呈短尾状，边缘常疏生不整齐的细齿；唇瓣肉质，外侧各具1枚小裂片。（栽培园地：SCBG）

Bulbophyllum cruentum Garay, Hamer et Siegerist 小领带兰

附生草本。假鳞茎近球状。叶片椭圆形至长圆状椭圆形，长约12cm，宽3.5cm。花序极短，具花1~2朵；花暗红色；中萼片宽椭圆形，急尖，长达2.8cm，宽

Bulbophyllum crassipes 短耳石豆兰（图1）

Bulbophyllum crassipes 短耳石豆兰（图2）

Bulbophyllum cruentum 小领带兰

2cm；侧萼片靠合，长约2.5cm，宽1.5cm；花瓣菱形，急尖，顶端密布疣状突起物；唇瓣肉质，稍弯曲，唇盘具有两个平行的脊突。（栽培园地：SCBG）

Bulbophyllum cylindraceum Lindl. 大苞石豆兰

附生草本。假鳞茎很小，坚硬，与叶柄一起被褐色长鞘或鞘腐烂后残存的纤维。花序基部具1枚佛焰苞状总苞片；花淡紫色，质地较厚，不甚开展；唇瓣舌形，唇盘具有3条龙骨状突起。（栽培园地：WHIOB，CNBG）

Bulbophyllum delitescens Hance 直唇卷瓣兰

附生草本。叶片较大，长达25cm，中部宽达6cm，基部具长3cm的柄。花茄紫色；中萼片顶端截形并且凹缺，在凹处中央具1条长约7mm的芒；侧萼片狭披针形，基部上方扭转而两侧萼片的上、下侧边缘彼此粘合，顶端长渐尖；花瓣镰状披针形，顶端凹口中央具1个短芒。（栽培园地：KIB, XTBG, CNBG）

Bulbophyllum drymoglossum Maxim. ex Okubo 圆叶石豆兰

附生草本。根状茎匍匐伸长，每节生1片叶，无假鳞茎。叶片肉质状肥厚，近椭圆形或卵圆形。花单生，开展，萼片和花瓣淡黄色；萼片彼此离生；唇瓣紫褐色，顶端带淡黄色，具3条脉，中下部两侧边缘多少波状。（栽培园地：WHIOB）

Bulbophyllum eberhardtii (Gagnep.) Seidenf. 埃伯哈德卷瓣兰

附生草本。根状茎粗壮、匍匐；假鳞茎卵球形，直立或斜立于根状茎上，彼此有明显的距离，顶生1片叶。叶片椭圆形，长10~13cm。伞形花序；花粉红色，密布紫红色斑点；中萼片长约8mm；花瓣长约4mm，具紫红色条纹；中萼片和花瓣顶端具长芒；侧萼片长约3.5cm，宽约6mm；唇瓣紫红色，舌状，下弯。（栽培园地：SCBG）

Bulbophyllum emarginatum (Finet) J. J. Smith 匐茎卷瓣兰

附生草本。假鳞茎疏生，狭卵形或近圆柱形，顶生1片叶。花紫红色；中萼片边缘具睫毛；侧萼片基部上方扭转而两侧萼片的上、下侧边缘分别彼此粘合；唇盘具细密的网状脉纹和2条从基部纵贯到顶端的褶片。（栽培园地：CNBG）

Bulbophyllum emiliorum Ames et Quisumb. 埃米利奥石豆兰

附生草本。根状茎粗壮，具节，被鞘；假鳞茎较小，近球形，相距7~10cm，顶生1片叶。叶片椭圆形，肉革质；花序长4~7cm；花苞片3枚，黄色；花单生，黄色，具紫褐色斑点，朝上开放，蜡质，不翻转，具甜香；唇瓣从侧萼片之间的开口处伸出。（栽培园地：SCBG）

Bulbophyllum emiliorum 埃米利奥石豆兰

Bulbophyllum falcatum (Lindl.) Rchb. f. 小眼镜蛇石豆兰

附生草本，偶石生。假鳞茎卵球形或圆锥形，长4~5cm，具2~4条棱。叶片2片，披针形，长约15cm，宽约3cm。花序长16~20cm，穗状，花序轴强烈压扁，

Bulbophyllum falcatum 小眼镜蛇石豆兰（图1）

Bulbophyllum falcatum 小眼镜蛇石豆兰（图2）

Bulbophyllum forrestii 尖角卷瓣兰（图1）

并呈皱波状，两侧水平分布具短柄的花，类似蛇形；花灰褐色，并具红色晕，小型，直径约5mm，密被毛；花苞片钩状；唇瓣深红色。（栽培园地：SCBG，XMBG）

Bulbophyllum fascinator (Rolfe) Rolfe 壁虎卷瓣兰

附生草本，偶石生。假鳞茎卵球形至椭球形，长2~3cm，彼此紧靠，顶生1片叶；叶片单生，长圆形，长约5cm。花序长约10cm；花单生，绿白色，并具红色和紫红色脉纹和斑点，形似壁虎；中萼片长约3cm，具紫色流苏；花瓣条状长圆形，下弯，具紫色释片状或棒状镶边；侧萼片长约18cm，尾状，大部分贴合，仅顶端分离；唇瓣三角形，紫色，唇盘具两个龙骨突，被短柔毛。（栽培园地：SCBG）

Bulbophyllum fascinator 壁虎卷瓣兰

Bulbophyllum forrestii 尖角卷瓣兰（图2）

Bulbophyllum forrestii Seidenf. 尖角卷瓣兰

附生草本。假鳞茎卵球形，相距1~2cm，顶生1片叶；叶片厚革质，长圆形。总状花序缩短呈伞形，达10朵花；花杏黄色；中萼片卵形，边缘全缘；侧萼片披针形，基部上方扭转而两侧萼片的上、下侧边缘分别彼此粘合；花瓣卵状三角形，边缘具不整齐的细齿；唇瓣披针形，黄色，具紫红色斑点。（栽培园地：CNBG，SZBG）

Bulbophyllum frostii Summerh. 荷兰木屐石豆兰

附生草本。假鳞茎卵球形，两侧压扁，聚生，顶生1片叶。叶片阔椭圆形至卵圆形，近无柄。花序短，仅2cm，基生，伞形，具2~3朵花；花黄褐色，密布暗红色斑点，多毛，形似鞋状；中萼片凹陷；花瓣圆形；侧萼片内旋并连接；唇瓣紫红色。（栽培园地：SCBG）

Bulbophyllum funingense Z. H. Tsi et S. C. Chen 富宁卷瓣兰

附生草本。假鳞茎在根状茎上彼此远离，相距约6cm。花葶远高于假鳞茎；花大，深黄色带红棕色脉纹；中萼片顶端钝并且具细尖，边缘全缘；侧萼片基部上方扭转，除基部边缘稍粘合外其余彼此分离；花瓣近卵状三角形，顶端具细尖，边缘全缘；唇瓣后半部两侧对折并且其边缘具睫毛唇盘和1条龙骨脊。（栽培园地：SCBG, CNBG）

Bulbophyllum funingense 富宁卷瓣兰

Bulbophyllum grandiflorum Blume 鹅头石豆兰

附生草本。假鳞茎卵圆形或圆锥形。叶片长达

Bulbophyllum grandiflorum 鹅头石豆兰（图2）

15cm。花序基生，长约20cm，具2~4朵花，形似鹅头，直径约6cm；花褐黄绿色，具白色斑点；花瓣卵形，顶端急尖；侧萼片离生，顶端渐尖或稍钝，长约5cm；中萼片长达14cm，宽约4cm；中萼片和花瓣具缘毛；唇瓣光滑无毛。（栽培园地：SCBG, WHIOB）

Bulbophyllum graveolens (F. M. Bailey) J. J. Smith 香蕉卷瓣兰

大型附生草本。假鳞茎卵圆形或椭圆形，长达10cm，相距约4cm。叶片长达65cm，宽10cm。花序长达23cm，具8~9朵花；花黄绿色，色似香蕉，花瓣密布深红色斑点；中萼片长约3cm；侧萼片长约5cm，彼此粘合；花瓣长约1.5cm；唇瓣深红色。（栽培园地：SCBG）

Bulbophyllum griffithii (Lindl.) Rchb. f. 短齿石豆兰

附生草本。假鳞茎在根状茎上紧聚或靠近。花瓣边缘全缘；唇瓣长圆状舌形，顶端近锐尖，上面无疣状突起；唇瓣稍向外弯，顶端不指向后方，无胼胝体；唇盘上面具2条褶片；蕊柱足分离部分较短。（栽培园地：CNBG）

Bulbophyllum grandiflorum 鹅头石豆兰（图1）

Bulbophyllum graveolens 香蕉卷瓣兰

Bulbophyllum hastatum 戟唇石豆兰

Bulbophyllum gymnopus Hook. f. **线瓣石豆兰**
　　附生草本。假鳞茎长圆柱形或卵球形，相距4~8cm。总状花序，花开展，白色带黄色的唇瓣，有微臭；萼片离生；花瓣线形，边缘具锯齿；唇瓣狭披针形，基部两侧对折，基部上方向外下弯。（栽培园地：SZBG）

Bulbophyllum gymnopus 线瓣石豆兰

Bulbophyllum hastatum T. Tang et F. T. Wang **戟唇石豆兰**
　　矮小附生草本。具匍匐根状茎，根出自生有假鳞茎和同时出自不生假鳞茎的根状茎的节上；假鳞茎卵球形，直立或斜立于根状茎上，彼此有明显的距离，顶生1片叶。花葶具单花，花序柄细如发状，粗不及0.5mm；花序轴短，花不呈伞状；花小，萼片长不及1cm，彼此离生；唇瓣菱形，边缘无毛。（栽培园地：XMBG）

Bulbophyllum helenae (Kuntze) J. J. Smith **角萼卷瓣兰**
　　附生草本。假鳞茎基部被带网格状的纤维。花黄绿色带红色斑点，具臭味；中萼片边缘具细齿；侧萼片基部上方扭转，而上、下侧边缘分别彼此粘合而形成角状；花瓣顶端细尖呈芒状，边缘具流苏。（栽培园地：XTBG, CNBG, SZBG）

Bulbophyllum helenae 角萼卷瓣兰（图1）

Bulbophyllum helenae 角萼卷瓣兰（图2）

Bulbophyllum hirtum (J. E. Smith) Lindl. 落叶石豆兰

附生草本。假鳞茎顶生 2 片叶，花期无叶。总状花序被柔毛，密生许多小花；花绿白色，萼片分离，背面密被短柔毛；花瓣边缘具流苏；唇瓣边缘具睫毛。（栽培园地：XTBG，CNBG）

Bulbophyllum hirtum 落叶石豆兰

Bulbophyllum hirundinis (Gagnep.) Seidenf. 莲花卷瓣兰

附生草本。假鳞茎卵球形，叶片厚革质或肉质，基部近无柄。花黄色带紫红色，中萼片边缘具流苏状缘毛；侧萼片线形，基部上方扭转而下侧边缘彼此粘合，近顶端处分开；花瓣斜卵状三角形，边缘具流苏状的缘毛；唇瓣舌状，稍向外弯。（栽培园地：CNBG，GXIB）

Bulbophyllum hirundinis 莲花卷瓣兰

Bulbophyllum insulsum (Gagnep.) Seidenf. 瓶壶卷瓣兰

附生草本。假鳞茎瓶状或长卵形，聚生，紫红色，顶生 1 片叶。叶片薄革质，狭长圆形。花黄绿色，并具棕红色条纹；中萼片卵形，边缘全缘；侧萼片披针形，基部稍扭转而下侧边缘在中部以下彼此粘合，中部以上两侧边缘内卷；花瓣卵形，边缘疏生小齿或缺刻；唇瓣舌状，从中部向外下弯。（栽培园地：WHIOB）

Bulbophyllum kwangtungense Schltr. 广东石豆兰

附生草本。假鳞茎疏生，圆柱状。总状花序缩短呈伞状，花淡黄色；萼片离生，狭披针形，中部以上两侧边缘内卷；唇瓣肉质，狭披针形，上面具 2~3 条小的龙骨脊，在中部以上汇合成 1 条粗厚的脊。（栽培园地：SCBG，CNBG，SZBG，GXIB）

Bulbophyllum kwangtungense 广东石豆兰

Bulbophyllum lasiochilum E. C. Parish et Rchb. f. 小花豹石豆兰

附生草本。茎长柱状卵形，长约 2cm；叶片长圆状倒卵形，长约 5cm。花单生，奶白色，并具紫红色豹斑；中萼片长约 2cm；侧萼片长约 2.5cm，向内弓形弯曲；

Bulbophyllum lasiochilum 小花豹石豆兰（图1）

Bulbophyllum lasiochilum 小花豹石豆兰（图2）

花瓣和萼片相似，略小；唇瓣长约 1cm，下弯，唇盘具两枚伸长的翅状附属物，边缘具毛。（栽培园地：SCBG）

Bulbophyllum laxiflorum (Blume) Lindl. 烟花石豆兰

附生草本。假鳞茎圆柱形，相距 1.5~2cm。叶片革质，椭圆形，顶端急尖。花序基生，长 7~10cm，伞形花序，具 10~20 朵花；花白色或黄白色，直径约 1.5cm，具芳香；萼片离生，狭披针形；唇瓣舌状，肉质，下弯。（栽培园地：SCBG）

Bulbophyllum laxiflorum 烟花石豆兰

Bulbophyllum ledungense T. Tang et F. T. Wang 乐东石豆兰

附生草本。假鳞茎疏生，相距 1mm 以上；根状茎纤细，粗 1~2mm，根不分枝，出自生有假鳞茎和同时不生假鳞茎的根状茎节上。花序柄纤细，粗约 0.5mm；花葶从假鳞茎基部侧旁和两假鳞茎之间的节上同时发出，与假鳞茎近等高；唇瓣狭长圆形，长约 1.2mm。（栽培园地：WHIOB）

Bulbophyllum leopardinum (Wall.) Lindl. 短葶石豆兰

附生草本。假鳞茎在根状茎上紧聚或彼此靠近。花瓣边缘全缘；唇瓣披针形，顶端钝；稍向外弯，顶端不指向后方，唇盘光滑，无褶片，无胼胝体；蕊柱足分离部分较短。（栽培园地：XTBG, CNBG）

Bulbophyllum levinei Schltr. 齿瓣石豆兰

附生草本。假鳞茎近圆柱形或瓶状。花膜质，粉白色，并具紫晕；中萼片、花瓣边缘具细齿；侧萼片顶端骤狭呈尾状；蕊柱齿很短，丝状。（栽培园地：SCBG, CNBG, SZBG）

Bulbophyllum levinei 齿瓣石豆兰（图1）

Bulbophyllum levinei 齿瓣石豆兰（图2）

Bulbophyllum levinei 齿瓣石豆兰（图3）

Bulbophyllum lobbii 罗比石豆兰（图2）

Bulbophyllum lobbii Lindl. 罗比石豆兰

附生草本。假鳞茎卵球形，相距5~8cm。叶片革质，椭圆形，长达25cm。花单生；花大，直径达7cm，芳香，褐黄绿色，并具棕紫色条纹和斑点；中萼片长达5cm；花瓣明显较窄，向下反折；侧萼片长6~7cm，明显向下内弯；唇瓣舌状下弯，长不足1cm。（栽培园地：SCBG）

Bulbophyllum longibrachiatum Z. H. Tsi 长臂卷瓣兰

附生草本。假鳞茎长卵形，疏生。叶片椭圆形，厚革质。伞形花序具3~4朵花；花淡黄绿色带紫色；中萼片中部以上边缘具流苏；侧萼片边缘全缘，基部上方扭转而两侧萼片的上、下侧边缘彼此粘合；花瓣镰状披针形，边缘密生流苏；唇瓣披针形。（栽培园地：SCBG, CNBG, SZBG）

Bulbophyllum longisepalum Rolfe 长红蝉

附生草本。茎横走；假鳞茎疏生，扁椭圆形，稍小，顶生1片叶。叶片倒卵状椭圆形，具长柄。花瓣、萼片长卵状披针形，紫红色，带格纹。（栽培园地：SCBG）

Bulbophyllum maximum (Lindl.) Rchb. f. 中响尾蛇豆兰

附生草本，偶石生。假鳞茎卵球形，具4棱，顶生2片叶。叶片长圆形，革质，顶端圆，微凹。花序基生，长40~50cm，具多数花，花序柄棕紫色，压扁，边缘具齿，蛇状；花小型，直径约5mm，黄色，并具紫黑

Bulbophyllum lobbii 罗比石豆兰（图1）

Bulbophyllum longibrachiatum 长臂卷瓣兰

Bulbophyllum maximum 中响尾蛇豆兰（图1）

Bulbophyllum maximum 中响尾蛇豆兰（图2）

色斑纹和斑点；萼片向后弯曲；唇瓣长圆形，基部具槽，长仅2mm。（栽培园地：SCBG）

Bulbophyllum melanoglossum Hayata 紫纹卷瓣兰

附生草本。假鳞茎卵球形，具匍匐根状茎相距约1cm，上面顶生1片叶。叶片革质，倒卵状披针形或长圆形。花葶黄绿色，具紫红色斑点，伞形花序；除唇瓣黄红色外，萼片和花瓣白色，并具紫红色条纹和斑点；中萼片边缘具长毛；侧萼片的两侧边缘内卷呈狭筒状，或两侧萼片的上、下侧边缘分别彼此粘合或靠合。（栽培园地：CNBG）

Bulbophyllum menghaiense Z. H. Tsi 勐海石豆兰

附生矮小匍匐草本。假鳞茎彼此紧靠呈串珠状。花褐色，有较深色的脉，质地薄，萼片具3条脉；蕊柱齿狭镰刀状。（栽培园地：SCBG, CNBG）

Bulbophyllum morphologorum Kraenzl. 丝瓣石豆兰

附生草本。植株与麦穗石豆兰相似，但根状茎较长，叶片较长；花序柄几乎和叶片等长；花黄白色具红褐色斑纹；花瓣狭三角形，顶端收狭呈长达6mm的芒状；唇瓣舌状，3裂；侧裂片短，顶端平截，具齿；唇盘具1个凹槽。（栽培园地：SCBG）

Bulbophyllum nymphopolitanum Kraenzl. 纽芬堡石豆兰

附生矮小草本。假鳞茎密集，卵圆形，顶生1片叶。

Bulbophyllum longisepalum 长红蝉

Bulbophyllum menghaiense 勐海石豆兰

Bulbophyllum odoratissimum 密花石豆兰

Bulbophyllum orientale Seidenf. 麦穗石豆兰

附生草本。假鳞茎近圆锥形，具棱。叶片厚革质，矩圆形，顶端微凹。总状花序密生许多覆瓦状排列的花；花萼片和花瓣淡黄绿色带褐色脉纹；侧萼片两侧边缘稍内卷，下侧边缘彼此靠合而形成兜状；唇瓣基部小裂片镰刀状，顶端尖并具不整齐的齿；蕊柱齿向前倾，钻状。（栽培园地：WHIOB, XTBG, CNBG, SZBG）

Bulbophyllum nymphopolitanum 纽芬堡石豆兰

叶片长卵状椭圆形，顶端钝尖，具小尖头。花葶具 2~3 朵花，花直径 4~5cm；萼片、花瓣黄绿色，带紫红色细斑点，侧萼、唇瓣尤甚；侧萼长披针形，常内卷下垂。（栽培园地：SCBG）

Bulbophyllum obtusangulum Z. H. Tsi 黄花卷瓣兰

附生草本。假鳞茎卵球形。叶片革质，倒卵状披针形或长圆形。伞形花序具 10 余朵花；花黄色，两侧萼片的边缘不内卷，彼此粘合或靠合而形成椭圆状扁平的合萼；中萼片和花瓣边缘具睫状缘毛、齿或流苏；侧萼片长 2~3.5cm；蕊柱翅在蕊柱中部扩展呈半圆形。（栽培园地：CNBG）

Bulbophyllum odoratissimum (J. E. Smith) Lindl. 密花石豆兰

附生草本。假鳞茎近圆柱形，顶生 1 片叶。花序伞状，常弯垂，密生十余朵花；花稍具香气，初时萼片和花瓣白色，以后其中部以上转变为橘黄色；萼片两侧边缘内卷呈窄筒状或钻状；唇瓣橘红色，边缘具细乳突或白色腺毛。（栽培园地：SCBG, WHIOB, KIB, XTBG, CNBG, SZBG）

Bulbophyllum orientale 麦穗石豆兰（图 1）

Bulbophyllum orientale 麦穗石豆兰（图 2）

Bulbophyllum patens King ex Hook. f. 牛魔王石豆兰

附生草本。假鳞茎椭球形，长约 3cm，相距约 10cm。叶片椭圆状长圆形，顶端短 2 裂，肉质。花序基生，具单花；花不翻转；中萼片和花瓣奶白色，并密布棕紫色斑点；侧萼片离生，向内弯曲；唇瓣肉质，紫红色。（栽培园地：SCBG）

Bulbophyllum patens 牛魔王石豆兰

Bulbophyllum pectenveneris (Gagnep.) Seidenf. 斑唇卷瓣兰

附生草本。假鳞茎卵球形，相距 5~10mm。叶片厚革质，椭圆形、长圆状披针形。花葶远高出假鳞茎之上，伞形花序具 3~9 朵花；花黄绿色，并具褐红色条纹；中萼片和花瓣边缘具睫状缘毛；侧萼片长 2~3cm 或更长，向顶端渐狭为尾状。（栽培园地：XTBG）

Bulbophyllum pectinatum Finet 长足石豆兰

附生草本。假鳞茎在根状茎上紧聚或彼此靠近。花葶常具单花，稀 2~3 朵花；花淡绿色，萼片长 1cm 以上；唇瓣从中部强烈向外下弯，顶端指向后方，基部具 2 枚圆锥形的胼胝体；蕊柱足长 2cm 以上，其分离部分超过 1.5cm。（栽培园地：KIB, CNBG）

Bulbophyllum phalaenopsis J. J. Smith 领带兰

大型附生草本。假鳞茎卵球形，顶生 1 片叶。叶片长达 1.2m，下垂，似领带。花序短，基生，密集，具 15~25 朵花；花暗肉红色，萼片和花瓣表面密布黄色突起物，具腐肉味，吸引蝇类等传粉。（栽培园地：SCBG, WHIOB）

Bulbophyllum pingtungense S. S. Ying et C. Chen 屏东卷瓣兰

附生草本。假鳞茎松散排列在根状茎上。花葶常 2~3 朵花；侧萼片黄绿色，中萼片及花瓣、唇瓣深红色；中萼片、花瓣具红色斑点，并有红色缘毛。（栽培园地：SCBG）

Bulbophyllum phalaenopsis 领带兰（图 1）

Bulbophyllum phalaenopsis 领带兰（图 2）

Bulbophyllum pingtungense 屏东卷瓣兰

Bulbophyllum polyrhizum 锥茎石豆兰（图2）

Bulbophyllum polyrhizum Lindl. 锥茎石豆兰

附生草本。假鳞茎疏生，卵形，顶端收窄为瓶颈状，干后表面具皱纹。花黄绿色，开展；唇瓣近长圆形，从基部向外下弯，基部具凹槽。（栽培园地：SZBG）

Bulbophyllum pteroglossum Schltr. 曲萼石豆兰

附生草本。假鳞茎在根状茎上疏生；根状茎粗壮，粗4~5mm；根出自根状茎的每个节上。花葶常具单花；侧萼片斜卵状三角形，中部以上扭曲，顶端钝；蕊柱足的分离部分长约2mm。（栽培园地：SCBG, SZBG）

Bulbophyllum pteroglossum 曲萼石豆兰（图1）

Bulbophyllum polyrhizum 锥茎石豆兰（图1）

Bulbophyllum pteroglossum 曲萼石豆兰（图2）

Bulbophyllum putidum (Teijsm. et Binn.) J. J. Smith 蜥蜴石豆兰

附生草本。假鳞茎密集，卵状椭圆形，侧扁，稍具棱，干时棱皱曲，顶生 1 片叶。叶片舌形，稍弯曲，顶端钝圆。花葶纤细，具 2~5 朵花；苞片膜质，披针形；萼片、花瓣黄色带紫红色纵纹；唇瓣顶端裂成流苏状。（栽培园地：WHIOB）

Bulbophyllum putidum 蜥蜴石豆兰（图 1）

Bulbophyllum putidum 蜥蜴石豆兰（图 2）

Bulbophyllum reticulatum Bateman 网纹石豆兰

附生草本。假鳞茎长圆形至卵球形，在根状茎上疏生。叶片卵形，具网格状脉纹。花序短，具 2 朵花；花苞片大而显著；花大而开展，粉白色，中萼片、花瓣及唇瓣具暗红色斑点及脉纹。（栽培园地：SCBG）

Bulbophyllum retusiusculum Rchb. f. 藓叶卷瓣兰

附生草本。假鳞茎卵状圆锥形或狭卵形，大小变化较大。花葶常高出叶外，伞形花序；中萼片紫红色，具暗红色脉纹；侧萼片黄色，两侧萼片的上、下侧边缘分别彼此粘合，并且形成宽椭圆形或长角状的合萼；唇瓣顶端黄色，中下部红色。（栽培园地：KIB）

Bulbophyllum reticulatum 网纹石豆兰

Bulbophyllum retusiusculum Rchb. f. var. **tigridum** (Hance) Z. H. Tsi 虎斑卷瓣兰

本变种的植株大小仅为原变种的 1/3 左右，假鳞茎上具紫红色槽纹；花侧萼片较短，仅为 1cm 左右。（栽培园地：SCBG）

Bulbophyllum retusiusculum var. tigridum 虎斑卷瓣兰

Bulbophyllum rothschildianum (O'Brien) J. J. Smith 美花卷瓣兰

附生草本。假鳞茎疏生，顶生 1 片厚革质的叶。伞形花序具 4~6 朵花；花大，淡紫红色；中萼片、花瓣及唇瓣边缘具流苏；侧萼片向顶端急尖为长尾状，中部以下在背面密生疣状突起，基部上方扭转而两侧萼片上侧边缘彼此粘合为较宽的合萼。（栽培园地：SCBG）

Bulbophyllum rothschildianum 美花卷瓣兰（图1）

Bulbophyllum rothschildianum 美花卷瓣兰（图2）

Bulbophyllum rothschildianum 美花卷瓣兰（图3）

Bulbophyllum shweliense W. W. Smith 伞花石豆兰

附生草本。假鳞茎近圆柱形，疏生。总状花序缩短呈伞状；花橙黄色，具微香；萼片离生，等长，披针形；侧萼片中部以上两侧边缘内卷呈筒状。（栽培园地：CNBG）

Bulbophyllum spathaceum Rolfe 柄叶石豆兰

附生草本。无假鳞茎，叶出自根状茎的节上，基部明显具柄。花葶从叶柄基部长出，密生多数小花；花淡黄色，质地厚；唇瓣披针形，从中部向外下弯，后半部两侧对折；蕊柱足基部具1枚隆起的胼胝体。（栽培园地：SCBG）

Bulbophyllum spathaceum 柄叶石豆兰

Bulbophyllum spathulatum (Rolfe ex Cooper) Seidenf. 匙萼卷瓣兰

附生草本。假鳞茎疏生，狭卵形。花葶与假鳞茎约等长，伞形花序；花紫红色；侧萼片基部上方扭转，并且两侧萼片的上、下侧边缘彼此靠合而形成拖鞋状的合萼。（栽培园地：SCBG, CNBG）

Bulbophyllum spathulatum 匙萼卷瓣兰

Bulbophyllum sphaericum Z. H. Tsi et H. Li 球茎卷瓣兰

附生草本。假鳞茎球形，表面常具皱纹，顶端圆孔状凹陷，常彼此相距1~3cm，偶尔近聚生，具1枚叶。

花葶基生，伞形花序具 4~5 朵花；中萼片顶端截形具凹头，侧萼片狭披针形，两侧边缘内卷并且向顶端渐狭为尾状，基部扭转，两侧萼片的上、下侧边缘分别彼此粘合，背面在中下部密生疣状突起；花瓣顶端圆钝；唇瓣肉质，披针形，无毛，基部具凹槽。（栽培园地：WHIOB）

Bulbophyllum stenobulbon Par. et Rchb. f. 短足石豆兰

附生草本。假鳞茎疏生。花葶细如发状，稍高出假鳞茎之上；萼片和花瓣淡黄色，中部以上橘黄色；萼片离生，质地较厚；萼片狭披针形，中部以上两侧边缘多少内卷，顶端长渐尖；花瓣质地薄，卵形；唇瓣橘黄色，舌状或卵状披针形，上面常具 3 条纵脊。（栽培园地：SCBG）

Bulbophyllum striatum (Griff.) Rchb. f. 细柄石豆兰

附生草本。假鳞茎疏生，近卵球形或梨形；叶顶端钝或钝而稍凹，上面绿色，背面紫红色，具细长叶柄。总状花序疏生少数至多数花；花小，萼片离生，淡黄色或紫红色脉；唇瓣紫红色，近椭圆形，唇盘具数条分枝的脉。（栽培园地：CNBG）

Bulbophyllum subumbellatum Ridl. 拟伞花卷瓣兰

附生草本。假鳞茎细圆筒形，疏生，顶生 1 片叶。叶片长圆形，长约 15cm。花序长约 10cm，具 2~3 朵花；花黄绿色，并具紫红色斑点；中萼片长约 2cm；花瓣具芒尖；侧萼片基部内卷，顶端反折，密布紫红色斑点；唇瓣肉质，下弯，紫红色，具两个脊突。（栽培园地：SCBG）

Bulbophyllum subumbellatum 拟伞花卷瓣兰

Bulbophyllum sutepense (Rolfe ex Downie) Seidenf. et Smitin 聚株石豆兰

附生草本。假鳞茎聚生，梨形或近球形，表面具皱纹。花葶稍高出假鳞茎之上，总状花序缩短似成伞状；花淡黄色，萼片离生；侧萼片近中部以上两侧边缘内

Bulbophyllum sutepense 聚株石豆兰（图 1）

Bulbophyllum sutepense 聚株石豆兰（图 2）

卷呈筒状。（栽培园地：XTBG, CNBG, SZBG）

Bulbophyllum tengchongense Z. H. Tsi 云北石豆兰

附生草本。假鳞茎紧密聚生；花葶很短，等于或稍高出假鳞茎之上，长约 1cm；花苞片比花梗连同子房长，花瓣卵状披针形；萼片近等长。（栽培园地：CNBG）

Bulbophyllum tokioi Fukuyama 小叶石豆兰

附生草本。无假鳞茎。叶在根状茎上疏生，叶片椭圆形或椭圆状圆形，长 5~6mm。花浅白色；萼片膜质，花瓣比萼片小，狭长圆形；唇瓣卵状三角形，具 3 条脉。（栽培园地：WHIOB）

Bulbophyllum trichocephalum (Schltr.) Tang et F. T. Wang 毛头石豆兰

附生草本。假鳞茎管状，多皱槽，顶生 1 片叶。叶片宽条形。花序伞状，长约 4cm，密生 10 余朵花；花苞片 3 枚；花黄白色，稍有香气；萼片两侧边缘内卷呈窄筒状或钻状；唇瓣橘红色，边缘具细乳突。（栽培园地：SCBG）

Bulbophyllum triste Rchb. f. 球茎石豆兰

附生草本。假鳞茎球状，顶生 2 片叶。花先于叶

出现；花葶光滑无毛；花淡紫红色带紫色斑点；中萼片卵形，与侧萼片近等长；唇瓣多少肉质，舌形。（栽培园地：CNBG）

Bulbophyllum umbellatum Lindl. **伞花卷瓣兰**

附生草本。假鳞茎卵状圆锥形，彼此相距1~2cm。花葶不高出叶外，伞形花序常具4~6朵花；花暗黄绿色或暗褐色，顶端带淡紫色，两侧萼片仅基部上侧边缘彼此粘合，其余离生；唇瓣浅白色，舌状。（栽培园地：SCBG, SZBG）

Bulbophyllum umbellatum 伞花卷瓣兰（图3）

Bulbophyllum unciniferum Seidenf. **直立卷瓣兰**

附生草本。假鳞茎圆柱形或长卵形，彼此相距2~4cm。花葶与假鳞茎约等长，具2~4朵花；中萼片淡黄色，具紫色斑点；侧萼片朱红色，上、下侧边缘分别彼此粘合而形成狭圆锥状或角状；花瓣近顶端处肉质状增厚并且密生乳突状毛；唇瓣红色，边缘在中部以下具睫毛。（栽培园地：WHIOB）

Bulbophyllum violaceolabellum Seidenf. **等萼卷瓣兰**

附生草本。假鳞茎在根状茎上彼此距离4~9cm，卵形。花开展，萼片和花瓣黄色，具紫色斑点；侧萼

Bulbophyllum umbellatum 伞花卷瓣兰（图1）

Bulbophyllum umbellatum 伞花卷瓣兰（图2）

Bulbophyllum violaceolabellum 等萼卷瓣兰（图1）

Bulbophyllum violaceolabellum 等萼卷瓣兰（图2）

Bulbophyllum wendlandianum 温氏卷瓣兰

片离生，卵状三角形，顶端短尖；花瓣卵状披针形，顶端具芒尖；唇瓣紫丁香色，强烈向下弯曲。（栽培园地：SCBG, WHIOB, CNBG, SZBG）

Bulbophyllum wallichii Rchb. f. 双叶卷瓣兰

　　附生草本。假鳞茎聚生，卵球形，顶生2片叶。花期无叶；总状花序常从花序轴基部几乎以180°弯垂，具数朵花；萼片和花瓣淡黄褐色密布紫色斑点，后转变为橘红色；中萼片边缘具不整齐的流苏；两侧萼片的下侧边缘彼此粘合。（栽培园地：SCBG）

Bulleyia 蜂腰兰属

该属共计1种，在2个园中有种植

Bulleyia yunnanensis Schltr. 蜂腰兰

　　附生草本。假鳞茎狭卵形或狭卵状椭圆形，具2片叶。花白色，唇瓣淡褐色，药帽红褐色；唇瓣由于中部皱缩而多少呈提琴形，顶端微缺、截形或具小尖头。（栽培园地：KIB, SZBG）

Bulbophyllum wallichii 双叶卷瓣兰

Bulbophyllum wendlandianum (Kraenzl.) Dammer 温氏卷瓣兰

　　附生草本。假鳞茎卵球形或卵状圆锥形，3棱或多棱，彼此相距4~5cm。叶片厚革质，椭圆状长圆形至披针形。花序生于幼叶基部，伞形花序长7~15cm；花黄白色，并具棕紫色脉纹；中萼片和花瓣顶端具紫红色繸片状附属物；唇瓣紫红色，肉质，下弯，具槽。（栽培园地：SCBG）

Bulleyia yunnanensis 蜂腰兰（图1）

Bulleyia yunnanensis 蜂腰兰（图2）

Calanthe 虾脊兰属

该属共计 26 种，在 10 个园中有种植

Calanthe alismaefolia Lindl. 泽泻虾脊兰

地生草本。叶片似泽泻叶。花白色或有时带浅紫堇色；萼片背面被黑褐色糙伏毛；花瓣近菱形，无毛；唇瓣基部与整个蕊柱翅合生，3 深裂。（栽培园地：SCBG, WHIOB, KIB, XTBG, SZBG）

Calanthe alismaefolia 泽泻虾脊兰（图 1）

Calanthe alismaefolia 泽泻虾脊兰（图 2）

Calanthe alpina Hook. f. ex Lindl. 流苏虾脊兰

地生草本。去年生的假鳞茎密被残留纤维；叶 3 片。萼片和花瓣白色，顶端带绿色或浅紫色，唇瓣浅白色，前部具紫红色条纹，边缘具流苏，距等长或长于花梗和子房。（栽培园地：WHIOB, KIB, SZBG）

Calanthe angustifolia (Bl.) Lindl. 狭叶虾脊兰

地生草本。具粗短的圆柱形假鳞茎和葡萄根状茎；假茎不明显。叶近基生，叶柄在与叶鞘相连接处具 1 个关节。花苞片早落；花白色；萼片相似，长圆状椭

Calanthe alpina 流苏虾脊兰

圆形，顶端急尖；花瓣卵状椭圆形；唇瓣基部与整个蕊柱翅合生，3 深裂，基部具 2 枚三角形的褶片；中裂片近倒心形。（栽培园地：WHIOB）

Calanthe argenteo-striata C. Z. Tang et S. J. Cheng 银带虾脊兰

地生草本。假鳞茎粗短。叶片具 5~6 条银灰色的条带。萼片和花瓣黄绿色，唇瓣白色，与整个蕊柱翅合生，基部具 3 列金黄色的小瘤状物，3 裂。（栽培园地：SCBG, IBCAS, WHIOB, KIB, XTBG, CNBG, SZBG, GXIB, XMBG）

Calanthe argenteo-striata 银带虾脊兰（图 1）

Calanthe argenteo-striata 银带虾脊兰（图2）

Calanthe aristulifera Rchb. f. 翘距虾脊兰

地生草本。假鳞茎近球形，具2~3片叶。叶在花期尚未展开。总状花序长6~25cm，疏生约10朵花；花苞片宿存唇瓣中裂片近圆形或扁圆形，边缘稍波状或强烈波状；萼片和花瓣白色或带淡紫色；唇瓣侧裂片的基部仅部分与蕊柱翅的外侧边缘合生；唇盘上具2~7条脊突；距圆筒形，常翘起，伸直或弯曲，长14~20mm。（栽培园地：SCBG）

Calanthe aristulifera 翘距虾脊兰（图2）

Calanthe brevicornu Lindl. 肾唇虾脊兰

地生草本。假鳞茎粗短，圆锥形，具3~4片叶。叶在花期全部未展开。总状花序长达30cm，疏生多数花；花苞片宿存；唇瓣与蕊柱中部以下的蕊柱翅合生；中裂片肾形或近圆形，与两侧裂片顶端之间的宽近相等或稍大，顶端常微凹；唇盘上常具3条全缘的褶片；距很短，长约2mm，向末端变狭。（栽培园地：WHIOB, KIB, SZBG）

Calanthe clavata Lindl. 棒距虾脊兰

地生草本。假鳞茎很短，完全为叶鞘所包，具2~3片叶。花序在幼时为狭长的膜质苞片所包而呈球形，后来由于总状花序的花序轴伸长而呈圆筒状；唇瓣基部与整个蕊柱翅合生，明显3裂；侧裂片大；唇瓣与蕊柱翅合生而形成管，在近管口处具2枚三角形的褶片；唇瓣中裂片近圆形，基部无爪；蕊柱粗短，长不及1cm；距棒状。（栽培园地：SCBG, WHIOB, SZBG）

Calanthe davidii Franch. 剑叶虾脊兰

地生草本。花苞片宿存，草质，反折；花黄绿色、白色或有时带紫色；萼片和花瓣反折；唇瓣3裂；中

Calanthe aristulifera 翘距虾脊兰（图1）

Calanthe brevicornu 肾唇虾脊兰（图1）

Calanthe clavata 棒距虾脊兰（图1）

Calanthe clavata 棒距虾脊兰（图2）

Calanthe brevicornu 肾唇虾脊兰（图2）

Calanthe davidii 剑叶虾脊兰

裂片顶端 2 裂，在裂口中央具 1 个短尖；唇盘鸡冠状褶片。（栽培园地：SCBG, WHIOB, SZBG）

Calanthe delavayi Finet 少花虾脊兰

地生草本。假鳞茎近球形，具 3~4 片叶。花苞片宿存，不反折；叶柄在与叶鞘相连接处无关节；唇瓣近菱形不裂，基部与蕊柱基部的翅稍合生，顶端近截形而且中央微凹并具细尖，前部边缘具不整齐的齿；蕊喙 2~3 裂。（栽培园地：KIB）

Calanthe densiflora Lindl. 密花虾脊兰

地生草本。根状茎匍匐，长而粗壮，具 3 片叶。花淡黄色；萼片相似，花瓣近匙形，唇瓣基部合生于蕊柱基部上方的蕊柱翅上，中上部 3 裂。（栽培园地：SCBG, KIB）

Calanthe densiflora 密花虾脊兰

Calanthe discolor Lindl. 虾脊兰

地生草本。假鳞茎粗短，近圆锥形，具 3 片叶。叶在花期全部未展开。总状花序长 6~8cm，疏生约 10 朵花；花苞片宿存，膜质，唇瓣白色，轮廓为扇形，与整个蕊柱翅合生，约等长于萼片，3 深裂，侧裂片镰状倒卵形或楔状倒卵形，比中裂片大；距圆筒形，伸直或稍弯曲，末端变狭。（栽培园地：SCBG, IBCAS, WHIOB, LSBG, CNBG, GXIB）

Calanthe graciliflora Hayata 钩距虾脊兰

地生草本。叶基部收狭为长达 10cm 的柄。萼片和花瓣的背面褐色，内面淡黄色；唇瓣浅白色，3 裂；唇盘上具 4 个褐色斑点和 3 条平行的龙骨状脊；距圆筒形，常钩曲。（栽培园地：SCBG, WHIOB, LSBG, SZBG）

Calanthe graciliflora 钩距虾脊兰

Calanthe hancockii Rolfe 叉唇虾脊兰

地生草本。假鳞茎圆锥形。萼片和花瓣黄褐色；唇瓣柠檬黄色，基部具短爪，3 裂；中裂片狭倒卵状长圆形，唇盘上具 3 条平行的波状褶片。（栽培园地：SCBG, KIB, SZBG）

Calanthe discolor 虾脊兰

Calanthe hancockii 叉唇虾脊兰（图 1）

Calanthe hancockii 叉唇虾脊兰（图2）

Calanthe henryi 疏花虾脊兰（图2）

Calanthe henryi Rolfe 疏花虾脊兰

地生草本。假鳞茎圆锥形，具2~3片叶。总状花序长达19cm，疏生少数花；花黄绿色；唇瓣侧裂片的整个基部或大部分合生于蕊柱翅的外侧边缘，长圆形或镰状长圆形，两侧裂片顶端之间的宽度远大于中裂片宽度；中裂片近长圆形，边缘非波状；唇盘具3条龙骨状突起。（栽培园地：WHIOB）

Calanthe herbacea Lindl. 西南虾脊兰

地生草本。叶片背面被短毛。萼片和花瓣黄绿色，反折；花瓣近匙形，3深裂，基部具成簇的黄色瘤状附属物；中裂片深2裂；小裂片与侧裂片近等大，叉开，裂口中央具1个短尖头。（栽培园地：WHIOB）

Calanthe labrosa (Rchb. f.) Rchb. f. 葫芦茎虾脊兰

地生草本。假鳞茎中部常缢缩而呈葫芦状。花淡粉红色，萼片背面密被长柔毛，花萼、花瓣多少反卷；唇瓣贴生于蕊柱足末端，近3裂，无毛。（栽培园地：SCBG, KIB, XTBG, SZBG）

Calanthe lyroglossa Rchb. f. 南方虾脊兰

地生草本。假鳞茎粗短，圆柱状，具粗壮的匍匐根状茎。总状花序密生许多小花；花苞片膜质，花开放后脱落；花黄色，干后变黑色；萼片相似；花瓣椭圆形，较萼片稍短；唇瓣基部与整个蕊柱翅合生，3裂；侧裂片短小；中裂片较大，宽肾形或近横长圆形，基部具2枚三角形的褶片；距棒状，末端稍2裂。（栽培园地：XTBG）

Calanthe mannii Hook. f. 细花虾脊兰

地生草本。萼片和花瓣暗褐色；萼片背面密被短毛；唇瓣金黄色，3裂；唇盘上具3条褶片或龙骨状脊末端在中裂片上呈三角形高高隆起。（栽培园地：WHIOB）

Calanthe odora Griff. 香花虾脊兰

地生草本。假鳞茎近圆锥形，具2~3片叶。叶在花期尚未展开。总状花序短，密生少数至多数花；花苞片宿存；花白色；花瓣近匙形，与萼片等长；唇瓣基部与整个蕊柱翅合生，3深裂，基部具多数肉瘤状附属物；侧裂片近长圆形或斜卵形；中裂片深2裂；小裂片向外叉开，与侧裂片约等大，裂口中央具1个短尖头；距圆筒形，伸直。（栽培园地：WHIOB）

Calanthe henryi 疏花虾脊兰（图1）

Calanthe mannii 细花虾脊兰

Calanthe puberula Lindl. 镰萼虾脊兰

地生草本。花梗和子房密被短毛；花粉红色；萼片顶端急尖并呈尾状，背面被毛；唇瓣3裂；侧裂片长圆状镰刀形，中裂片前端边缘具不整齐的齿或流苏，基部收狭为爪。（栽培园地：KIB, GXIB）

Calanthe puberula 镰萼虾脊兰（图1）

Calanthe puberula 镰萼虾脊兰（图2）

Calanthe reflexa (Kuntze) Maxim. 反瓣虾脊兰

地生草本。假鳞茎粗短，具4~5片叶。总状花序长5~20cm，疏生许多花；花粉红色，开放后萼片和花瓣反折并与子房平行；唇瓣基部与蕊柱中部以下的翅合生，3裂，无距。（栽培园地：WHIOB, LSBG）

Calanthe sinica Z. H. Tsi 中华虾脊兰

地生草本。叶片边缘稍波状，两面密被短柔毛。花

Calanthe sinica 中华虾脊兰（图1）

Calanthe sinica 中华虾脊兰（图2）

紫红色；萼片背面密被短柔毛；唇瓣3裂，中裂片扇形，唇盘上具4个呈"品"字形的栗色斑点，基部有3列黄色瘤状附属物；距长棒状，外面疏被短柔毛。（栽培园地：SCBG, GXIB）

Calanthe sylvatica (Thouars) Lindl. **长距虾脊兰**

地生草本。叶在花期全部展开，背面密被短柔毛。花葶从叶丛中抽出，总状花序疏生数朵花，花淡紫色，唇瓣常变成橘黄色；距圆筒状。（栽培园地：SCBG, WHIOB, XTBG, CNBG, SZBG）

Calanthe sylvatica 长距虾脊兰（图3）

Calanthe tricarinata Landl. **三棱虾脊兰**

地生草本。叶背面密被短毛。花葶被短毛；萼片和花瓣浅黄色；唇瓣红褐色，唇盘上具3~5条鸡冠状褶片，无距。（栽培园地：SCBG, WHIOB, KIB, XTBG, SZBG）

Calanthe sylvatica 长距虾脊兰（图1）

Calanthe tricarinata 三棱虾脊兰（图1）

Calanthe sylvatica 长距虾脊兰（图2）

Calanthe tricarinata 三棱虾脊兰（图2）

Calanthe triplicata (Willem.) Ames 三褶虾脊兰

地生草本。叶片基部渐狭为柄。花葶密被短毛，花白色或偶见淡紫红色，萼片和花瓣常反折，花瓣匙形或倒卵状披针形；唇瓣基部具3~4列金黄色或橘红色小瘤状附属物，3深裂。（栽培园地：SCBG, WHIOB, KIB, XTBG, CNBG, SZBG）

Calanthe triplicata 三褶虾脊兰

Calanthe yuana T. Tang et F. T. Wang 峨边虾脊兰

地生草本。假鳞茎粗短，圆锥形，具4片叶。叶在花期全部尚未展开。总状花序疏生14朵花；花苞片宿存；花黄白色；唇瓣基部无爪；侧裂片基部的大部分合生于蕊柱翅的外侧边缘；中裂片顶端凹陷并具1个短尖；唇盘无褶片和增厚的脊突；距圆筒形。（栽培园地：WHIOB）

Callostylis 美柱兰属

该属共计1种，在4个园中有种植

Callostylis rigida Blume 美柱兰

附生草本。假鳞茎近梭状或长梭状。花除唇瓣褐色外，均绿黄色；萼片背面被灰褐色毛；唇瓣近宽心形或宽卵形，唇盘上有1个垫状突起。（栽培园地：SCBG, XTBG, CNBG, SZBG）

Cattleya 卡特兰属

该属共计7种，在3个园中有种植

Cattleya bowringiana Veitch 宝灵卡特兰

附生草本。假鳞茎棒状，基部膨大，顶生2片叶。叶片长椭圆形，顶端钝圆。花序长20~25cm，具数朵至多数花；花紫红色，唇瓣侧裂片围抱蕊柱，中裂片圆形，暗红色，喉部淡黄色，具紫色脉纹，边缘紫红色，褶波状。（栽培园地：SCBG）

Cattleya bowringiana 宝灵卡特兰

Cattleya forbesii Lindl. 佛比西卡特兰

附生草本。假鳞茎稍肿大，顶生2片叶。叶片椭圆形，革质，顶端圆至微凹。花葶长9~15cm，具1~6朵花；花具芳香；萼片与花瓣相似，狭倒卵状披针形，淡黄绿色，唇瓣卷成筒状，外面粉白色，内面黄色具橘红色脉纹，边缘稍波状。（栽培园地：SCBG）

Callostylis rigida 美柱兰

Cattleya forbesii 佛比西卡特兰（图1）

Cattleya forbesii 佛比西卡特兰（图2）

Cattleya labiata 拉比阿塔卡特兰（图1）

Cattleya intermedia Graham ex Hook. 早花卡特兰

中小型附生草本。假鳞茎圆柱形，外被数枚管状、干膜质的鞘，常顶生2~4片叶。叶片长椭圆形。花色变化大，具芳香；萼片与花瓣狭披针形，近等大，长约7cm；唇瓣3裂，侧裂片围抱蕊柱，半卷，呈筒状，中裂片具隆起的脉纹，顶端具波状皱褶。（栽培园地：XMBG）

Cattleya intermedia 早花卡特兰

Cattleya labiata 拉比阿塔卡特兰（图2）

Cattleya labiata Lindl. 拉比阿塔卡特兰

附生草本。假鳞茎扁棒状，单叶。叶片长椭圆形。花葶具2~5朵花，花大，直径12~17cm，具芳香；萼片与花瓣粉红色、紫色或带白色，萼片细长圆形，花瓣卵圆形，唇瓣唇形，微3裂，侧裂片围抱蕊柱呈喇叭状，中裂片伸展而显著，喉部淡黄色。（栽培园地：WHIOB）

Cattleya loddigesii Lindl. 罗氏卡特兰

附生草本。假鳞茎细长筒形；顶生2片叶；叶鞘稍扁平，叶片长椭圆形。萼片倒卵形，顶端圆，花瓣阔卵状披针形，顶端钝圆，萼片、花瓣紫色，唇瓣粉红色，中部带黄色，具2条圆柱形的纵脊，中裂片顶端带紫色，边缘强皱褶。（栽培园地：XMBG）

Cattleya loddigesii 罗氏卡特兰

Cattleya maxima Lindl. 大花卡特兰

附生草本。假鳞茎稍扁平棍棒形，单叶；叶鞘扁圆柱形，叶片长椭圆形，顶端钝圆，稍凹。花葶粗壮，具5~8朵花，花梗与花近等长，花粉紫色，直径8~12cm；萼片狭披针形，稍反卷，花瓣卵圆形，边缘波状，唇瓣3裂，侧裂片卷成筒状，内面具深紫色网纹，中央具黄色纵斑纹，边缘强皱褶。（栽培园地：XMBG）

Cattleya maxima 大花卡特兰

Cephalantheropsis gracilis 黄兰

Cattleya skinneri Bateman 思科卡特兰

附生草本。假鳞茎下端纤细，上端扁平，呈梭形，顶生1~2片叶。叶片椭圆形，顶端钝尖。花紫丁香色，萼片披针形，反卷，花瓣阔卵形，顶端钝，唇瓣基部细筒状，喉部扩张，内面白色，边缘深蓝紫色。（栽培园地：XMBG）

黄绿色；萼片和花瓣反折，唇瓣中部以上3裂，中部以下稍凹陷，无距。（栽培园地：GXIB）

Ceratostylis 牛角兰属

该属共计3种，在4个园中有种植

Ceratostylis himalaica Hook. f. 叉枝牛角兰

附生草本。茎全部为鳞片状鞘所覆盖。叶1片，生于分枝顶端。花小，白色而有紫红色斑，萼片背面

Cattleya skinneri 思科卡特兰

Cephalanthera 头蕊兰属

该属共计1种，在2个园中有种植

Cephalanthera falcata (Thunb. ex A. Murray) Bl. 金兰

地生草本。叶基部收狭并抱茎。花苞片长度不超过花梗和子房；花黄色，花瓣与萼片相似，唇瓣3裂，距圆锥形，伸出侧萼片基部之外。（栽培园地：WHIOB，LSBG）

Cephalantheropsis 黄兰属

该属共计1种，在1个园中有种植

Cephalantheropsis gracilis (Lindl.) S. Y. Hu 黄兰

地生草本。茎圆柱形。花葶密布细毛，花青绿色或

Ceratostylis himalaica 叉枝牛角兰（图1）

Ceratostylis himalaica 叉枝牛角兰（图2）

被短柔毛；唇瓣基部呈深囊状，顶端靠背面有1个垫状胼胝体；蕊柱顶端臂状物貌似牛角。（栽培园地：XTBG, CNBG, SZBG）

Ceratostylis retisquama Rchb. f. 红花牛角兰

附生草本。茎丛生，基部被多枚干膜质鳞片状鞘，长1~2cm。叶1片，叶片线状镰刀形。花序生于茎顶端，常减退为单花；花红色，直径约3cm；萼片和花瓣相似，披针状长圆形，花瓣较窄；唇瓣很小，不裂。（栽培园地：SCBG）

Ceratostylis retisquama 红花牛角兰

Ceratostylis subulata Blume 管叶牛角兰

附生草本。茎长可达20cm以上，仅基部为鳞片状鞘所覆盖。叶片近圆柱形，近直立，与茎连接成一直线。花绿黄色或黄色；萼片背面被毛；唇瓣生于蕊柱足末端，略呈匙形。（栽培园地：SCBG, CNBG）

Ceratostylis subulata 管叶牛角兰

Changnienia 独花兰属

该属共计1种，在3个园中有种植

Changnienia amoena S. S. Chien 独花兰

地生草本。假鳞茎近椭圆形或宽卵球形，2节，被膜质鞘。叶1片，叶片宽卵状椭圆形至宽椭圆形。花葶紫色，具2枚膜质鞘；花苞片小，凋落；花大，白色，并具红色或淡紫色晕，唇瓣具紫红色斑点，基部有距；唇盘上具5枚褶片；距角状，稍弯曲。（栽培园地：WHIOB, LSBG, CNBG）

Chiloschista 异型兰属

该属共计2种，在3个园中有种植

Chiloschista exuperei (Guillaum.) Garay 白花异型兰

附生草本；通常无叶。花序梗具毛，疏生近10朵花；花白色，唇瓣具黄色脉；唇瓣3裂，中裂片顶端收狭，不裂；唇盘具附属物。（栽培园地：SCBG）

Chiloschista exuperei 白花异型兰

Chiloschista yunnanensis Schltr. 异型兰

附生草本；通常无叶。花序密布茸毛，疏生多数花；花瓣和萼片茶色或淡褐色；唇瓣3裂；两侧裂片之间凹陷呈浅囊状，并且被覆着海绵状的附属物；药帽前端两侧各具1条丝状附属物。（栽培园地：SCBG, CNBG, SZBG）

Chiloschista yunnanensis 异型兰（图1）

兰科 Orchidaceae

Chiloschista yunnanensis 异型兰（图2）

Chiloschista yunnanensis 异型兰（图3）

Chrysoglossum 金唇兰属

该属共计2种，在4个园中有种植

Chrysoglossum assamicum Hook. f. 锚钩金唇兰

地生草本。假鳞茎圆柱形，被膜质筒状鞘，顶生1片叶。花黄白色；萼囊距状；花唇瓣倒卵状楔形；唇盘上具3条褶片，中央1条较短；蕊柱具明显的蕊柱足；蕊柱翅在蕊柱中部两侧各具1枚倒齿状的臂。（栽培园地：SCBG, WHIOB, SZBG）

Chrysoglossum ornatum Blume 金唇兰

地生草本。假鳞茎近圆柱形，具1个节，顶生1片叶。花绿色带红棕色斑点，唇瓣白色带紫色斑点，蕊柱翅在蕊柱中部两侧各具1枚倒齿状的臂。（栽培园地：XTBG）

Chysis 吉西兰属

该属共计1种，在1个园中有种植

Chysis bractescens Lindl. 吉西兰

附生草本。假鳞茎肥厚、下垂，分节，被白色膜质鞘，顶生3~5片叶。叶片长圆状披针形，边缘波状。总状花序长达30cm，具花4~10朵；花苞片叶状，卵形，凹陷；花白色，蜡质，芳香；萼片和花瓣相似，长圆状卵形；唇瓣3裂，黄色，并具橙红色脉纹和斑块，唇盘具5条褶片。（栽培园地：SCBG）

Chysis bractescens 吉西兰

Cleisostoma 隔距兰属

该属共计15种，在8个园中有种植

Cleisostoma birmanicum (Schltr.) Garay 美花隔距兰

附生草本。花肉质，开展，萼片和花瓣长约1cm，除边缘和中肋为黄绿色外其余为紫褐色；唇瓣白色，3裂；中裂片顶端急尖并且深裂为2条刚毛或尾状物。（栽培园地：SZBG）

Cleisostoma fuerstenbergianum Kraenzl. 长叶隔距兰

附生草本。叶片细圆柱形。萼片和花瓣反折，黄色带紫褐色条纹；唇瓣白色，3裂；距内面背壁上方的胼胝体3裂，基部密布乳突状毛。（栽培园地：SCBG,

Chrysoglossum assamicum 锚钩金唇兰

Cleisostoma birmanicum 美花隔距兰

Cleisostoma fuerstenbergianum 长叶隔距兰（图1）

WHIOB, KIB）

Cleisostoma longioperculatum Z. H. Tsi **长帽隔距兰**

附生草本。叶二列而斜立，呈"V"字形对折，顶端近锐尖。花序斜出而下弯；唇瓣3裂；侧裂片中部以上收狭而其前侧边缘多少对折；距近角状；距内壁上方的胼胝体3裂呈"T"字形，长几乎等于宽；药帽前端伸长，顶端平截。（栽培园地：SCBG）

Cleisostoma menghaiense Z. H. Tsi **勐海隔距兰**

附生草本。叶二列而斜立，呈"V"字形对折，顶端急尖。花序下垂，比叶长；花质地厚，开展，萼片和花瓣淡黄色；唇瓣3裂；中裂片三角形，与侧裂片等大；距近角状；距内壁上方的胼胝体3裂，长明显大于上端的宽；药帽前端伸长，顶端宽钝。（栽培园地：WHIOB, KIB）

Cleisostoma nangongense Z. H. Tsi **南贡隔距兰**

附生草本。叶近轴面具1深槽。萼片和花瓣黄绿色带紫色；唇瓣3裂；距长圆筒形，内侧具发达的隔膜，而在背壁上方"T"字形3裂的胼胝体。（栽培园地：XTBG）

Cleisostoma paniculatum (Ker-Gawl.) Garay **大序隔距兰**

附生草本。叶顶端不等侧2裂。花序远比叶长，多分枝；花萼片和花瓣在背面黄绿色，内面紫褐色，边缘和中肋黄色；距内面背壁上方具长方形的胼胝体。

Cleisostoma fuerstenbergianum 长叶隔距兰（图2）

Cleisostoma paniculatum 大序隔距兰（图1）

Cleisostoma paniculatum 大序隔距兰（图2）

Cleisostoma recurvum

（栽培园地：SCBG, WHIOB, KIB, XTBG, CNBG, SZBG, GXIB）

Cleisostoma parishii (Hook. f.) Garay 短茎隔距兰

附生草本。茎长不及10cm，连同叶鞘粗不及1.5cm。花金黄色带红色条纹；唇瓣侧裂片近圆形，上端边缘具宽的凹缺；中裂片三角形，顶端急尖；距口背壁上方的胼胝体3裂呈"T"字形。（栽培园地：CNBG, SZBG）

Cleisostoma racemiferum (Lindl.) Garay 大叶隔距兰

附生草本。叶厚革质，扁平、带状，长达29cm。萼片和花瓣黄色，并具褐红色斑点；唇瓣3裂；中裂片伸展，上面在两侧裂片之间具1条脊突，与距内不甚发育的隔膜相连接；距内背壁上方的胼胝体近卵状三角形，基部稍2裂，其下部具乳突状毛。（栽培园地：XTBG, CNBG, SZBG）

Cleisostoma racemiferum 大叶隔距兰

Cleisostoma recurvum (Hook.) ined.

附生草本。叶片厚革质，扁平、狭披针形，两端渐狭。花序常"之"字形曲折，下垂，具7~12朵花，花小，萼片与花瓣黄绿色，具两条棕黄色至棕红色的纵斑纹，唇瓣粉红色，中裂片前伸并向上弯卷，顶端渐尖；距长于花瓣。（栽培园地：XTBG）

Cleisostoma rostratum (Lodd.) Seidenf. ex Averyanov 尖喙隔距兰

附生草本。花开展，萼片和花瓣黄绿色，并具紫红色条纹；唇瓣紫红色，3裂；中裂片狭卵状披针形，顶端渐尖而翘起，基部两侧无伸长的裂片；药帽前端长喙状。（栽培园地：SCBG, WHIOB, XTBG, CNBG, SZBG, GXIB）

Cleisostoma rostratum 尖喙隔距兰（图1）

Cleisostoma rostratum 尖喙隔距兰（图2）

Cleisostoma sagittiforme Garay 隔距兰

附生草本。花序下垂，较叶长，圆锥花序或总状花序疏生多数花；花小，淡紫红色；唇瓣3裂；距角状，在背壁上方具3裂的胼胝体。（栽培园地：WHIOB）

Cleisostoma simondii 毛柱隔距兰

SZBG）

Cleisostoma simondii (Gagnep.) Seidenf. var. guangdongense Z. H. Tsi 广东隔距兰

本变种与原变种的主要区别为：唇瓣中裂片浅黄白色，距内背壁上方的胼胝体为中央凹陷的四边形，其4个角呈短角状均向前伸。（栽培园地：SCBG, CNBG, SZBG）

Cleisostoma sagittiforme 隔距兰（图1）

Cleisostoma simondii var. **guangdongense** 广东隔距兰（图1）

Cleisostoma sagittiforme 隔距兰（图2）

Cleisostoma simondii (Gagnep.) Seidenf. 毛柱隔距兰

附生草本。叶片细圆柱形。花黄绿色，并具紫红色脉纹；萼片和花瓣稍反折；唇瓣3裂，中裂片紫色；距近球形，内面背壁上方的胼胝体近"T"字形3裂，基部浅2裂并且密被乳突状毛。（栽培园地：SCBG,

Cleisostoma simondii var. **guangdongense** 广东隔距兰（图2）

Cleisostoma simondii var. guangdongense 广东隔距兰（图3）

Cleisostoma williamsonii 红花隔距兰（图2）

Cleisostoma striatum (Rchb. f.) Garay 短序隔距兰

附生草本。花序长 2~6cm，下垂，不分枝；花肉质，开放，萼片和花瓣长约 6mm，橘黄色，并具紫色条纹；唇瓣除中裂片紫色外，其余淡黄色，3 裂；中裂片厚肉质，箭头状三角形，顶端收狭并且深裂为 2 条刚毛或尾，基部两侧向后伸长为三角形的裂片，上面中央具 1 条纵向的肉质褶片。（栽培园地：KIB）

Cleisostoma williamsonii (Rchb. f.) Garay 红花隔距兰

附生草本。叶片圆柱形。花序较叶长，常分枝；花粉红色，开放；唇瓣深紫红色，3 裂；距球形，具不明显的隔膜，内侧背壁上方的胼胝体呈"T"字形 3 裂。（栽培园地：SCBG, WHIOB, KIB, XMBG）

Coelogyne 贝母兰属

该属共计 20 种，在 8 个园中有种植

Coelogyne barbata Griff. 髯毛贝母兰

附生草本。茎具较短的节间，密被鳞片状鞘。假

Cleisostoma williamsonii 红花隔距兰（图1）

Coelogyne barbata 髯毛贝母兰

鳞茎疏离，狭卵状长圆形，顶端生2枚叶。叶柄长6~14cm。总状花序具9~12朵花；花苞片稍对折而呈舟状，花后脱落；花白色，唇瓣具棕色斑点；唇盘上具3条纵褶片，全部撕裂成流苏状毛；蕊柱向前弧曲，两侧边缘具翅。（栽培园地：SZBG）

Coelogyne calcicola Kerr 滇西贝母兰

附生草本。茎具较短节间，被鳞片状鞘。假鳞茎疏离，顶端生2枚叶。总状花序具5~7朵花；花苞片早落；花白色，唇瓣具黄色唇盘、褐色褶片及流苏，中裂片上具2个橙黄色斑块；唇瓣宽卵形，中裂片顶端具凹缺，边缘流苏状，唇盘上具2条流苏状褶片，延伸至中裂片时变为啮蚀状或仅顶端稍分裂，而非流苏状。（栽培园地：SCBG, CNBG）

Coelogyne corymbosa 眼斑贝母兰（图2）

Coelogyne cristata Lindl. 贝母兰

附生草本。假鳞茎疏生，长圆形或卵形，干后皱缩而具深槽，顶端生2枚叶。总状花序具2~4朵花；花苞片舟状，在花期不落；花白色，花瓣与萼片相似；唇瓣卵形，凹陷，3裂，中裂片边缘近全缘，上面具2条短而宽的纵褶片；唇盘上具5条褶片，完全撕裂成流苏状毛。（栽培园地：WHIOB）

Coelogyne fimbriata Lindl. 流苏贝母兰

附生草本。假鳞茎疏生，相距2~5cm，狭卵形至近圆柱形。花淡黄色或近白色，仅唇瓣上具深褐色斑纹；花瓣丝状或狭线形，宽1mm以下；唇瓣3裂，侧裂片顶端多少具流苏；中裂片边缘具流苏；唇盘上常具2条纵褶片，从基部延伸至中裂片上部近顶端处，有时中裂片外侧具2条短的褶片。（栽培园地：SCBG, WHIOB, KIB, XTBG, CNBG, SZBG, GXIB）

Coelogyne calcicola 滇西贝母兰

Coelogyne corymbosa Lindl. 眼斑贝母兰

附生草本。假鳞茎长圆状卵形或近菱状长圆形。花白色或稍带黄绿色，唇瓣上具4个黄色、围以橙红色的眼斑；唇瓣3裂，唇盘上具2~3条脊，从基部延伸至中裂片下部。（栽培园地：WHIOB, KIB, SZBG）

Coelogyne corymbosa 眼斑贝母兰（图1）

Coelogyne fimbriata 流苏贝母兰

Coelogyne flaccida Lindl. 栗鳞贝母兰

地生草本。假鳞茎长圆形或近圆柱形，基部具数枚鞘，鞘背面具紫褐色斑块。花浅黄色至白色，唇瓣上具黄色和浅褐色斑；唇瓣近卵形，3裂；唇盘上具3

Coelogyne flaccida 栗鳞贝母兰（图1）

Coelogyne flaccida 栗鳞贝母兰（图2）

Coelogyne leucantha 白花贝母兰

条纵褶片，褶片具皱波状缺刻。（栽培园地：SCBG, KIB, XTBG, CNBG, SZBG, XMBG）

Coelogyne fuscescens Lindl. 褐唇贝母兰

附生草本。假鳞茎圆筒状纺锤形，在根状茎上相距1~2.5cm。总状花序长4~6cm，常具2朵花，花大，直径达4cm；中萼片和花瓣黄绿色；萼片长圆形；花瓣线形，宽度约为萼片的1/3；唇瓣白色，并具深褐色斑块，卵形，明显3裂；唇盘上具3条纵脊，延伸至中裂片基部，中央1条多少呈褶片状或不规则褶片状。（栽培园地：WHIOB）

Coelogyne leucantha W. W. Smith 白花贝母兰

附生草本。假鳞茎在根状茎上相距1~2cm。花序基部下方具多枚二列套叠的革质颖片；花白色，仅唇瓣上略具黄斑；花瓣丝状，与萼片近等长；唇瓣3裂；中裂片边缘具不规则齿裂；唇盘上具3条褶片，皱波状。（栽培园地：SCBG, WHIOB, KIB, XTBG, SZBG）

Coelogyne longipes Lindl. 长柄贝母兰

附生草本。假鳞茎疏离，近圆柱形或极狭的卵形，干后具光泽，顶端生2枚叶。总状花序常具5~7朵花；花苞片在花后脱落；花白色至浅黄色；唇瓣近宽卵形，3裂；侧裂片近卵形，边全缘；中裂片宽长圆形或近椭圆形，边缘多少皱波状，中部具2条狭的纵褶片，向唇盘延伸并逐渐变窄消失于唇盘下部。（栽培园地：XTBG）

Coelogyne occultata Hook. f. 卵叶贝母兰

附生草本。假鳞茎疏离，常多少斜卧，长圆状倒卵形或近菱形，干后暗褐色并具深槽，略具光泽，顶生2枚叶。总状花序常具2~3朵花，稀单花；花苞片早落；花白色，唇瓣上具紫色脉纹和棕黄色眼斑；唇瓣卵形，近全缘；唇盘上具2~3条脊，从基部延伸至中裂片下部，脊上具不规则细圆齿。（栽培园地：KIB）

Coelogyne ovalis Lindl. 长鳞贝母兰

附生草本。根状茎节间长1~2.5cm，其上被覆的鞘长1~2.5cm。假鳞茎在根状茎上疏生，相距8~13cm，近圆柱形。花葶从长成的假鳞茎顶端发出，基部套叠有数枚圆筒形的鞘；花绿黄色，仅唇瓣具暗紫红色斑纹；唇瓣3裂，中裂片边缘具流苏；唇盘上具2条纵褶片。（栽培园地：KIB, XTBG）

Coelogyne ovalis 长鳞贝母兰

Coelogyne prolifera 黄绿贝母兰

Coelogyne quinquelamellata 五脊贝母兰

Coelogyne pandurata Lindl. 提琴贝母兰

附生草本。假鳞茎疏生，扁圆形，具棱槽，相距3~10cm；叶片椭圆状披针形，长20~45cm，具4cm的长柄。总状花序长达25cm，具6~15朵花；花直径7~10cm，具蜜香；中萼片和花瓣淡绿色，唇瓣提琴形，白色，并具黑色斑纹，3裂；中裂片宽，边缘皱波状，唇瓣基部具3个褶片，两侧褶片延伸至中裂片，演变成密密麻麻的疣突。（栽培园地：XMBG）

Coelogyne prolifera Lindl. 黄绿贝母兰

附生草本。假鳞茎狭卵状长圆形。花绿色或黄绿色，较小，萼片长6~7mm；唇瓣近卵形，3裂，基部凹陷成浅囊状；唇盘上无褶片，亦无肥厚的纵脊。（栽培园地：WHIOB, CNBG, SZBG）

Coelogyne quinquelamellata Ames 五脊贝母兰

附生草本。假鳞茎狭梨形或瓶状，彼此紧靠，多少四棱形。叶2枚，叶片长圆状椭圆形，硬革质。总状花序长18~50cm，多达28朵花；中萼片和花瓣黄白色至白色，唇瓣白色，并具有褐色、橙色脉纹和斑块；唇瓣不裂，横圆形，基部具5条褶片。（栽培园地：SCBG）

Coelogyne rigida E. C. Parish et Rchb. f. 挺茎贝母兰

附生草本。假鳞茎近长圆形或圆柱形，向顶端变狭，在根状茎上相距2~3cm。花黄白色；唇瓣近卵形，3裂；唇盘上具3条纵褶片，强烈皱曲或呈明显的皱波状，其中左右两条延伸至中裂片下部，中央1条较短。（栽培园地：WHIOB）

Coelogyne rochussenii de Vriese 茹楚森贝母兰

附生草本。假鳞茎近长圆锥形，具沟槽，在根状茎上相距2~4cm。叶片倒卵形或倒披针形。总状花序悬垂，长达70cm，具20~35朵花；花直径约5cm，具柠檬香味；中萼片和花瓣淡绿色或黄白色；唇瓣白色，并具棕色、橙黄色脉纹，3裂；唇瓣基部具3条流苏状褶片，从基部延伸至中裂片基部，另有2条褶片从中裂片基部开始，延伸至中裂片中部。（栽培园地：SCBG）

Coelogyne sanderae Kraenzl. 撕裂贝母兰

附生草本。假鳞茎狭卵形。叶柄长1.5~4cm。花白色，唇瓣上具黄斑；唇瓣3裂；侧裂片边缘多少具齿裂或短流苏；中裂片边缘具不规则齿裂或短流苏；唇盘上具3条全部撕裂成流苏状毛的褐色纵褶片。（栽培园

明显皱波状。（栽培园地：XTBG）

Coelogyne tsii X. H. Jin et H. Li 红花贝母兰

附生草本。假鳞茎圆锥形至卵圆形，相距2~3cm。叶2枚，叶片长圆形。总状花序具7~10朵花；花几乎同时开放，花红色，唇瓣白色，顶端黑色并偏向一侧；唇瓣3裂；侧裂片半圆形，中裂片圆形，为唇瓣总长的1/3，向下弯。（栽培园地：SZBG）

Coelogyne rochussenii 茹楚森贝母兰

Coelogyne tsii 红花贝母兰

Coelogyne viscosa Rchb. f. 禾叶贝母兰

附生草本。假鳞茎卵形或圆柱状卵形，干后常

Coelogyne sanderae 撕裂贝母兰

地：WHIOB, SZBG）

Coelogyne suaveolens (Lindl.) Hook. f. 疏茎贝母兰

附生草本。假鳞茎疏离，相距达6cm，狭卵形或长圆状狭卵形，干后略具光泽，外面被巨大的鞘所包，老时鞘脱落，顶端生2枚叶。总状花序常具10余朵花；花序轴左右曲折；花苞片多少舟状，脱落；花白色，唇瓣上具黄斑；唇瓣近长圆形，在近中部或中部上方缢缩成前后唇或稍3裂；唇盘上面具4~5条纵褶片，

Coelogyne viscosa 禾叶贝母兰（图1）

Coelogyne suaveolens 疏茎贝母兰

Coelogyne viscosa 禾叶贝母兰（图2）

为亮黄色，基部具数枚鞘。叶片线形，禾叶状，宽8~12mm。总状花序具2~4朵花；花苞片早落；花白色，仅唇瓣带褐色与黄色斑；唇盘上具3条纵褶片，中央的1条略短；褶片上均具皱波状缺刻。（栽培园地：SCBG, XTBG, SZBG）

Collabium 吻兰属

该属共计2种，在3个园中有种植

Collabium chinense (Rolfe) T. Tang et F. T. Wang 吻兰

附生草本。假鳞茎细圆柱形，貌似叶柄，基部稍扩大并多少贴伏于根状茎上，被鞘。总状花序疏生4~7朵花；花中等大；萼片和花瓣绿色；唇瓣白色，倒卵形，基部具爪，3裂；唇盘在两侧裂片间具2条新月形的褶片。（栽培园地：SCBG）

Collabium chinense 吻兰

Collabium formosanum Hayata 台湾吻兰

附生草本。假鳞茎疏生于根状茎上，圆柱形，被鞘。总状花序疏生4~9朵花；萼片和花瓣绿色，顶端内面具红色斑点；唇瓣白色带红色斑点和条纹，近圆形，基部具爪，3裂；唇盘在两侧裂片之间2条褶片；褶片下延到唇瓣的爪上；距圆筒状；蕊柱翅在蕊柱上端扩大而呈圆耳状。（栽培园地：SCBG, XTBG, CNBG）

Coryanthes 吊桶兰属

该属共计1种，在1个园中有种植

Coryanthes macrantha (Hook.) Hook. 吊桶兰

附生草本。假鳞茎长卵形，具槽，顶生2枚叶。叶片卵状披针形，具折扇状脉。花序基生，悬垂，花序梗粗壮，着花1~2朵；花大型，蜡质，芳香，寿命短，萼片和花瓣淡黄色，密具红色细斑；唇瓣向下、侧方呈囊状凸起，中裂片向上弯延后反折，具橘红色横皱褶，顶端呈半球状凸起。（栽培园地：XMBG）

Coryanthes macrantha 吊桶兰

Corymborkis 管花兰属

该属共计1种，在2个园中有种植

Corymborkis veratrifolia (Reinw.) Blume 管花兰

地生草本。茎直立，圆柱形。腋生圆锥花序具2~6个分枝，具花10~30朵或更多；花白色，花被片不展

Collabium formosanum 台湾吻兰

Corymborkis veratrifolia 管花兰

开而多少呈筒状，唇瓣具长而对折的爪，几乎完全围抱蕊柱。（栽培园地：SCBG, XTBG）

Cremastra 杜鹃兰属

该属共计 1 种，在 3 个园中有种植

Cremastra appendiculata (D. Don) Makino **杜鹃兰**

地生草本。假鳞茎顶端常具 1 枚叶。总状花序具 10 余朵花；花常偏向花序一侧，多少下垂，不完全开展，具香气，狭钟形，淡紫褐色。（栽培园地：WHIOB, KIB, LSBG）

Crepidium 沼兰属

该属共计 3 种，在 4 个园中有种植

Crepidium acuminatum (D. Don) Szlach. **浅裂沼兰**

地生或半附生草本。具肉质圆柱形茎。茎大部分包藏于叶鞘之内。总状花序具花 10 余朵或更多；花紫红色，花瓣狭线形，边缘外卷；唇瓣位于上方，整个轮廓为卵状长圆形或倒卵状长圆形，由前部和 1 对向后方延伸的尾组成，前部中央有凹槽，顶端 2 浅裂，耳近狭卵形。（栽培园地：SCBG, XTBG）

Cremastra appendiculata 杜鹃兰（图 1）

Crepidium acuminatum 浅裂沼兰（图 1）

Crepidium acuminatum 浅裂沼兰（图 2）

Crepidium biauritum (Lindl.) Szlach. **二耳沼兰**

地生草本。茎肉质，圆柱形，包藏于叶鞘之内。总状花序具 20~30 朵花；花苞片反折；花紫红色至绿色，花瓣狭线形；唇瓣位于上方，菱状椭圆形，由前部与 1 对向后延伸的耳组成，中央具 2 条稍肥厚的短褶片，褶片之间具 1 条凹槽；耳卵形或狭卵形。（栽培园地：

Cremastra appendiculata 杜鹃兰（图 2）

Crepidium biauritum 二耳沼兰（图1）

Crepidium finetii 二脊沼兰（图1）

Crepidium biauritum 二耳沼兰（图2）

Crepidium finetii 二脊沼兰（图2）

WHIOB, SZBG）

SCBG）

Crepidium finetii (Gagnep.) S. C. Chen et J. J. Wood 二脊沼兰

地生草本。茎肉质，圆柱形，包藏于叶鞘之内。总状花序具花20余朵或更多；花绿黄色，花瓣狭线形或近丝状；唇瓣位于上方，近卵状三角形，不裂；唇盘上具5条肥厚的短纵脊，上部两侧边缘各具1条粗厚的脊状隆起，相交成"人"字形，无耳。（栽培园地：

Cryptochilus 宿苞兰属

该属共计3种，在5个园中有种植

Cryptochilus luteus Lindl. 宿苞兰

附生草本。假鳞茎密集聚生于短的根状茎上，近圆柱形，常具2枚叶。总状花序密生20~40朵花；花苞

Cryptochilus luteus 宿苞兰

片2列,宿存;花黄绿色或黄色;萼片合生成的萼筒近坛状,无毛。(栽培园地:WHIOB, KIB)

Cryptochilus roseus (Lindl.) S. C. Chen et J. J. Wood 玫瑰宿苞兰

附生草本。假鳞茎密集,老时膨大成卵形,顶生1枚叶。叶片厚革质,披针形或长圆状披针形。花白色

Cryptochilus roseus 玫瑰宿苞兰(图1)

Cryptochilus roseus 玫瑰宿苞兰(图2)

或淡红色;中萼片背面具龙骨状突起;侧萼片背面具高达近2mm的翅;花瓣近菱形;唇瓣3裂;中裂片近匙形或近方形,唇盘具2~3条肥厚褶片,自基部延伸到中裂片基部,再分成7条细褶片,中央褶片明显,伸达中裂片顶端。(栽培园地:SCBG, WHIOB, SZBG, XMBG)

Cryptochilus sanguineus Wall. 红花宿苞兰

附生草本。假鳞茎密集,圆柱形或狭卵形,常顶生2枚叶。叶片狭长圆形或倒披针状长圆形。总状花序具10~30朵花;花苞片2列,宿存,中央凹陷成槽;花鲜红色,长6~11mm;萼片合生成的萼筒外面密被白色长柔毛;侧萼片基部明显凸出而成囊状;花瓣藏于萼筒之内,倒披针形;唇瓣生于蕊柱足末端,近长圆形。(栽培园地:SZBG)

Cryptochilus sanguineus 红花宿苞兰

Cryptostylis 隐柱兰属

该属共计1种,在1个园中有种植

Cryptostylis arachnites (Blume) Hassk. 隐柱兰

地生草本。叶2~3枚基生,具长柄。花较大,萼片线状披针形,黄绿色,边缘内卷;花瓣线形,黄绿色;唇瓣位于上方,长椭圆状披针形,不裂,内面橘红色而具鲜红色斑点。(栽培园地:SCBG)

Cycnoches 天鹅兰属

该属共计2种,在2个园中有种植

Cycnoches chlorochilon Klotzsch 天鹅兰

附生草本。假鳞茎纺锤形,分节,被白色、干膜质鞘。叶片椭圆状披针形,折扇状。花序悬垂,具3~5朵花;花不翻转,萼片和花瓣黄绿色,渐变为黄色;唇瓣白色,基部深绿色,具浓香;单性花,雌雄异株,雄花多,

雌花少；雄花蕊柱长而弯曲，形似天鹅颈部；雌花蕊柱粗短，花较大；唇瓣基部呈膝状突起，顶端渐尖。（栽培园地：WHIOB）

Cycnoches warszewiczii Rchb. f. 瓦氏天鹅兰

附生草本。假鳞茎纺锤形，分节，被白色、干膜质鞘。叶片椭圆状披针形，折扇状。单性花，雌雄异株，雄花多，雌花少；花黄绿色，中萼片披针形，侧萼片卵形，花瓣倒卵形，唇瓣基部喙状突起，形似天鹅头部，中部呈膝状突起，略带白斑，顶端边缘稍波状。（栽培园地：SCBG, WHIOB）

Cymbidium 兰属

该属共计 26 种，在 10 个园中有种植

Cymbidium aloifolium (L.) Sw. 纹瓣兰

附生草本。叶片厚革质，极坚挺，顶端不等侧 2 裂。花略小，稍具香气；萼片与花瓣淡黄色至奶油黄色，中央具 1 条宽阔的栗褐色宽带条纹；唇瓣白色或奶油黄色，具栗褐色纵纹；唇盘上的 2 条褶片常在中部断开。（栽培园地：SCBG, IBCAS, WHIOB, KIB, XTBG, CNBG, SZBG, GXIB, XMBG）

Cymbidium aloifolium 纹瓣兰（图 2）

Cymbidium aloifolium 纹瓣兰（图 3）

Cymbidium cyperifolium Wall. ex Lindl. 莎叶兰

地生或半附生草本。假鳞茎较小，包藏于叶鞘之内。叶片带形，近基部强烈的 2 列套叠，并具宽达 1~3mm 的膜质边缘。花葶发自叶腋；花具柠檬香气；萼片与花瓣黄绿色或苹果绿色，偶见淡黄色或草黄色，唇瓣淡黄绿色或淡黄色，侧裂片和中裂片上具紫色条纹和斑点。花期 10~11 月。（栽培园地：IBCAS, WHIOB, KIB）

Cymbidium aloifolium 纹瓣兰（图 1）

Cymbidium cyperifolium 莎叶兰（图1）

Cymbidium dayanum 冬凤兰（图2）

宿存的叶基内。叶片带形，纸质。花萼片与花瓣白色或奶油黄色，中央具1条栗色纵带，自基部延伸到上部3/4处，或偶见整个瓣片充满淡枣红色；唇瓣仅在基部和中裂片中央为白色，其余均为栗色。（栽培园地：SCBG, KIB, XTBG）

Cymbidium eburneum Lindl. **独占春**

附生草本。萼片与花瓣白色，有时略带粉红色晕，

Cymbidium cyperifolium 莎叶兰（图2）

Cymbidium cyperifolium Wall. ex Lindl. var. **szechuanicum** (Y. S. Wu et S. C. Chen) Y. S. Wu et S. C. Chen **送春**

本变种与原变种的主要区别为：叶9~13枚，多少2列，基部稍2列套叠，膜质边缘仅宽1mm。花期1~4月。（栽培园地：WHIOB）

Cymbidium dayanum Rchb. f. **冬凤兰**

附生草本。假鳞茎近纺锤形，稍两侧压扁，包藏于

Cymbidium eburneum 独占春（图1）

Cymbidium dayanum 冬凤兰（图1）

Cymbidium eburneum 独占春（图2）

唇瓣亦白色，中裂片中央至基部具 1 黄色斑块；唇瓣 3 裂，中裂片中部至基部具密短毛区，唇盘上 2 条纵褶片汇合为一。（栽培园地：IBCAS, WHIOB, KIB, XTBG, SZBG）

Cymbidium elegans Lindl. 莎草兰

附生草本。叶顶端常略 2 裂。花序下垂；花不完全开展，狭钟形，奶油黄色至淡黄绿色，有时略具淡粉红色晕或唇瓣上偶见少数红斑点；唇瓣 3 裂；唇盘上具 2 条纵褶片，亮橙黄色，从基部延伸至中裂片基部。（栽培园地：WHIOB, KIB, XTBG, GXIB）

Cymbidium ensifolium 建兰（图 1）

Cymbidium elegans 莎草兰

Cymbidium ensifolium (L.) Sw. 建兰

地生草本。假鳞茎卵球形。叶片带形，近基部具关节。花葶从假鳞茎基部发出，一般短于叶；总状花序具 3~9 朵花；花常具香气，色泽变化较大，常为浅黄绿色，带紫斑。（栽培园地：SCBG, IBCAS, WHIOB, LSBG, CNBG, SZBG, GXIB）

Cymbidium erythraeum Lindl. 长叶兰

附生草本。假鳞茎卵球形。萼片与花瓣绿色，因具红褐色脉和不规则斑点而呈红褐色，唇瓣淡黄色至白色，侧裂片上具红褐色脉，中裂片上具少量红褐色斑点和 1 条中央纵线。（栽培园地：IBCAS, WHIOB, KIB）

Cymbidium erythrostylum Rolfe 越南红柱兰

附生或地生草本。花葶发自假鳞茎基部叶鞘内；花序具 3~12 朵花；花无香气；侧萼片多少下垂；花瓣围抱蕊柱；唇瓣基部与蕊柱基部边缘合生，具密集的深

Cymbidium ensifolium 建兰（图 2）

Cymbidium ensifolium 建兰（图 3）

Cymbidium erythraeum 长叶兰（图1）

Cymbidium faberi 蕙兰（图2）

斑；唇盘上2条纵褶片从基部上方延伸至中裂片基部，上端向内倾斜并汇合，多少形成短管。（栽培园地：SCBG, IBCAS, WHIOB, KIB, LSBG, GXIB）

Cymbidium floribundum Lindl. **多花兰**

附生草本。叶片坚纸质。花较密集，萼片与花瓣红褐色或偶见绿黄色，稀灰褐色，唇瓣白色，侧裂片与

Cymbidium erythraeum 长叶兰（图2）

红色脉纹；唇盘具5条纵脊，向前聚合成3条。（栽培园地：WHIOB）

Cymbidium faberi Rolfe **蕙兰**

地生草本。假鳞茎不明显。叶具半透明的脉，近基部不具关节。花葶从叶丛基部最外面的叶腋抽出，近直立或稍外弯；花序具花5~11朵或更多；花常为浅黄绿色，具香气；唇瓣长圆状卵形，3裂，具紫红色

Cymbidium floribundum 多花兰（图1）

Cymbidium faberi 蕙兰（图1）

Cymbidium floribundum 多花兰（图2）

中裂片上具紫红色斑，褶片黄色；唇瓣3裂；唇盘上具2条纵褶片，褶片末端靠合。（栽培园地：SCBG, IBCAS, WHIOB, KIB, LSBG, CNBG, SZBG, GXIB）

Cymbidium goeringii (Rchb. f.) Rchb. f. **春兰**

地生草本。假鳞茎较小，藏于叶基之内。叶近基部具关节。花葶明显短于叶；花序具单朵花，稀2朵花；花苞片多少围抱子房；花色泽变化较大，常为绿色或淡褐黄色而具紫褐色脉纹，具芳香。（栽培园地：IBCAS, WHIOB, KIB, XTBG, LSBG, CNBG, SZBG, GXIB）

Cymbidium goeringii 春兰（图1）

Cymbidium hookerianum 虎头兰（图1）

Cymbidium goeringii 春兰（图2）

Cymbidium hookerianum Rchb. f. **虎头兰**

附生草本。总状花序具10余朵花；花大，直径11~12cm，稍具芳香；萼片与花瓣苹果绿色或黄绿色，不具棕红色脉纹，或基部具少数深红色斑点或偶具淡红褐色晕；唇瓣白色至奶油黄色；侧裂片与中裂片疏具栗色斑点与斑纹。（栽培园地：SCBG, IBCAS, WHIOB, KIB, XTBG, LSBG, CNBG, SZBG, GXIB）

Cymbidium hookerianum 虎头兰（图2）

Cymbidium hookerianum 虎头兰（图3）

Cymbidium iridioides D. Don 黄蝉兰

附生草本。总状花序具3~15朵花；花直径9~10cm，具芳香；萼片与花瓣黄绿色，具7~9条淡褐色或红褐色脉纹；唇瓣淡黄色，侧裂片和中裂片上具棕红色条纹和斑块，中裂片上2条纵褶片从中部延伸至中裂片基部。（栽培园地：KIB, XTBG）

Cymbidium iridioides 黄蝉兰

Cymbidium kanran Makino 寒兰

地生草本。叶近基部具关节。花葶发自假鳞茎基部，总状花序疏生5~12朵花；花常为淡黄绿色而具淡黄色唇瓣，也有其他色泽，常具浓烈芳香，萼片近线形或线状狭披针形。（栽培园地：SCBG, IBCAS, WHIOB, XTBG, GXIB）

Cymbidium lancifolium Hook. 兔耳兰

地生或半附生草本。假鳞茎近扁圆柱形或狭梭形。叶片狭椭圆状倒披针形，基部收狭为长柄。花常白色至淡绿色，花瓣上具紫栗色中脉，唇瓣上具紫栗色斑。（栽培园地：SCBG, WHIOB, KIB, XTBG, LSBG, CNBG, SZBG, GXIB, XMBG）

Cymbidium lancifolium 兔耳兰（图1）

Cymbidium kanran 寒兰

Cymbidium lancifolium 兔耳兰（图2）

Cymbidium lancifolium 兔耳兰（图3）

Cymbidium lowianum 碧玉兰（图3）

Cymbidium lowianum (Rchb. f.) Rchb. f. **碧玉兰**

附生草本。假鳞茎狭椭圆形，稍两侧压扁。叶5~7枚，叶片带形。花直径7~9cm，无香气；萼片和花瓣苹果绿色或黄绿色，具红褐色纵脉；唇瓣淡黄色，中裂片上具1个深红色至浅栗色的密被天鹅绒毛的"V"字形斑块。（栽培园地：SCBG, IBCAS, WHIOB, KIB, XTBG, SZBG）

Cymbidium mannii Rchb. f. **硬叶兰**

附生草本。叶片革质，顶端不明显的2裂或不裂，有时微凹；萼片与花瓣淡黄色至奶油黄色，中央具1条栗棕色纵带，唇瓣白色至奶油黄色，除基部和边缘外，均密布红褐色或栗褐色斑；唇盘上具2条纵褶片，近两端稍增厚。（栽培园地：SCBG, IBCAS, WHIOB, XTBG, CNBG, SZBG, GXIB, XMBG）

Cymbidium lowianum 碧玉兰（图1）

Cymbidium mannii 硬叶兰

Cymbidium mastersii Griff. ex Lindl. **大雪兰**

附生草本。假鳞茎茎状，完全包藏于叶基内。叶2列，叶片带形。花直径6~6.5cm，常不完全开展，白色，具杏香；萼片与花瓣背面具粉红色；唇瓣侧裂片与中裂片上具淡紫红色斑；唇盘上具黄色褶片。（栽培园地：WHIOB, SZBG）

Cymbidium parishii Rchb. f.

附生草本。假鳞茎长椭圆形，包藏于叶基内。叶2列，叶片长椭圆状带形。花葶常具3朵花；花白色，唇瓣侧裂片基部和中裂片具紫色斑点，中裂片具黄色斑块，

Cymbidium lowianum 碧玉兰（图2）

Cymbidium mastersii 大雪兰

Cymbidium sinense 墨兰（图2）

唇盘上具2条橙黄色纵褶。（栽培园地：KIB）

Cymbidium qiubeiense K. M. Feng et H. Li 邱北冬蕙兰

地生草本。叶近基部具关节；叶柄紫黑色，铁丝状。花葶从假鳞茎基部鞘内发出，紫色，疏生5~6朵花；花具芳香；萼片与花瓣绿色，花瓣基部具暗紫色斑块；唇瓣白色，侧裂片带红色，中裂片绿色，具紫斑。（栽培园地：SCBG, CNBG, SZBG, GXIB）

Cymbidium sinense (Jackson ex Andr.) Willd. 墨兰

地生草本。叶近基部具关节。花葶从假鳞茎基部

Cymbidium sinense 墨兰（图3）

发出，常略长于叶。总状花序具10余朵花；花的色泽变化较大，常为暗紫色或紫褐色而具浅色唇瓣，也有黄绿色、桃红色或白色。（栽培园地：SCBG, IBCAS, WHIOB, KIB, XTBG, LSBG, SZBG, GXIB）

Cymbidium tortisepalum Fukuy. 莲瓣兰

地生草本。叶片带形，边缘具细齿，近基部无关节。

Cymbidium sinense 墨兰（图1）

Cymbidium tortisepalum 莲瓣兰

花质地薄，浅黄绿色或稍带白色，有时唇瓣上具浅紫红色斑；萼片和花瓣矩圆形或矩圆状披针形；唇瓣3裂。（栽培园地：IBCAS）

Cymbidium tracyanum L. Castle 西藏虎头兰

附生草本。花大，直径13~14cm，具芳香；萼片和花瓣黄绿色至橄榄绿色，具明显棕红色脉纹与斑点；唇瓣淡黄色并在侧裂片上具类似色泽的脉；唇瓣乳黄色，长4.5~6cm，3裂，具棕红色斑；侧裂片直立，边缘具长缘毛，中裂片上面具3行长毛连接于褶片顶端，

Cymbidium tracyanum 西藏虎头兰（图1）

Cymbidium tracyanum 西藏虎头兰（图3）

并有散生的短毛；唇盘具2条乳白色、具红点的褶片，并在两褶片之间有1行长毛。（栽培园地：SCBG, IBCAS, KIB）

Cymbidium wenshanense Y. S. Wu et F. Y. Liu 文山红柱兰

附生草本。花葶明显短于叶；萼片与花瓣白色，背面常略带淡紫红色，唇瓣白色，具深紫色或紫褐色条纹与斑点；蕊柱顶端红色，其余均为白色。（栽培园地：WHIOB）

Cymbidium wilsonii (Rolfe ex Cook) Rolfe 滇南虎头兰

附生草本。假鳞茎狭卵形。总状花序具5~15朵花；

Cymbidium tracyanum 西藏虎头兰（图2）

Cymbidium wilsonii 滇南虎头兰（图1）

Cymbidium wilsonii 滇南虎头兰（图2）

花直径9~10cm，稍具香气；萼片与花瓣浅黄绿色，具少数不明显的红褐色脉纹；唇瓣黄色，3裂；中裂片近顶端边缘的栗色"V"字形斑由密集的斑块与斑点组成。（栽培园地：WHIOB, KIB）

Cypripedium 杓兰属

该属共计11种，在4个园中有种植

Cypripedium fargesii Franch. 毛瓣杓兰

地生草本。叶近铺地生长，叶面具黑栗色斑点。单花顶生，子房被短柔毛；萼片淡黄绿色，中萼片基部具密集的栗色粗斑点，花瓣带白色，内表面具淡紫红色条纹，外表面有细斑点，唇瓣黄色，具淡紫红色细斑点。（栽培园地：KIB）

Cypripedium farreri W. W. Smith 华西杓兰

地生草本。茎直立，近无毛。单花顶生，花序柄上部近顶端处被短柔毛，花苞片叶状，无毛；萼片与花瓣绿黄色并具较密集的栗色纵条纹，唇瓣蜡黄色，囊内具栗色斑点，囊口边缘呈齿状。（栽培园地：KIB）

Cypripedium flavum P. F. Hunt et Summerh. 黄花杓兰

地生草本。茎密被短柔毛。花黄色，有时具红色晕，唇瓣上偶见栗色斑点；唇瓣深囊状，两侧和前沿均具较宽阔的内折边缘，囊底具长柔毛；退化雄蕊近圆形或宽椭圆形。（栽培园地：WHIOB, KIB）

Cypripedium franchetii E. H. Wilson 毛杓兰

地生草本。茎密被长柔毛。花单生；中萼片与花瓣具紫红色斑点和条纹，背面主脉上被短柔毛，边缘具细缘毛；唇瓣紫红色；退化雄蕊近卵形。（栽培园地：WHIOB）

Cypripedium guttatum Sw. 紫点杓兰

地生草本。茎直立，被短柔毛和腺毛。单花顶生；花序柄密被短柔毛和腺毛；花苞片叶状，花白色，具淡紫红色或淡褐红色斑，退化雄蕊卵状椭圆形，背面具较宽的龙骨状突起。（栽培园地：SCBG, KIB）

Cypripedium henryi Rolfe 绿花杓兰

地生草本。叶片椭圆状至卵状披针形，长10~18cm，边缘具缘毛。花绿色或黄绿色，常2~3朵；花梗和子房密被白色腺毛。（栽培园地：SCBG, WHIOB, KIB）

Cypripedium japonicum Thunb. 扇脉杓兰

地生草本。叶常2枚，近对生，叶片扇形，长10~16cm，具多数放射状脉。花序具单花；萼片和花瓣绿色或黄绿色；唇瓣白色，具紫红色斑块。（栽培园地：WHIOB, LSBG）

Cypripedium lichiangense S. C. Chen et Cribb 丽江杓兰

地生草本。茎、叶近对生，铺地。单花顶生；萼片暗黄色而具浓密的暗红色斑点或完全暗红色，花瓣与唇瓣暗黄色而具略疏的红肝色斑点；退化雄蕊近长圆形，上面具乳头状突起。（栽培园地：KIB）

Cypripedium plectrochilum Franch. 离萼杓兰

地生草本。茎被短柔毛。单花顶生，花苞片叶状，花在属中为较小者，萼片栗褐色或淡绿褐色，花瓣淡红褐色或栗褐色并具白色边缘，唇瓣白色而具粉红色晕；侧萼片完全离生，唇瓣深囊状，倒圆锥形。（栽培园地：WHIOB, KIB）

Cypripedium tibeticum King ex Rolfe 西藏杓兰

地生草本。单花顶生，花苞片叶状；花大，俯垂，紫色、紫红色或暗栗色，常具淡绿黄色的斑纹，唇瓣的囊口周围具白色或浅色的圈；退化雄蕊卵状长圆形，背面多少具龙骨状突起，基部近无柄。（栽培园地：SCBG, KIB）

Cypripedium tibeticum 西藏杓兰（图1）

Cypripedium tibeticum 西藏杓兰（图2）

Dendrobium aduncum 钩状石斛（图2）

Cypripedium yunnanense Franch. 云南杓兰

地生草本，具3枚叶。单花顶生，花苞片叶状；花粉红色、淡紫红色或偶见灰白色，具深色脉纹，退化雄蕊白色并在中央具1条紫色条纹。（栽培园地：KIB）

Dendrobium 石斛属

该属共计88种，在9个园中有种植

Dendrobium aduncum Lindl. 钩状石斛

附生草本。茎下垂。叶片顶端急尖并钩转。花开展，

Dendrobium aduncum 钩状石斛（图1）

Dendrobium aduncum 钩状石斛（图3）

萼片和花瓣淡粉红色；唇瓣白色，朝上，凹陷呈舟状，前部骤然收狭而顶端为短尾状并且反卷，上面除爪和唇盘两侧外密布白色短毛，近基部具1个绿色方形的胼胝体。（栽培园地：SCBG, WHIOB, XTBG, CNBG, SZBG, GXIB）

Dendrobium albosanguineum Lindl. et Paxt. 白血红色石斛

附生草本。假鳞茎扁，椭圆形。叶片长椭圆形。花葶具4~6朵花；花淡黄色，萼片卵状披针形，花瓣椭圆形，唇瓣扁圆形，边缘波状，内面两侧具棕红色纹。

Dendrobium albosanguineum 白血红色石斛

（栽培园地：SCBG）

Dendrobium anceps Sw. 菱叶石斛

附生草本。假鳞茎扁平，多分枝，基部具数枚白色膜质的鞘。叶片肉质，对生，排成一个平面，卵状披针形，顶端渐尖至长渐尖，基部强度弯曲。花序短，顶生或腋生，具1朵花；花小，淡黄绿色，具香味；唇瓣向前伸，中部稍带白色，顶端凹。（栽培园地：SCBG）

Dendrobium anceps 菱叶石斛（图2）

Dendrobium aphyllum (Roxb.) C. E. C. Fisch. 兜唇石斛

附生草本。花从老茎上发出；总状花序几乎无花序轴，每1~3朵花为1束，花苞片浅白色，膜质，卵形，先端急尖；花梗和子房暗褐色带绿色；花开展，下垂；萼片和花瓣白色带淡紫红色。唇瓣两侧向上围抱蕊柱而形成喇叭状，基部两侧具紫红色条纹，两面密布短柔毛。（栽培园地：SCBG, WHIOB, KIB, XTBG, CNBG, SZBG, XMBG）

Dendrobium anceps 菱叶石斛（图1）

Dendrobium aphyllum 兜唇石斛（图1）

Dendrobium aphyllum 兜唇石斛（图2）

Dendrobium bellatulum 矮石斛（图1）

Dendrobium bellatulum 矮石斛（图2）

Dendrobium aphyllum 兜唇石斛（图3）

Dendrobium bellatulum Rolfe 矮石斛

附生草本。茎粗短，纺锤形或短棒形。叶两面和叶鞘均密被黑色短毛。花开展，除唇瓣的中裂片金黄色和侧裂片内面为橘红色外，均为白色；唇瓣近提琴形，3裂。（栽培园地：WHIOB, KIB, SZBG）

Dendrobium bracteosum Rchb. f. var. **roseum** Sander 长苞石斛紫色变种

附生草本。假鳞茎圆柱形，常被干膜质鞘。叶片长

Dendrobium bracteosum var. roseum 长苞石斛紫色变种（图1）

Dendrobium bracteosum var. **roseum** 长苞石斛紫色变种（图2）

Dendrobium brymerianum 长苏石斛（图3）

椭圆形。花序生于成熟的老茎顶端，花序轴短而粗壮，密具3~10朵花；总苞片长椭圆状披针形，膜质，带淡绿色；萼片和花瓣倒卵状披针形，紫色至粉紫色；唇瓣橙黄色，具深色斑块。（栽培园地：SCBG）

Dendrobium brymerianum Rchb. f. **长苏石斛**

附生草本。茎在中部常具2个节间膨大而成纺锤形。花金黄色，开展；唇瓣基部具短爪，上面密布短绒毛，中部以下边缘具短流苏，中部以上边缘具长而分枝的流苏，顶端的流苏较唇瓣长。（栽培园地：SCBG, WHIOB, KIB, CNBG, SZBG）

Dendrobium capillipes Rchb. f. **短棒石斛**

附生草本。茎近扁的纺锤形。花金黄色，开展；唇瓣的颜色较萼片和花瓣深，近肾形，边缘波状；两面密被短柔毛；药帽多少呈塔状，前端边缘近截形并具缺刻。（栽培园地：SCBG, WHIOB, CNBG, SZBG）

Dendrobium brymerianum 长苏石斛（图1）

Dendrobium capillipes 短棒石斛（图1）

Dendrobium brymerianum 长苏石斛（图2）

Dendrobium capillipes 短棒石斛（图2）

Dendrobium capituliflorum Rolfe 头状石斛

附生草本。假鳞茎粗壮，近纺锤形，具多节，直立，簇生，下部常被干膜质鞘。叶片厚，长椭圆形，叶背面和茎常带紫红色。花序生于成熟的老茎上，花序轴短，密具 15~30 朵花，呈头状；花小，花瓣、萼片白色，唇瓣上部带绿色。（栽培园地：XMBG）

Dendrobium capituliflorum 头状石斛

Dendrobium cariniferum Rchb. f. 翅萼石斛

附生草本。叶背面和叶鞘密被黑色粗毛。子房三棱

Dendrobium cariniferum 翅萼石斛（图 1）

Dendrobium cariniferum 翅萼石斛（图 2）

Dendrobium cariniferum 翅萼石斛（图 3）

形；花开展，质地厚，具橘子香气；萼片背面中肋隆起呈翅状；萼囊呈长角状；唇瓣喇叭状，3 裂；唇盘橘红色，沿脉上密生粗短的流苏。（栽培园地：SCBG, WHIOB, KIB, CNBG, SZBG）

Dendrobium catenatum Lindl. 黄石斛

附生草本。茎直立或下垂，多少肉质，细圆柱形，具多数节，干后淡黄色。叶片革质，长圆状披针形。总状花序从具叶或落叶的老茎上部发出，常具 2~5 朵花；花序轴多少回折状弯曲；花黄绿色，后变为乳黄色，开展；唇瓣椭圆状菱形，不裂，前部外弯，顶端锐尖，近基部中央具 1 个黄色胼胝体；唇盘密被短毛，其前方具 1 个横向的褐色斑块。（栽培园地：CNBG）

Dendrobium christyanum Rchb. f. 喉红石斛

附生草本。茎丛生，直立，近棒状纺锤形，鞘被黑毛。花序近顶生，具 10 余朵花；花开展，直径 2~3cm；白色；花瓣椭圆状矩圆形；唇瓣 3 裂，具橘红色斑；侧裂片近半卵形，中裂片近肾形，顶端浅 2 裂，边缘波状；唇盘上具 3 条纵褶片。（栽培园地：SCBG, WHIOB, CNBG, SZBG）

Dendrobium christyanum 喉红石斛（图 1）

Dendrobium christyanum 喉红石斛（图2）

Dendrobium chrysanthum Lindl. 束花石斛

附生草本。叶2列，互生于茎上。花黄色，质地厚；唇瓣凹的，不裂，肾形或横长圆形，基部具1个长圆形的胼胝体并且骤然收狭为短爪，上面密布短毛；唇盘两侧各具1个栗色斑块。（栽培园地：SCBG, WHIOB, KIB, XTBG, CNBG, SZBG, GXIB）

Dendrobium chrysanthum 束花石斛（图1）

Dendrobium chrysanthum 束花石斛（图2）

Dendrobium chryseum Rolfe 线叶石斛

附生草本。叶片线形或狭长圆形，基部具鞘；叶鞘紧抱茎。总状花序常具1~2朵花，有时3朵；花橘黄色，开展；唇瓣近圆形，基部具爪，其内面有时具数条红色条纹，中部以下两侧围抱蕊柱，上面密布绒毛，边缘具不整齐的细齿，唇盘无任何斑块。（栽培园地：SCBG）

Dendrobium chryseum 线叶石斛

Dendrobium chrysotoxum Lindl. 鼓槌石斛

附生草本。茎纺锤形，具多数圆钝的条棱，干后

Dendrobium chrysotoxum 鼓槌石斛（图1）

Dendrobium chrysotoxum 鼓槌石斛（图2）

金黄色，顶生 2~5 枚叶。花质地厚，金黄色，稍带香气；萼囊近球形；唇瓣近肾状圆形，顶端浅 2 裂，上面密被短绒毛；唇盘常呈"八"字形隆起，有时具"U"字形的栗色斑块。（栽培园地：SCBG, WHIOB, KIB, XTBG, CNBG, SZBG, GXIB, XMBG）

Dendrobium crepidatum Lindl. et Paxt. **玫瑰石斛**

附生草本。茎肥厚，圆柱形，被绿色和白色条纹的鞘，干后紫铜色。花质地厚，开展；萼囊小，近球形；萼片和花瓣白色，中上部淡紫色；唇瓣中部以上淡紫红色，中部以下金黄色，上面密被短柔毛。（栽培园地：SCBG, WHIOB, KIB, XTBG, CNBG, SZBG）

Dendrobium crumenatum Sw. **木石斛**

附生草本。茎稍压扁状圆柱形，上部细，基部上方 3~4 个节间膨大呈纺锤状，常具纵条棱。叶扁平，2 列互生于茎的中部，叶片卵状长圆形，基部具抱茎的鞘。花常单生，白色或有时顶端为粉红色，具浓香；花开展；萼囊长圆锥形；唇瓣 3 裂；侧裂片直立；中裂片顶端具短尖，边缘具细圆齿且皱波状；唇盘具 5 条黄色且边缘带细齿的龙骨脊。（栽培园地：CNBG）

Dendrobium crystallinum Rchb. f. **晶帽石斛**

附生草本。茎圆柱形，直立。总状花序数个，发自

Dendrobium crepidatum 玫瑰石斛（图 1）

Dendrobium crystallinum 晶帽石斛（图 1）

Dendrobium crepidatum 玫瑰石斛（图 2）

Dendrobium crystallinum 晶帽石斛（图 2）

Dendrobium crepidatum 玫瑰石斛（图 3）

Dendrobium crystallinum 晶帽石斛（图 3）

去年生的落叶老茎上部，具 1~2 朵花；花大，开展；萼片和花瓣乳白色，上部紫红色；唇瓣橘黄色，上部紫红色，两面密被短绒毛。（栽培园地：SCBG, CNBG, SZBG, XMBG）

Dendrobium dearei Rchb. f. 迪尔里石斛

附生草本。叶片长椭圆形，顶端钝圆。花葶较叶长，疏具数朵至十余朵花；距细长，花瓣及萼片白色，萼片狭披针形，顶端长渐尖；花瓣较唇瓣稍大，阔卵形；唇瓣长椭圆形，内面带黄绿色斑和数条棕红色线纹。（栽培园地：SCBG, XMBG）

Dendrobium denneanum Kerr 叠鞘石斛

附生草本。茎纤细，圆柱形，不分枝，具多数节。叶片革质，线形或狭长圆形。总状花序常具 1~2 朵花，有时具 3 朵花；花橘黄色，开展；萼囊圆锥形；唇瓣近圆形，基部具长约 3mm 的爪，并在其内面有时具数条红色条纹，中部以下两侧围抱蕊柱，上面密被绒毛，边缘具不整齐的细齿，唇盘具 1 个紫色斑块。（栽培园地：KIB, XTBG, CNBG）

Dendrobium dearei 迪尔里石斛（图 1）

Dendrobium denneanum 叠鞘石斛

Dendrobium densiflorum Lindl. 密花石斛

附生草本。茎粗壮，常棒状或纺锤形，具数个节和 4 条纵棱。叶常 3~4 枚，近顶生，叶片长圆状披针形。总状花序下垂，密生多花；花开展，萼片和花瓣淡黄色；萼囊近球形；唇瓣金黄色，圆状菱形，基部具短爪，中部以下两侧围抱蕊柱，中上部密被短绒毛。（栽培园地：SCBG, WHIOB, KIB, XTBG, CNBG, SZBG, GXIB）

Dendrobium dearei 迪尔里石斛（图 2）

Dendrobium densiflorum 密花石斛（图 1）

Dendrobium densiflorum 密花石斛（图2）

Dendrobium devonianum 齿瓣石斛（图2）

Dendrobium dixanthum Rchb. f. 黄花石斛

附生草本。花黄色，开展，质地薄；萼囊近圆筒形；花瓣近长圆形，基部收狭，边缘具不规则细齿；唇瓣深黄色，基部两侧具紫红色条纹，近圆形，边缘具啮蚀状细齿，上面密被短毛。（栽培园地：WHIOB, SZBG）

Dendrobium densiflorum 密花石斛（图3）

Dendrobium devonianum Paxt. 齿瓣石斛

附生草本。茎下垂，细圆柱形。花瓣、萼片白色，上部具紫红色晕，花瓣基部收狭为短爪，边缘具短流苏；唇瓣白色，前部紫红色，边缘具复式流苏，上面密布短毛；唇盘两侧各具1个黄色斑块。（栽培园地：SCBG, WHIOB, CNBG, SZBG, GXIB）

Dendrobium dixanthum 黄花石斛

Dendrobium ellipsophyllum T. Tang et F. T. Wang 反瓣石斛

附生草本。茎具纵条棱，节间被叶鞘所包裹。叶2列，紧密互生于整个茎上，叶片舌状披针形。花白色，常单朵从具叶的老茎上部发出，与叶对生，具香气；萼片、花瓣反卷，萼囊角状；唇瓣肉质，3裂，沿中轴线多少下弯而折叠；唇盘中部以上黄色，中央具3条褐紫色的龙骨脊。（栽培园地：SCBG, CNBG, SZBG）

Dendrobium equitans Kraenzl. 燕石斛

附生草本。茎直立，扁圆柱形，基部上方1~2个节间膨大呈纺锤形。叶2列互生，斜立，叶片肉质，两侧压扁呈匕首状或短狭剑状。花常单生，不甚开展，乳白色；侧萼片基部歪斜，与蕊柱足形成萼囊；萼囊

Dendrobium devonianum 齿瓣石斛（图1）

Dendrobium ellipsophyllum 反瓣石斛（图1）

Dendrobium equitans 燕石斛（图1）

Dendrobium ellipsophyllum 反瓣石斛（图2）

Dendrobium equitans 燕石斛（图2）

Dendrobium ellipsophyllum 反瓣石斛（图3）

Dendrobium equitans 燕石斛（图3）

角状；唇瓣倒卵形，中部以上3裂；中裂片顶端近圆形，边缘撕裂状或流苏状，唇盘中央黄色并密被细乳突状毛。（栽培园地：SCBG）

Dendrobium exile Schltr. 景洪石斛

附生草本。茎细圆柱形，多少木质化，基部上方2~3个节间膨大呈纺锤形。叶片扁压状圆柱形。单花侧生于分枝的顶端，白色，开展；萼囊劲直，朝上，长约1cm；唇瓣中部以上3裂，唇盘黄色，疏被长柔毛，

具3条龙骨脊。（栽培园地：SCBG, WHIOB, XTBG）

Dendrobium fairchildiae Ames et Quisumb. 费尔柴尔德石斛

附生草本。假鳞茎粗壮，圆柱形，具多数节。叶片长椭圆状披针形，顶端长渐尖。总状花序腋生，悬垂，具6~9朵花；花直径3.5~4cm，距上翘，花瓣、萼片均卵状披针形，白色，顶端带粉紫色，近等大；唇瓣漏斗状，裂片顶端阔卵形，距长。（栽培园地：SCBG）

Dendrobium exile 景洪石斛

Dendrobium falconeri 串珠石斛（图2）

Dendrobium fimbriatum Hook. 流苏石斛

附生草本。茎直立，近圆柱形，有时基部上方呈长

Dendrobium fairchildiae 费尔柴尔德石斛

Dendrobium falconeri Hook. 串珠石斛

附生草本。茎悬垂，细圆柱形，近中部或以上的节间常膨大，多分枝，在分枝的节上常肿大而呈念珠状。花大，开展，质地薄；萼片淡紫色或粉色，顶端深紫色；萼囊近球形；唇瓣卵状菱形，较萼片和花瓣色深，边缘具复式流苏，唇盘具1个新月形横生的深紫色斑块，上面密被短绒毛。（栽培园地：SCBG, WHIOB, KIB, CNBG, SZBG）

Dendrobium fimbriatum 流苏石斛（图1）

Dendrobium falconeri 串珠石斛（图1）

Dendrobium fimbriatum 流苏石斛（图2）

Dendrobium fimbriatum 流苏石斛（图3）

纺锤形，向上渐变细。叶2列，叶片矩圆形或椭圆形。总状花序下垂，长约15cm，常具6~12朵花；花序轴较细，略呈"之"字形；花黄色；花瓣与萼片相似，边缘啮蚀状；唇瓣近圆形，具短爪，唇盘上表面密被短柔毛，近基部具1个肾形紫色斑块，边缘具复式流苏。（栽培园地：SCBG, KIB, XTBG, CNBG, SZBG, GXIB）

Dendrobium findlayanum Par. et Rchb. f. 棒节石斛

附生草本。茎直立，节间扁棒状或棒状。花白色，顶端带玫瑰色，开展；花瓣宽长圆形，基部稍收狭为短爪；唇瓣凹，顶端锐尖，带玫瑰色，基部两侧具紫红色条纹；唇盘中央金黄色，密被短柔毛。（栽培园地：SCBG, KIB, CNBG, XMBG）

Dendrobium flexicaule Z. H. Tsi, S. C. Sun et L. G. Xu 曲茎石斛

附生草本。茎圆柱形，稍回折状弯曲。花序自落叶的老茎上部发出，具1~2朵花；花橘黄色，开展；萼囊近球形；唇瓣近肾形，唇盘两侧各具1个圆形栗色或深紫色斑块，上面密被细乳突状毛，边缘具短流苏。（栽培园地：SCBG, CNBG）

Dendrobium findlayanum 棒节石斛（图1）

Dendrobium flexicaule 曲茎石斛

Dendrobium furcatopedicellatum Hayata 双花石斛

附生草本。茎圆柱形，直立。叶互生于茎上部，叶片薄革质，线形；叶鞘筒状，紧紧围抱于节间。伞状花序侧生，具2朵花；花稍张开，淡黄色；萼片中部两侧具紫色斑点；唇瓣3裂，侧裂片直立，顶端钝；中裂片顶端反卷，边缘具流苏状齿，唇盘被短柔毛。（栽培园地：SCBG, CNBG）

Dendrobium findlayanum 棒节石斛（图2）

Dendrobium furcatopedicellatum 双花石斛

Dendrobium gibsonii Lindl. 曲轴石斛

附生草本。茎丛生，直立，圆柱形，上部略回折状弯曲。叶2列，叶片纸质，披针形或矩圆形。总状花序弯垂，疏生6~12朵花；花序轴呈回折状弯曲；花橘黄色；花瓣于萼片相似；唇瓣近肾形，较萼片略短，兜状，上面密被柔毛，具2个栗色斑块，基部收窄为短爪，边缘反折且具短流苏。（栽培园地：SCBG, WHIOB, XTBG, SZBG）

Dendrobium gibsonii 曲轴石斛（图1）

Dendrobium gratiosissimum 杯鞘石斛

唇瓣边缘具睫毛，上面密生短毛；唇盘中央具1个淡黄色横生的半月形斑块。（栽培园地：SCBG, XTBG, CNBG）

Dendrobium hainanense Rolfe 海南石斛

附生草本。茎扁圆柱形，不分枝，具多个节，节间稍呈棒状。叶2列互生，叶片厚肉质，半圆柱形，基

Dendrobium hainanense 海南石斛（图1）

Dendrobium gibsonii 曲轴石斛（图2）

Dendrobium gratiosissimum Rchb. f. 杯鞘石斛

附生草本。茎圆柱形，具许多稍肿大的节，上部多少回折状弯曲。花白色，顶端带淡紫色，具芳香；

Dendrobium hainanense 海南石斛（图2）

部扩大呈抱茎的鞘，中部以上向外弯。花小，白色，单生于落叶的茎上部；萼囊长约1cm，向前弯曲；唇瓣倒卵状三角形，顶端凹缺，前端边缘波状，基部具爪；唇盘具3条较粗的脉纹。（栽培园地：SCBG, SZBG）

Dendrobium hancockii Rolfe 细叶石斛

附生草本。茎质地较硬，圆柱形或有时基部上方数个节间膨大而呈纺锤形，常分枝，具纵槽或条棱。花质地厚，稍具香气，开展，金黄色，仅唇瓣侧裂片内侧具少数红色条纹；唇瓣长宽相等，基部具1个胼胝体，中部3裂；中裂片近扁圆形或肾状圆形；唇盘常浅绿色，两侧裂片之间至中裂片上密被短乳突状毛。（栽培园地：SCBG, WHIOB, XTBG, CNBG, SZBG）

Dendrobium harveyanum Rchb. f. 苏瓣石斛

附生草本。茎纺锤形，常弧形弯曲，具多数扭曲的纵条棱。总状花序出自去年生具叶的茎近顶端，纤细，下垂，疏生少数花；花金黄色，质地薄，开展；花瓣边缘密生长流苏；唇瓣边缘具复式流苏；唇盘密被短绒毛。（栽培园地：CNBG）

Dendrobium henryi Schltr. 疏花石斛

附生草本。茎常下垂，圆柱形。总状花序出自具叶的老茎中部，具1~2朵花；花金黄色，质地薄，芳香；唇瓣近圆形，两侧围抱蕊柱，边缘具不整齐的细齿；唇盘凹，密布细乳突。（栽培园地：SCBG, CNBG, SZBG）

Dendrobium hancockii 细叶石斛（图1）

Dendrobium hancockii 细叶石斛（图2）

Dendrobium henryi 疏花石斛（图1）

Dendrobium hancockii 细叶石斛（图3）

Dendrobium henryi 疏花石斛（图2）

Dendrobium henryi 疏花石斛（图3）

Dendrobium hercoglossum Rchb. f. 重唇石斛

附生草本。茎下垂，圆柱形或有时从基部上方逐渐变粗。总状花序常数个，从落叶的老茎上发出，常具2~3朵花；萼片和花瓣淡粉红色；萼囊短；唇瓣白色；前唇淡粉红色，较小，三角形，顶端急尖，无毛；后唇半球形，前端密生短流苏，内面密生短毛。（栽培园地：SCBG, WHIOB, CNBG, SZBG, GXIB）

Dendrobium heterocarpum Lindl. 尖刀唇石斛

附生草本。茎基部收狭，向上增粗，多少呈棒状。花开展，具芳香；萼片和花瓣银白色或奶黄色；唇瓣卵状披针形，与萼片近等长，不明显3裂；中裂片银白色或奶黄色，上面密被红褐色短毛。（栽培园地：WHIOB, CNBG）

Dendrobium huoshanense C. Z. Tang et S. J. Cheng 霍山石斛

附生草本。茎直立，向上逐渐变细，淡黄绿色，有时带淡紫红色斑点，干后淡黄色。总状花序1~3个，自落叶的老茎上部发出，具1~2朵花；花淡黄绿色，开展；萼囊近矩形；唇瓣基部楔形并具1个胼胝体，上部稍3裂，两侧裂片之间密被短毛，近基部处密被白色长毛；唇盘具1个黄色横椭圆形的斑块。（栽培园地：WHIOB, CNBG）

Dendrobium infundibulum Lindl. 高山石斛

附生草本。茎具纵条棱。叶鞘密被黑色硬毛。花序具1~2朵花；花除唇盘基部橘红色外，均为白色，开展；唇瓣3裂；侧裂片倒卵形，围抱蕊柱；中裂片近

Dendrobium hercoglossum 重唇石斛（图1）

Dendrobium infundibulum 高山石斛（图1）

Dendrobium hercoglossum 重唇石斛（图2）

Dendrobium infundibulum 高山石斛（图2）

圆形，顶端 2 裂，边缘具不整齐锯齿；唇盘从唇瓣基部至中裂片基部具 4~5 条并行的小龙骨脊。（栽培园地：WHIOB，SZBG）

Dendrobium jenkinsii Lindl. 小黄花石斛

附生草本。该种与聚石斛十分相似，主要区别为：植株较小；茎长 1~2.5cm，具 2~3 节；叶片长 1~3cm；总状花序短于或约等长于茎，具 1~3 朵花；花黄色，整个唇瓣上面密被短柔毛。（栽培园地：SCBG，WHIOB，XTBG，CNBG，SZBG）

Dendrobium keithii Ridl. 鳞叶石斛

附生草本。茎短小。叶 2 列互生，叶片扁平肉质，顶端鳞片状或覆瓦状排列，具尖头。花梗由茎节抽出，每一花序着花 1 朵；花小，直径 1.2~1.7cm，淡黄色，花瓣线状披针形，萼片斜卵形，唇瓣卵状披针形，顶端 2 裂。（栽培园地：XMBG）

Dendrobium jenkinsii 小黄花石斛（图 1）

Dendrobium keithii 鳞叶石斛（图 1）

Dendrobium keithii 鳞叶石斛（图 2）

Dendrobium kingianum Bidwill ex Lindl. 澳洲石斛

附生草本。假鳞茎纺锤形，具多节，暗色，顶生

Dendrobium jenkinsii 小黄花石斛（图 2）

Dendrobium kingianum 澳洲石斛（图 1）

Dendrobium kingianum 澳洲石斛（图2）

2~7枚叶。叶片卵形。花葶长达40cm，具数朵至20朵花；花开展，芳香；萼片和花瓣粉红色，有时白色；中萼片卵状披针形，侧萼片斜三角形，唇瓣顶端具紫红色脉纹。（栽培园地：SCBG）

Dendrobium lasianthera J. J. Smith 羚羊王石斛

附生中大型草本。假鳞茎粗壮，略呈圆锥形。叶片卵状椭圆形，顶端微凹，叶横切面略呈"V"字形。花葶具10~28朵花；萼片和花瓣红褐色，并具黄白色边

Dendrobium lasianthera 羚羊王石斛（图1）

Dendrobium lasianthera 羚羊王石斛（图2）

Dendrobium lasianthera 羚羊王石斛（图3）

缘，基部白色，强度扭转；萼片椭圆状披针形，花瓣线状披针形，远长于花萼；唇瓣紫红色，中部骤缩后稍开展，中央具3条脊突，边缘波状。（栽培园地：SCBG）

Dendrobium leptocladum Hayata 菱唇石斛

附生草本。茎下垂，细圆柱形，常分枝。叶片线形或禾叶状。花白色，半张开；唇瓣菱形，不明显3裂，基部收狭为爪，上面中部以上被卷曲毛，唇盘中央具1条纵向扁平的厚脊。（栽培园地：WHIOB）

Dendrobium lichenastrum (F. Muell.) Rolfe 小黄瓜石斛

附生矮小草本。叶2列互生，叶片厚肉质，长卵状圆锥形，侧扁，顶端钝尖。花单生，不翻转；萼片阔卵形，淡黄色并具紫红色脉纹，花瓣狭窄，披针形，约与中萼片等长；唇瓣黄色，顶端向前伸展。（栽培园地：SCBG）

Dendrobium linawianum Rchb. f. 矩唇石斛

附生草本。茎直立，粗壮，稍扁圆柱形，具数节；节间稍呈倒圆锥形。总状花序具2~4朵花；花大，白色，有时上部紫红色；唇瓣白色，上部紫红色，宽长圆

Dendrobium lichenastrum 小黄瓜石斛（图1）

Dendrobium lindleyi 聚石斛（图2）

Dendrobium lichenastrum 小黄瓜石斛（图2）

Dendrobium lindleyi 聚石斛（图3）

形，基部收狭为短爪，中部以下两侧围抱蕊柱；唇盘基部两侧各具1条紫红色带，上面密被短绒毛。（栽培园地：SCBG, CNBG）

Dendrobium lindleyi Stendel 聚石斛

附生草本。假鳞茎多少两侧压扁状，纺锤形或卵状长圆形，长2~5cm，具4条棱和2~5个节。叶片长3~8cm。花橘黄色，开展，薄纸质；唇瓣横长圆形

或近肾形，不裂，中部以下两侧围抱蕊柱，顶端常凹缺，唇盘在中部以下密被短柔毛。（栽培园地：SCBG, WHIOB, XTBG, CNBG, SZBG）

Dendrobium lituiflorum Lindl. 喇叭唇石斛

附生草本。花序出自落叶的老茎上；花大，紫色，膜质，开展；萼囊小，近球形；唇瓣周边紫色，内面具1条白色环带围绕的深紫色斑块，近倒卵形，较花瓣短，

Dendrobium lindleyi 聚石斛（图1）

Dendrobium lituiflorum 喇叭唇石斛

中部以下两侧围抱蕊柱而成喇叭形，边缘具不规则的细齿，上面密被短毛。（栽培园地：SCBG，WHIOB）

Dendrobium loddigesii Rolfe 美花石斛

附生草本。茎柔弱，常下垂，细圆柱形。花白色或紫红色，每束1~2朵侧生于具叶的老茎上部；唇瓣近圆形，上面中央金黄色，周边淡紫红色，边缘具短流苏，两面密被短柔毛。（栽培园地：SCBG，WHIOB，KIB，CNBG，SZBG，GXIB，XMBG）

Dendrobium loddigesii 美花石斛（图1）

Dendrobium lohohense 罗河石斛

Dendrobium longicornu 长距石斛（图1）

Dendrobium loddigesii 美花石斛（图2）

Dendrobium lohohense T. Tang et F. T. Wang 罗河石斛

附生草本。茎质地稍硬，圆柱形，上部节上常生根而生出新枝条。总状花序减退为单朵花，侧生于具叶的茎顶端或叶腋，直立；花蜡黄色，稍肉质，开展；唇瓣不裂，前端边缘具不整齐细齿。（栽培园地：SCBG，KIB，CNBG，GXIB）

Dendrobium longicornu Lindl. 长距石斛

附生草本。叶两面和叶鞘均被黑褐色粗毛。花开展，除唇盘中央橘黄色外，其余为白色；萼片背面中肋稍隆起呈龙骨状；萼囊狭长，劲直，呈角状的距，稍短于花梗和子房；唇瓣近3裂；中裂片顶端浅2裂，边缘具波状皱褶和不整齐的齿，有时呈流苏状。（栽培

Dendrobium longicornu 长距石斛（图2）

Dendrobium longicornu 长距石斛（图3）

园地：SCBG, WHIOB, KIB, CNBG, SZBG）

Dendrobium macrophyllum A. Rich. **大叶石斛**
　　附生中大型草本。假鳞茎粗壮，圆柱形。叶片宽大，椭圆形。花葶直立或弯曲，具6~15朵花；花黄绿色，花瓣倒卵状披针形，向下扭曲，边缘波状；萼片卵状三角形，外面密被绿色刚毛；唇瓣侧裂片直立，围抱蕊柱，具紫红色脉纹，中裂片向下反折，具紫红色斑点。（栽培园地：SCBG, XMBG）

Dendrobium minutiflorum 勐海石斛

增粗而稍呈纺锤形，不分枝，具多个节，节间倒圆锥状。花葶腋生落叶的老茎上，长5~25mm，密生6~10朵花，花深紫红色，萼囊狭圆锥形；花瓣斜倒卵状长圆形，等长于中萼片但稍狭，唇瓣匙形，基部具狭的爪。（栽培园地：CNBG）

Dendrobium moniliforme (L.) Sw. **细茎石斛**
　　附生草本。花黄绿色、白色或白色带淡紫红色；唇瓣带淡褐色或紫红色至浅黄色斑块，唇盘在两侧裂片

Dendrobium macrophyllum 大叶石斛（图1）

Dendrobium moniliforme 细茎石斛（图1）

Dendrobium macrophyllum 大叶石斛（图2）

Dendrobium minutiflorum S. C. Chen et Z. H. Tsi **勐海石斛**
　　附生矮小草本。茎狭卵形或多少呈纺锤形，具3~4节。花绿白色或淡黄色，开展；唇瓣中部以上3裂；中裂片横长圆形，边缘多少皱波状，顶端凹缺；唇盘具由3条褶片连成一体的宽厚肉脊。（栽培园地：SCBG, KIB）

Dendrobium miyakei Schltr. **红花石斛**
　　附生草本。假鳞茎直立或悬垂，圆柱形，有时中部

Dendrobium moniliforme 细茎石斛（图2）

之间密被短柔毛，基部常具1个椭圆形胼胝体，近中裂片基部常具1个紫红色、淡褐色或浅黄色的斑块。（栽培园地：SCBG, WHIOB, KIB, LSBG, CNBG, SZBG, GXIB）

Dendrobium monticola P. F. Hunt et Summerh. 藏南石斛

附生矮小草本。茎长仅10cm，当年生的茎被叶鞘所包被。花开展，白色；萼囊短圆锥形；唇瓣近椭圆形，中部稍缢缩，中部以上3裂，基部具短爪；侧裂片直立，顶端渐狭为尖牙齿状，边缘梳状，具紫红色的脉纹；中裂片卵状三角形，反折，顶端锐尖，边缘鸡冠状皱褶；唇盘除唇瓣顶端白色外，其余具紫红色条纹，中央具2~3条褶片连成一体的脊突。（栽培园地：CNBG）

Dendrobium moschatum (Buch.-Ham.) Sw. 杓唇石斛

附生草本。茎粗壮，长可达1m。花序下垂，长约20cm；花深黄色，白天开放，晚间闭合；唇瓣圆形，边缘内卷成杓状，上面密被短柔毛，唇盘基部两侧各具1个浅紫褐色的斑块。（栽培园地：SCBG, XTBG, CNBG）

Dendrobium moschatum 杓唇石斛（图2）

Dendrobium mutabile (Blume) Lindl. 变色石斛

附生草本。假鳞茎圆柱形，具暗红色纵纹，常"之"字形曲折。叶片卵形，顶端渐尖，具5条脉。花葶顶生，具分枝，每个分枝具4~15朵花；花白色，顶端稍带粉色至淡紫色，直径2.5~3cm；萼囊圆锥形，萼片卵状披针形，花瓣倒卵形，唇瓣内面具1枚黄色斑；距粗短，圆筒形。（栽培园地：SCBG）

Dendrobium nobile Lindl. 石斛

附生草本。茎直立，肉质状肥厚，稍扁的圆柱形，上部多少回折状弯曲。花大，白色，顶端带淡紫色；

Dendrobium moschatum 杓唇石斛（图1）

Dendrobium nobile 石斛（图1）

Dendrobium nobile 石斛（图2）

Dendrobium officinale 铁皮石斛（图3）

唇瓣宽卵形，中部以下两侧围抱蕊柱，边缘具短的睫毛，两面密布短绒毛，唇盘中央具1个紫红色大斑块。（栽培园地：SCBG, WHIOB, KIB, XTBG, CNBG, SZBG, GXIB）

色，长圆状披针形，不明显3裂，基部具1个绿色或黄色的胼胝体；唇盘密被细乳突状的毛，中部以上具1个紫红色斑块。（栽培园地：SCBG, WHIOB, KIB, CNBG, GXIB）

Dendrobium officinale Kimura et Migo **铁皮石斛**

附生草本。叶鞘常具紫斑，老时其上缘与茎松离而张开，在节处留下1个环状铁青的间隙。萼片和花瓣黄绿色或淡绿色，近相似，长圆状披针形；唇瓣白

Dendrobium oligophyllum Gagnep. **少叶石斛**

附生矮小草本。假鳞茎粗短，常"之"字形曲折。叶片长椭圆形。花小，直径约1.5cm，常生于茎基部；花白色；萼片阔卵状披针形；花瓣长椭圆形，约与萼

Dendrobium officinale 铁皮石斛（图1）

Dendrobium officinale 铁皮石斛（图2）

Dendrobium oligophyllum 少叶石斛（图1）

Dendrobium oligophyllum 少叶石斛（图2）

Dendrobium parcum 疏叶石斛（图1）

片等长，宽不及侧萼片的1/2，唇瓣中裂片向前伸展，顶端阔卵形，内面具淡黄色晕，具3条浅褶片，基部具棕红色细斑点。（栽培园地：SZBG）

Dendrobium parciflorum Rchb. f. ex Lindl. 少花石斛

　　附生草本。茎质地硬，扁圆柱形。叶2列，叶片厚肉质，两侧压扁呈半圆柱形。花淡白色或淡黄色，芳香，质地薄，开展，萼囊长2cm，向前弯曲；唇瓣匙形，顶端凹缺，前部边缘波状，中央至近唇瓣的顶端具3~4条纵贯的粗厚脉纹，上面近顶端处具黄色斑点并密被乳突状毛。（栽培园地：XTBG）

Dendrobium parciflorum 少花石斛

Dendrobium parcum 疏叶石斛（图2）

Dendrobium parcum Rchb. f. 疏叶石斛

　　附生草本。假鳞茎圆柱形，常具分枝。叶片线状披针形。花葶顶生，具2~5朵花，花小，黄绿色，直径0.6~1cm；中萼片长椭圆形，侧萼片阔卵形，顶端具小尖头；萼囊短，扩漏斗形；花瓣披针形，约与萼片等长，宽不及侧萼片的1/2，唇瓣舌形，顶端2圆裂。（栽培园地：SZBG）

Dendrobium parishii Rchb. f. 紫瓣石斛

　　附生草本。花大，开展，质地薄，紫色；花瓣宽椭圆形，基部收狭为短爪，边缘具睫毛或细齿；唇瓣菱状圆形，两面密被绒毛，边缘密生睫毛，唇盘两侧各具1个深紫色斑块，爪上具1个凹槽，其前方具隆起的脊状物。（栽培园地：SCBG）

Dendrobium parthenium Rchb. f. 圣女石斛

　　附生草本。假鳞茎圆柱形，丛生。叶片卵状长圆形，顶端不等2裂，互生，紧密排列。花1~3朵生于上部叶腋，花白色，直径5~6.5cm，距细筒状圆锥形，萼片三角状披针形，宽约为花瓣的1/3，顶端锐尖；花瓣阔卵形，边缘波状，唇瓣中裂片略呈扇形，边缘具缺刻状齿，基部具1块红斑。（栽培园地：SCBG）

Dendrobium parishii 紫瓣石斛

Dendrobium pendulum 肿节石斛（图2）

Dendrobium pendulum Roxb. 肿节石斛

附生草本。茎常下垂，圆柱形，节肿大呈算盘珠状。花大，白色，上部紫红色，开展；唇瓣中部以下金黄色，中部以下两侧围抱蕊柱，边缘具睫毛，两面被短绒毛。（栽培园地：SCBG, KIB, XTBG, CNBG, SZBG, GXIB, XMBG）

Dendrobium pendulum 肿节石斛（图3）

Dendrobium porphyrochilum Lindl. 单葶草石斛

附生草本。茎肉质，直立，圆柱形或狭长的纺锤形。总状花序单生于茎顶，远高出叶外，弯垂，具10余朵小花；花开展，质地薄，具芳香，金黄色或萼片和花瓣淡绿色带红色脉纹；唇瓣暗紫褐色，边缘淡绿色，不裂，全缘，唇盘中央具3条多少增厚的纵脊。（栽培园地：CNBG）

Dendrobium primulinum Lindl. 报春石斛

附生草本。茎下垂，厚肉质，圆柱形。花开展，下垂，

Dendrobium pendulum 肿节石斛（图1）

Dendrobium primulinum 报春石斛（图1）

Dendrobium primulinum 报春石斛（图2）

Dendrobium primulinum 报春石斛（图3）

萼片和花瓣淡玫瑰色；唇瓣淡黄色，顶端带淡玫瑰色，中下部两侧围抱蕊柱，两面密被短柔毛，边缘具不整齐的细齿，唇盘具紫红色的脉纹。（栽培园地：SCBG, WHIOB, XTBG, CNBG, SZBG）

Dendrobium pseudotenellum Guillaum. 针叶石斛

附生草本。茎直立，除基部2个节间肿大呈纺锤形的假鳞茎外，其余为圆柱形，具多个节；干后黄褐色，

Dendrobium pseudotenellum 针叶石斛

具光泽。叶2列疏生，叶片肉质，斜立，纤细，近圆柱形，顶端锐尖，基部具抱茎的鞘。花小，白色，质地薄，单生于近茎端；萼囊大，长圆锥形，长约9mm；唇瓣倒卵形，前端3裂，边缘具撕裂状流苏；唇盘中央具3条脊突，在中裂片基部而扩大呈褶脊。（栽培园地：SCBG）

Dendrobium salaccense (Blume) Lindl. 竹枝石斛

附生草本。茎似竹枝，直立，圆柱形，长可达1m

Dendrobium salaccense 竹枝石斛（图1）

Dendrobium salaccense 竹枝石斛（图2）

以上。花小，黄褐色，开展；唇瓣紫色，倒卵状椭圆形，顶端圆形并具1个短尖，上面中央具1条黄色的龙骨脊，近顶端处具1个长条形的胼胝体。（栽培园地：SCBG，XTBG，SZBG）

Dendrobium scoriarum W. M. Sw. **广西石斛**

附生草本。茎圆柱形，近直立，具多数节。总状花序自落叶或带叶的老茎上部发出，具1~3朵花；花开展；花瓣与萼片淡黄白色或白色，近基部稍带黄绿色；萼囊圆锥形；唇瓣白色或淡黄色，宽卵形，不明显3裂，顶端锐尖，基部稍楔形，唇盘在中部前方具1个大的紫红色斑块并且密被绒毛，其后方具1个黄色马鞍形的胼胝体。（栽培园地：CNBG，SZBG）

Dendrobium senile Par. et Rchb. f. **绒毛石斛**

附生草本。假鳞茎圆柱形，粗壮，具多节，表面密被白色长绒毛。叶片两面密被长绒毛，早落。花常生茎顶，直径4~5cm，芳香；萼囊长三角锥形；花黄绿

Dendrobium scoriarum 广西石斛（图1）

Dendrobium senile 绒毛石斛（图1）

Dendrobium scoriarum 广西石斛（图2）

Dendrobium senile 绒毛石斛（图2）

色；萼片披针形，花瓣卵形，唇瓣近心形，基部带绿色，并具红色脉纹。（栽培园地：SCBG）

Dendrobium signatum Rchb. f. 黄喉石斛

附生草本。假鳞茎下端纤细，上端粗壮，圆柱形，节间长 3~4cm。叶排成 2 列，叶片长椭圆形，顶端不等 2 裂。花葶 2~5 朵腋生茎上部；花直径 6~7cm；萼囊细长，长 5~7cm；萼片狭披针形，白色；花瓣倒卵状披针形；唇瓣喉部阔漏斗形，橙黄色。（栽培园地：SCBG）

Dendrobium signatum 黄喉石斛

Dendrobium sinense T. Tang et F. T. Wang 华石斛

附生草本。茎直立或弧形弯曲而上举，细圆柱形，偶尔上部膨大呈棒状，具多个节；叶鞘被黑色粗毛，幼时尤甚。花单生于具叶的茎上端，白色；萼囊宽圆锥形，长约 1.3cm；唇瓣的整体轮廓倒卵形，3 裂；侧裂片近扇形，围抱蕊柱；中裂片扁圆形，小于两侧裂片之间的宽度，顶端紫红色，2 裂；唇盘具 5 条纵贯的红色褶片。（栽培园地：WHIOB）

Dendrobium spatella Rchb. f. 剑叶石斛

附生草本。茎直立，近木质。叶 2 列，叶片厚革质或肉质，两侧压扁呈短剑状或匕首状。花小，白色；

Dendrobium spatella 剑叶石斛（图 1）

Dendrobium spatella 剑叶石斛（图 2）

唇瓣白色带微红色，贴生于蕊柱足末端，近匙形；唇盘中央具 3~5 条纵贯的脊突。（栽培园地：SCBG, WHIOB, CNBG, SZBG）

Dendrobium speciosum J. E. Smith 大明石斛

附生草本。假鳞茎直立或稍弯曲，圆锥形，长 5~7cm，顶生 2~5 枚叶。叶片厚，倒卵形至倒卵状披针形，顶端微凹。花葶粗壮，稍具棱；总状花序长 18~45cm，花多达 100 多朵；花白色至乳黄色；萼片、花瓣狭披针形，侧萼片呈圆弧状下弯；唇瓣具紫红色的细斑点和黄色斑纹。（栽培园地：XMBG）

Dendrobium speciosum 大明石斛

Dendrobium spectabile (Blume) Miq. 大魔鬼石斛

附生草本。假鳞茎长梭形，粗壮，顶生 3~6 枚叶。叶片阔卵状椭圆形，顶端钝圆。花葶粗壮，具 5~8 朵花；花直径 8~10cm，萼片、花瓣卵状披针形，黄绿色，带紫红色斑点，不规则扭曲，边缘强度皱缩，顶端长尾尖；唇瓣 3 裂，侧裂片直立，围抱蕊柱呈圆筒状，密布棕红色脉纹，中裂片前伸后反折，边缘强度褶皱。（栽培园地：SCBG, XMBG）

Dendrobium strongylanthum Rchb. f. 梳唇石斛

附生草本。茎肉质，直立，圆柱形或多少呈长纺锤

Dendrobium spectabile 大魔鬼石斛

形。花黄绿色，萼片基部带紫红色；唇瓣紫堇色，中部以上 3 裂；唇盘具由 2~3 条褶片连成一体的脊突；药帽半球形，前端边缘撕裂状。（栽培园地：WHIOB, CNBG）

Dendrobium sulcatum Lindl. 具槽石斛

附生草本。茎扁棒状，从基部向上逐渐增粗，下部收狭为细圆柱形。花质地薄，白天张开，晚间闭合，奶黄色；唇瓣的颜色较深，呈橘黄色，近基部两侧各

Dendrobium sulcatum 具槽石斛（图 1）

Dendrobium sulcatum 具槽石斛（图 2）

具 1 个褐色斑块，两侧围抱蕊柱而使整个唇瓣呈兜状，顶端微凹，基部具短爪，唇盘上面的前半部密被短柔毛，边缘具睫状毛。（栽培园地：CNBG, SZBG）

Dendrobium terminale Par. et Rchb. f. 刀叶石斛

附生草本。叶 2 列，疏松套叠，叶片厚革质或肉质，两侧压扁呈短剑状或匕首状。花小，淡黄白色；萼囊狭长，长 7mm；唇瓣近匙形，顶端 2 裂，前端边缘波状皱褶，上面近顶端处增厚呈胼胝体或呈小鸡冠状突起。（栽培园地：XTBG, SZBG）

Dendrobium terminale 刀叶石斛（图 1）

Dendrobium terminale 刀叶石斛（图 2）

Dendrobium thyrsiflorum Rchb. f. 球花石斛

附生草本。茎圆柱形，基部收狭为细圆柱形，不分枝，具数节，黄褐色，具光泽，具数条纵棱。花开展，质地薄，萼片和花瓣白色；萼囊近球形；唇瓣金黄色，上面密被短绒毛，背面疏被短绒毛；爪的前方具1枚倒向的舌状物。（栽培园地：SCBG, WHIOB, KIB, XTBG, CNBG, SZBG）

Dendrobium thyrsiflorum 球花石斛（图1）

Dendrobium trigonopus 翅梗石斛（图1）

Dendrobium trigonopus 翅梗石斛（图2）

Dendrobium trigonopus 翅梗石斛（图3）

质地厚，除唇盘稍带浅绿色外，均为蜡黄色；萼囊近球形；唇瓣直立，基部具短爪，3裂；侧裂片围抱蕊柱，上部边缘具细齿；中裂片近圆形；唇盘密被乳突。（栽培园地：SCBG, WHIOB, KIB, CNBG, SZBG）

Dendrobium unicum Seidenf. 独角石斛

附生草本。假鳞茎粗壮，被数枚干膜质的鞘，顶端截平。叶片长椭圆形，顶端锐尖。花直径3~5cm，具芳香；萼片、花瓣橙色至橙红色，反卷，唇瓣淡黄色，基部内卷，密布暗红色网纹，唇盘具3条龙骨突。

Dendrobium thyrsiflorum 球花石斛（图2）

Dendrobium trigonopus Rchb. f. 翅梗石斛

附生草本。茎丛生，肉质状，肥厚，呈纺锤形或有时棒状，具3~5节，干后金黄色。花下垂，不甚开展，

（栽培园地：SCBG）

Dendrobium wardianum Warner 大苞鞘石斛

附生草本。茎肉质状肥厚，节间多少肿胀呈棒状；花大，开展，白色，顶端带紫色；唇瓣白色，顶端带紫色，基部金黄色并具短爪，两面密被短毛，唇盘两侧各具1个暗紫色斑块。（栽培园地：SCBG, WHIOB, KIB, CNBG, SZBG, XMBG）

Dendrobium unicum 独角石斛（图1）

Dendrobium wardianum 大苞鞘石斛（图1）

Dendrobium unicum 独角石斛（图2）

Dendrobium wardianum 大苞鞘石斛（图2）

Dendrobium williamsonii Day et Rchb. f. 黑毛石斛

附生草本。叶基部下延为抱茎的鞘，密被黑色粗毛。花开展，萼片和花瓣淡黄色或白色，相似，近等大，狭卵状长圆形；萼囊劲直，角状；唇瓣淡黄色或白色，带橘红色的唇盘，3裂；唇盘沿脉纹疏生粗短的流苏；药帽前端边缘密被短髯毛。（栽培园地：WHIOB, KIB, CNBG, SZBG, GXIB）

Dendrobium williamsonii 黑毛石斛（图1）

Dendrobium williamsonii 黑毛石斛（图2）

Dendrolirium 绒兰属

该属共计3种，在4个园中有种植

Dendrolirium lasiopetalum (Willd.) S. C. Chen et J. J. Wood 白绵绒兰

附生草本，具横走根状茎。假鳞茎纺锤形。花序轴被柔软、厚密的白绵毛；萼片背面密被厚密白绵毛；唇瓣基部收缩成爪，3裂，裂片边缘波浪状；唇盘上具1个倒卵状披针形的加厚区，自基部延伸至中裂片上部。（栽培园地：WHIOB, SZBG）

Dendrolirium lasiopetalum 白绵绒兰（图1）

Dendrolirium lasiopetalum 白绵绒兰（图2）

Dendrolirium ornatum Blume 橘苞绒兰

附生草本，具横走根状茎。假鳞茎圆筒形，两侧压扁。叶3~5枚，叶片肉质，椭圆状披针形至长圆形。总状花序长达45cm，花序轴被棕色毛；花苞片阔卵圆状披针形，橘色至棕红色；花半张开，直径1.5~2cm；萼片背面均密被厚密的棕褐色毛；唇瓣橘红色，基部收缩成爪，3裂。（栽培园地：XMBG）

Dendrolirium tomentosa (J. König) S. C. Chen et J. J. Wood 绒兰

附生草本。根状茎发达。花序从假鳞茎近基部处发

Dendrolirium tomentosum 绒兰（图1）

O 兰科 Orchidaceae

Dendrolirium tomentosum 绒兰（图2）

出，高出叶面之上，密被黄棕色的绒毛，花梗和子房密被黄棕色绒毛；萼片背面密被黄棕色绒毛，稍厚；唇瓣3裂；唇盘自基部发出1条宽厚的带状物直达中裂片上部。（栽培园地：XTBG, SZBG）

Dienia 无耳沼兰属

该属共计1种，在5个园中有种植

Dienia ophrydis (J. Koenig) Seidenf. **无耳沼兰**

地生或半附生草本。茎肉质，圆柱形，具数节，包藏于叶鞘之内。总状花序长10~20cm，具花数十朵或更多；花紫红色至绿黄色，密集，较小；中萼片狭长圆

Dienia ophrydis 无耳沼兰（图2）

Dienia ophrydis 无耳沼兰（图3）

形，长3~3.5mm；唇瓣近宽卵形，顶端骤然收狭或近3裂，中裂片尾状，侧裂片短或不甚明显，顶端圆钝。（栽培园地：SCBG, WHIOB, XTBG, CNBG, SZBG）

Diploprora 蛇舌兰属

该属共计1种，在6个园中有种植

Diploprora championii (Lindl.) Hook. f. **蛇舌兰**

附生草本。茎常下垂。叶片镰刀状披针形或斜长圆

Dienia ophrydis 无耳沼兰（图1）

Diploprora championii 蛇舌兰（图1）

Doritis pulcherrima 五唇兰

Dockrillia 道克瑞丽亚属

该属共计1种，在1个园中有种植

Dockrillia wassellii (S. T. Blake) Brieger 道克瑞丽亚

附生草本。茎横走或下垂，无假鳞茎。叶片肉质，直立，近圆柱形，具槽，顶端渐尖。总状花序直立，密具多朵花；花小，白色；萼片狭披针形，长7~9mm；花瓣线形，波状曲折，长不及萼片的1/2；唇瓣3浅裂，白色略带黄色，中裂片近菱形，边缘具强度皱褶。（栽培园地：SCBG）

Diploprora championii 蛇舌兰（图2）

形，顶端具不等大的2~3个尖齿。花序轴多少回折状弯曲；花具芳香，稍肉质，开展，萼片和花瓣淡黄色；唇瓣中部以下凹陷呈舟形，无距，稍3裂；中裂片向顶端骤然收狭成叉状2裂，裂片尾状。（栽培园地：SCBG, WHIOB, CNBG, SZBG, GXIB, XMBG）

Doritis 五唇兰属

该属共计1种，在5个园中有种植

Doritis pulcherrima Lindl. 五唇兰

附生草本。叶近基生，3~10枚，基部具彼此套叠的鞘。总状花序长10~13cm，疏生数朵花；花瓣、萼片淡紫色；唇瓣5裂，基部具弯曲向上长约4mm的爪；爪的两侧具2枚直立、长方形的棕红色侧生小裂片，两小侧裂片之间具1枚方形的胼胝体；中裂片大，位于爪的末端，基生裂片直立，棕红色，近半圆形；顶裂片淡紫色，稍向前外弯，舌状，上面具3~4条肉质褶片。（栽培园地：SCBG, WHIOB, XTBG, CNBG, SZBG）

Dockrillia wassellii 道克瑞丽亚

Epigeneium 厚唇兰属

该属共计4种，在2个园中有种植

Epigeneium clemensiae Gagnep. 厚唇兰

附生草本。本种与单叶厚唇兰十分相似，主要区别为：假鳞茎、叶常较大；叶片卵形或倒卵状披针形；花质地较厚，紫褐色，唇瓣的前唇圆形，较后唇宽，顶端浅凹。（栽培园地：CNBG）

Epigeneium fargesii (Finet) Gagnep. 单叶厚唇兰

附生草本。根状茎匍匐。假鳞茎斜立，中部以下贴伏于根状茎，近卵形，顶生1枚叶。花不甚张开，萼片和花瓣淡粉红色；唇瓣几乎白色，小提琴状；唇盘具2条纵向的龙骨脊。（栽培园地：CNBG）

Epigeneium fuscescens (Griff.) Summerh. 景东厚唇兰

附生草本。根状茎常分枝。假鳞茎疏生，狭卵形，稍弧曲上举，顶生2枚叶。花淡褐色；唇瓣基部无爪，整体轮廓呈卵状长圆形，3裂；中裂片顶端常具钩曲的芒；唇盘在两侧裂片之间具3条褶片。（栽培园地：CNBG）

Epigeneium rotundatum (Lindl.) Summerh. 双叶厚唇兰

附生草本。假鳞茎疏生，狭卵形，常弧曲状上举。花淡黄褐色；唇瓣基部无爪，整体轮廓为倒卵状长圆形，3裂；唇盘在两侧裂片之间具3条褶片，其中央1条较短，中裂片上面具1条三角形宽厚的脊突。（栽培园地：KIB, CNBG）

Epipactis 火烧兰属

该属共计2种，在3个园中有种植

Epipactis helleborine (L.) Crantz 火烧兰

地生草本。花苞片叶状，线状披针形，下部的苞片长于花2~3倍或更多；花绿色或淡紫色，下垂，较小；唇瓣中部明显缢缩；上唇近三角形或近扁圆形，下唇兜状，上、下唇近等长。（栽培园地：SCBG, WHIOB, CNBG）

Epipactis mairei Schltr. 大叶火烧兰

地生草本。根状茎粗短。茎直立，上部和花序轴被锈色柔毛。叶5~8枚，叶片卵形至椭圆形，长7~16cm。总状花序具10~20朵花；花黄绿色，并具紫色、紫褐色或黄褐色晕，下垂；唇瓣中部稍缢缩成上、下唇；下唇中央具2~3条鸡冠状褶片。（栽培园地：WHIOB）

Eria 毛兰属

该属共计23种，在8个园中有种植

Eria acervata Lindl. 钝叶毛兰

附生草本。假鳞茎稍扁的纺锤状、酒瓶状，常数个密集生成1排，顶生2~4枚叶。叶片长圆状披针形，顶端钝且稍不等侧2裂。总状花序具4~7朵花；萼片和花瓣白色，具芳香；唇瓣黄色，基部具膝状关节，3裂；唇盘上具3条纵贯的龙骨状褶片。（栽培园地：WHIOB, SZBG）

Eria amica Rchb. f. 粗茎毛兰

附生草本。假鳞茎纺锤形或圆柱形。花序轴密生锈色卷曲柔毛；萼片和花瓣黄色，并具紫褐色脉纹，萼片具锈色曲柔毛；唇瓣黄色，近倒卵状椭圆形，3裂；中裂片肾形；唇盘上具3条褶片，中央褶片在中裂片上增粗，两侧褶片自唇盘基部上方开始增粗成脊状，延伸至中裂片基部。（栽培园地：SZBG, XMBG）

Eria bambusifolia Lindl. 竹叶毛兰

附生草本。茎圆柱形，长达100cm，具多个节间和多枚叶。花序轴呈"之"字形，有时弯曲成蝎尾状，花序轴、花梗、子房和萼片均密被灰棕色绒毛；花白色，具棕红色的脉；唇瓣不裂，唇盘棕红色，自基部至顶端具3条密生白色乳突的褶片。（栽培园地：WHIOB, KIB, XTBG, SZBG）

Eria bilobulata Seidenf. 二裂唇毛兰

附生草本。假鳞茎棒状纺锤形，压扁，顶生4~5枚叶。花序顶生，卵球形，密生多朵花，常达12~16朵；花浅黄白色，半张开，直径约1cm；萼片和花瓣白色；唇瓣3裂，长约4.3mm；侧裂片宽三角形；中裂片肥厚，深黄色，顶端2浅裂。（栽培园地：KIB）

Eria clausa King et Pantl. 匍茎毛兰

附生草本。假鳞茎卵球状或卵状长圆形，具4条棱。花浅黄绿色或浅绿色；唇瓣3裂；侧裂片近斜长圆形；中裂片宽卵形；唇盘自基部至顶部具3条纵贯的高褶片，两侧的褶片在中裂片近基部处各分出1条波浪状弧形褶片。（栽培园地：KIB, XTBG）

Eria corneri Rchb. f. 半柱毛兰

附生草本。假鳞茎椭圆形或卵状长圆形，密集着生，被2~3枚膜质鞘，顶生2~3枚叶。花序从假鳞茎近顶端叶的外侧发出；花白色或略带黄色；萼片和花瓣上均具白色线状突起物；唇瓣3裂；唇盘上面具3条波状褶片，中裂片上面具多条密集的鸡冠状或流苏状褶片。（栽培园地：SCBG, WHIOB, KIB, SZBG, GXIB）

Eria coronaria (Lindl.) Rchb. f. 足茎毛兰

附生草本。假鳞茎圆柱形，顶生2枚叶；花序自两叶之间发出，具数朵花；花白色，唇瓣上有紫色斑纹；唇瓣3裂；侧裂片与中裂片几成直角或锐角，唇盘上面具3条全缘或波浪状的褶片。（栽培园地：SCBG, IBCAS, WHIOB, KIB, SZBG, GXIB）

Eria excavata Lindl. 反苞毛兰

附生草本。根状茎粗壮。假鳞茎圆柱形，长约3cm，相距约1cm，顶生4~5枚叶。花白色；萼片背面被褐色柔毛；唇瓣近圆形，近基部3裂，基部凹陷；

侧裂片小，卵状三角形，内侧各具1枚胼胝体；中裂片近肾形，顶端微凹，基部具5条扇状脉。（栽培园地：WHIOB）

Eria gagnepainii Hawkes et Heller 香港毛兰

附生草本。根状茎明显。假鳞茎细圆筒形，长10~20cm，顶生2枚叶。花黄色；唇瓣近圆形或卵圆形，3裂；侧裂片半圆形或卵状三角形，与中裂片近平行；中裂片近三角形或卵状三角形，唇盘自基部发出2条较高的弧形全缘褶片，在唇瓣1/3处增至5条波浪状的褶片。（栽培园地：SCBG, KIB, XTBG）

Eria globifera Rolfe 球叶毛兰

附生草本。根状茎发达。假鳞茎卵球状或球状，顶生1~2枚叶。叶片长圆形。花序具1~2朵花；花不翻转，黄白色，并具红色脉纹；萼片外面被浅褐色绵毛；唇瓣黄色，3裂。（栽培园地：WHIOB）

Eria graminifolia Lindl. 禾叶毛兰

附生草本。假鳞茎圆柱形，紧密排列，顶生2~6枚叶。花序1~3个，从近茎顶端处发出，短于叶，具花10余朵或更多；花序轴和子房密被黄褐色柔毛；花白色，唇瓣具黄色斑点，倒卵形，3裂；侧裂片长圆形，与中裂片几成直角；中裂片近扁圆形，顶端浑圆或急尖，中央具1条高褶片，自近基部延伸至顶端近2/3处。（栽培园地：SZBG）

Eria japonica Maxim. 高山毛兰

附生草本。假鳞茎密集，长卵形，具1~2枚膜质叶鞘，顶生2枚叶。叶片长椭圆形或线形。花序生于叶的内侧，具1~4朵花；花白色；中萼片窄椭圆形；侧萼片卵形，偏斜，基部与蕊柱足合生成萼囊；花瓣椭圆状披针形；唇瓣近倒卵形，基部收狭成爪状，3裂；侧裂片直立，三角形；中裂片近四方形，肉质，顶端近平截，中间稍具凹缺；唇盘基部发出3条褶片。（栽培园地：WHIOB, SZBG）

Eria japonica 高山毛兰（图2）

Eria javanica (Sw.) Blume 香花毛兰

附生草本。假鳞茎圆柱状，近顶端具2枚叶。叶片椭圆状披针形或倒卵状披针形，长达36cm，具7~10条主脉。花白色，芳香；萼片背面被锈色短柔毛；唇瓣3裂；唇盘上具3条近纵贯的褶片，基部稍上方两侧褶片各分叉出1条较低的褶片并延伸至中裂片近顶端处。（栽培园地：SCBG, XTBG, XMBG）

Eria marginata Rolfe 棒茎毛兰

附生草本。假鳞茎密集着生，棒锤状，中部和上部

Eria marginata 棒茎毛兰（图1）

Eria japonica 高山毛兰（图1）

Eria marginata 棒茎毛兰（图2）

Eria marginata 棒茎毛兰（图 3）

Eria obvia 长苞毛兰（图 2）

膨大，下部收狭。花常 2 朵，白色，具芳香；萼片背面被白色绵毛；唇瓣 3 裂，中央自基部至中裂片上具 1 条加厚带，加厚带中央有 1 条脊状突起。（栽培园地：WHIOB, SZBG）

Eria obvia W. W. Smith 长苞毛兰

附生草本。假鳞茎密集，呈稍扁的纺锤形。花苞片较长；花白色；唇瓣 3 裂；侧裂片与中裂片相交成锐角，唇盘上面具 3 条褶片，两侧褶片较短，但较中间褶片高。（栽培园地：SCBG, WHIOB, SZBG）

Eria pachyphylla Aver. 厚叶毛兰

附生草本。假鳞茎长圆形，被膜质鞘，顶生 2~4 枚叶。花序从新的假鳞茎顶端发出，被棕黄色绒毛，具多朵花；花浅黄褐色，多少肉质；萼片背面密被棕黄色绒毛；花瓣长圆形，无毛，3 脉；唇瓣 5 裂，基部 2 裂片多少耳状；前部 3 裂，侧裂片对折或半圆筒形；唇盘增厚，具疣状突起，近基部具 3 条横槽。（栽培园地：SCBG, WHIOB, XTBG）

Eria obvia 长苞毛兰（图 1）

Eria pachyphylla 厚叶毛兰

Eria quinquelamellosa T. Tang et F. T. Wang 五脊毛兰

附生草本。假鳞茎长圆状椭圆形，常两侧压扁，略具皱纹，紧密着生，顶生3枚叶，被多枚鞘。叶片狭长圆形，两面具粉状物。花序自鞘腋内发出，长达12cm，被长柔毛，疏生20余朵花；唇瓣近倒卵形，中部3裂，基部具爪；侧裂片半卵状镰形，顶端锐尖；中裂片扁圆形，顶端钝；唇盘上具5条不甚明显的褶片，褶片基部合生。（栽培园地：WHIOB）

Eria retusa (Blume) Rchb. f. 凹叶毛兰

附生小型草本。假鳞茎丛生，肉质。叶2枚。总状花序，具短柔毛，长1~2.5cm，具花7~12朵，密集；花淡绿色，具短柔毛。（栽培园地：SCBG）

Eria rhomboidalis T. Tang et F. T. Wang 菱唇毛兰

附生草本。假鳞茎疏生，卵形，顶端着生2枚叶。花序生于假鳞茎顶端叶的外侧，具1朵花，基部具1~2枚鞘；花红色；中萼片椭圆形，侧萼片卵状披针形或三角形，偏斜；唇瓣近菱形，3裂；唇盘基部发出2条褶片，延伸至近中裂片处，中裂片上面脉上疏生柔毛。（栽培园地：SCBG）

Eria retusa 凹叶毛兰（图1）

Eria rhomboidalis 菱唇毛兰

Eria sinica (Lindl.) Lindl. 小毛兰

附生草本。植株极矮小，高仅1~2cm。假鳞茎密集着生，近球形或扁球形，被网格状膜质鞘，干时鞘脱落，顶生2~3枚叶。叶片倒披针形、倒卵形或近圆形，具细尖头。花序生于假鳞茎顶端叶的内侧；花小，白色或淡黄色；侧萼片卵状三角形，稍偏斜，与蕊柱足合生成萼囊；花瓣披针形；唇瓣近椭圆形，不裂，长约3.5mm。（栽培园地：SCBG）

Eria stricta Lindl. 鹅白毛兰

附生草本。假鳞茎圆柱形，顶端稍膨大，顶生2枚叶。花序轴、花梗和子房密被白色绵毛；萼片背面密被白色绵毛；唇瓣3浅裂；唇盘中央具1条自基部至中裂片顶端的加厚带，上面有3条褶片，至中裂片近顶端处具1个球形胼胝体。（栽培园地：SCBG, WHIOB, SZBG）

Eria thao Gagnep. 石豆毛兰

附生草本。根状茎发达。假鳞茎卵球状或球状，顶生1枚叶。叶片椭圆形或长圆形，革质，具8~9条主脉。花序长约2cm，仅具1朵花；花黄色；萼片外面密被红棕色绵毛；唇瓣黄红色，长约1.5cm，3裂。（栽培园地：SCBG）

Eria retusa 凹叶毛兰（图2）

Eria stricta 鹅白毛兰（图1）

Eria stricta 鹅白毛兰（图2）

Eria thao 石豆毛兰（图1）

Eria thao 石豆毛兰（图2）

Eria thao 石豆毛兰（图3）

Eria xanthocheila Ridl. 黄唇毛兰

附生草本。假鳞茎棒状，顶端稍膨大，具3~5枚叶。叶片披针形。花序长5~9cm，具多花，达25朵，直径约1.5cm，芳香；花苞片淡绿色，卵形；萼片和花瓣黄白色，并具红色晕斑；唇瓣黄色，3裂；侧裂片常具红色斑块，唇盘具3条褶片。（栽培园地：SCBG）

Eria xanthocheila 黄唇毛兰

Eriodes barbata 毛梗兰（图2）

Eriodes 毛梗兰属

该属共计1种，在3个园中有种植

Eriodes barbata (Lindl.) Rolfe 毛梗兰

附生草本。假鳞茎近球形，粗达3cm，干后具光泽，顶生2~3枚叶。花序长16~18cm，密被柔毛，疏生少数花；花中等大；萼片黄色，并具紫红色脉纹；花瓣紫红色狭长圆形；唇瓣黄色，并具红色脉纹，长约15mm，不裂，下弯，基部两侧近直立，顶端稍扩大并在其两侧具小裂片。（栽培园地：XTBG, CNBG, SZBG）

Erythrodes 钳唇兰属

该属共计1种，在1个园中有种植

Erythrodes blumei (Lindl.) Schltr. 钳唇兰

地生草本。根状茎伸长，匍匐。叶片卵形、椭圆形或卵状披针形，稍歪斜，具3条明显的主脉，具柄。

Eriodes barbata 毛梗兰（图1）

Erythrodes blumei 钳唇兰

花茎被短柔毛；花较小，萼片带红褐色或褐绿色，背面被短柔毛；唇瓣基部具距，前部3裂，侧裂片直立而小，中裂片反折；距下垂，末端2浅裂。（栽培园地：SCBG）

Esmeralda 花蜘蛛兰属

该属共计2种，在2个园中有种植

Esmeralda bella Rchb. f. 口盖花蜘蛛兰

附生草本。茎粗壮，具多数节间和疏生多数二列的叶。叶片革质，长圆形。花序斜立，常2~3个，总状花序疏生2~3朵花；花大，伸展成蜘蛛状，黄色带红棕色横纹；唇瓣提琴形，基部具爪和可活动的关节；两侧裂片之间具肥厚肉突，展开时宽1.3cm；中裂片近倒卵状菱形，从基部至顶端纵贯1条肥厚的龙骨脊；距较小，末端稍向后弯曲。（栽培园地：SZBG）

Esmeralda bella 口盖花蜘蛛兰（图1）

Esmeralda bella 口盖花蜘蛛兰（图2）

Esmeralda clarkei Rchb. f. 花蜘蛛兰

附生草本。茎粗壮，具分枝。叶2列，叶片革质，长圆形。花序长达32cm，不分枝；花序轴在上部常"之"字形弯曲，总状花序具少数花；花大，质地较厚，

Esmeralda clarkei 花蜘蛛兰（图1）

Esmeralda clarkei 花蜘蛛兰（图2）

伸展呈蜘蛛状；萼片和花瓣淡黄色带红棕色横纹；唇瓣白色带红棕色斑点，贴生于蕊柱基部，基部具爪和活动的关节，3裂；侧裂片直立，半卵形或近半圆形，中裂片伸展，卵状菱形，从基部至中部具1条龙骨脊；距圆锥形，肥厚，距口两侧各具1枚胼胝体。（栽培园地：WHIOB, SZBG）

Eulophia 美冠兰属

该属共计5种，在5个园中有种植

Eulophia bracteosa Lindl. 长苞美冠兰

地生草本。假鳞茎近横椭圆形。叶1~3枚，叶片披针形或狭长圆状披针形。总状花序直立，疏生8~16朵花；花黄色，直径2~2.5cm；唇瓣倒卵状长圆形，近不裂或上部略3裂，顶端钝，上半部边缘波状，唇盘中央脉较粗，上部具5条褶片，多少分裂成流苏状；基部的距圆筒状。（栽培园地：KIB）

Eulophia flava (Lindl.) Hook. f. 黄花美冠兰

地生草本。假鳞茎扁的卵圆形或圆柱状。叶通常2枚，生于假鳞茎顶端，基部收狭成柄，叶柄中部以下

Eulophia bracteosa 长苞美冠兰（图1）

Eulophia flava 黄花美冠兰

Eulophia graminea 美冠兰（图1）

Eulophia bracteosa 长苞美冠兰（图2）

套叠成假茎。花叶同时；总状花序侧生，高可达1m以上，疏生10余朵花；花大，黄色，无香气，直径达4cm以上；唇瓣3裂，基部凹陷成宽阔的囊状。（栽培园地：XMBG）

Eulophia graminea Lindl. 美冠兰

地生草本。假鳞茎卵球形、圆锥形，常露出地面。叶3~5枚，在花全部凋萎后出现，叶片线形或线状披针形。花葶侧生，总状花序长且分枝，疏生多数花；

Eulophia graminea 美冠兰（图2）

花橄榄绿色，唇瓣白色而具淡紫红色褶片；唇盘上纵褶片，从接近中裂片开始一直到中裂片上褶片均分裂成流苏状。（栽培园地：SCBG, SZBG）

Eulophia spectabilis (Dennst.) Suresh 紫花美冠兰

地生草本。假鳞茎块状。叶 2~3 枚，基部收狭成柄。花叶同时；花葶侧生，总状花序疏生数朵花；花常紫红色，唇瓣稍带黄色；距生于蕊柱足下方，完全附着于蕊柱足，仅前部与唇瓣连生。（栽培园地：CNBG）

Eulophia zollingeri (Rchb. f.) J. J. Smith 无叶美冠兰

腐生草本，无绿叶。假鳞茎块状，具节，位于地下。花葶粗壮，褐红色；总状花序疏生数朵至 10 余朵花；花褐黄色；侧萼片稍斜歪，基部生于蕊柱足上；唇瓣生于蕊柱足上，近倒卵形或长圆状倒卵形，3 裂；侧裂片多少围抱蕊柱；中裂片卵形，上面有 5~7 条密生乳突状腺毛的粗脉下延至唇盘上部；唇盘中央具 2 条近半圆形的褶片；基部具圆锥形囊。（栽培园地：SZBG）

Flickingeria albopurpurea 滇金石斛（图 1）

Eulophia zollingeri 无叶美冠兰

Flickingeria 金石斛属

该属共计 7 种，在 7 个园中有种植

Flickingeria albopurpurea Seidenf. 滇金石斛

附生草本。茎黄色或黄褐色，多分枝，假鳞茎稍扁纺锤形，具 1 个节间，顶生 1 枚叶。花序出自叶腋，具 1~2 朵花；花质地薄，开放仅半天则凋谢，萼片和花瓣白色；萼囊与子房交成直角，唇瓣白色，3 裂；唇盘从后唇至前唇基部具 2 条密布紫红色斑点的褶脊。（栽培园地：SCBG, KIB, XTBG, CNBG, SZBG）

Flickingeria angustifolia (Blume) Hawkes 狭叶金石斛

附生草本。茎金黄色，纤细，常多分枝。假鳞茎金

Flickingeria albopurpurea 滇金石斛（图 2）

Flickingeria angustifolia 狭叶金石斛（图 1）

Flickingeria angustifolia 狭叶金石斛（图2）

黄色，稍扁的细纺锤形，顶生1枚叶。叶片革质，狭披针形。花序常为单朵花；花质地薄，仅开放半天，随后凋谢；萼片和花瓣淡黄色带褐紫色条纹；唇瓣基部具长爪，3裂；侧裂片除边缘浅白色外其余紫色；中裂片橘黄色，前部深2裂，裂口中央具1短凸；唇盘具2条从中裂片基部延伸至近顶端的高褶片。（栽培园地：GXIB）

Flickingeria calocephala Z. H. Tsi et S. C. Chen 红头金石斛

附生草本。假鳞茎近圆柱形，顶生1枚叶。花仅开放半天，随后凋谢，萼片和花瓣近柠檬黄色，中部以上向外反卷；唇瓣3裂；侧裂片淡橘红色，直立；中裂片前部橘红色，呈"V"字形；唇盘从后唇基部沿前唇基部边缘具2条棕红色而稍带波状的褶脊。（栽培园地：SCBG, XTBG）

Flickingeria comata (Blume) A. D. Hawkes 金石斛

附生草本。根状茎匍匐，粗壮。茎斜立，淡黄色，多分枝。假鳞茎梭形，顶生1枚叶。叶片革质，卵形至长圆形。花序基部簇生数枚鳞片状鞘，常具1~2朵花；花质地薄，萼片和花瓣浅黄白色带紫色斑点；唇瓣黄色，基部楔形，3裂；侧裂片半卵形，前端边缘多少撕裂状；中裂片向顶端扩大，边缘深裂为长流苏。（栽培园地：WHIOB, XTBG, GXIB）

Flickingeria comata 金石斛

Flickingeria concolor Z. H. Tsi et S. C. Chen 同色金石斛

附生草本。根状茎匍匐。茎下垂或斜出，淡黄色或金黄色，常分枝。假鳞茎金黄色，稍扁的狭纺锤形，顶生1枚叶，具光泽。叶片革质，狭椭圆状披针形。花纯乳白色，常单生于叶腋，质地薄，仅开放半天；中萼片卵状披针形；侧萼片相似于中萼片，顶端钝；花瓣狭长圆形；唇瓣3裂；唇盘从后唇向前唇纵贯2条褶脊。（栽培园地：SZBG）

Flickingeria calocephala 红头金石斛

Flickingeria concolor 同色金石斛（图1）

Flickingeria fimbriata 流苏金石斛（图1）

Flickingeria concolor 同色金石斛（图2）

Flickingeria fimbriata 流苏金石斛（图2）

Flickingeria fimbriata (Bl.) Hawkes 流苏金石斛

附生草本。假鳞茎扁纺锤形。花质地薄，萼片和花瓣奶黄色带淡褐色或紫红色斑点，上部多少外反；唇瓣3裂；中裂片扩展呈扇形，两侧边缘皱波状或褶皱状；唇盘具2~3条黄白色的褶脊，在中裂片上的呈鸡冠状。（栽培园地：SCBG, WHIOB, SZBG）

Flickingeria tricarinata Z. H. Tsi et S. C. Chen 三脊金石斛

附生草本。根状茎匍匐。茎金黄色，下垂或斜出。假鳞茎金黄色，稍扁纺锤形，顶生1枚叶。叶片革质，狭卵状披针形。花序常具1朵花；花淡黄色，质地薄，仅开放半天，随后凋谢；中萼片卵状长圆形，侧萼片斜卵状三角形；唇瓣整体轮廓倒卵形；唇盘从后唇至前唇纵贯3条褶脊；褶脊在后唇上面平直，在前唇上面呈小鸡冠状或皱波状。（栽培园地：SZBG）

Flickingeria tricarinata 三脊金石斛

Gastrochilus 盆距兰属

该属共计10种，在6个园中有种植

Gastrochilus acinacifolius Z. H. Tsi 镰叶盆距兰

附生草本。叶片常镰刀状长圆形，顶端急尖并具2条短芒。花萼和花瓣淡黄色带紫红色斑点；萼片近等大，倒卵状匙形；前唇白色，横长圆形或扁圆形，边缘稍啮蚀状，上面中央增厚呈垫状；垫状物淡黄色带紫红色斑点，无毛，有时在外围疏被乳突状毛；后唇帽状或半球形。（栽培园地：XTBG）

Gastrochilus acinacifolius 镰叶盆距兰

Gastrochilus bellinus (Rchb. f.) Kuntze 大花盆距兰

附生草本。叶片大，带状或长圆形，顶端不等侧2裂。花大，中萼片长12~17mm；萼片和花瓣淡黄色带棕紫色斑点；前唇白色，具少数紫色斑点，近肾状三角形，边缘啮蚀状或流苏状，上面除中央的黄色垫状物外密布白色乳突状毛；后唇白色，并具少数紫色斑点，近圆锥形；唇盘中央增厚的垫状物基部具穴窝。（栽培园地：SCBG, KIB, CNBG, SZBG）

Gastrochilus bellinus 大花盆距兰（图1）

Gastrochilus bellinus 大花盆距兰（图2）

Gastrochilus bellinus 大花盆距兰（图3）

Gastrochilus calceolaris (Buch.-Ham. ex J. E. Smith) D. Don 盆距兰

附生草本。叶片顶端不等侧2圆裂。花开展，萼片和花瓣黄色，并具紫褐色斑点；前唇仅中央增厚成垫状，黄色带紫色斑点、无毛，其余密生或疏生乳突状白色长毛；后唇盔状，口缘明显比前唇高。（栽培园地：WHIOB, KIB, XTBG, CNBG, SZBG）

Gastrochilus calceolaris 盆距兰

Gastrochilus distichus (Lindl.) Kuntze 列叶盆距兰

附生草本。茎悬垂，纤细，常分枝。叶2列互生，叶片小，顶端2~3小裂，裂片刚毛状。萼片和花瓣淡绿色带红褐色斑点；前唇近半圆形，边缘全缘，近基部具2枚圆锥形的胼胝体；后唇近杯状，上端口缘抬起并且向前唇基部歪斜。（栽培园地：WHIOB, XTBG）

Gastrochilus distichus 列叶盆距兰

Gastrochilus formosanus (Hayata) Hayata 台湾盆距兰

附生草本。茎常匍匐、细长，常分枝。叶2列互生，叶片小，稍肉质，长圆形或椭圆形，绿色，常具紫红色斑点。总状花序缩短呈伞状，具2~3朵花；花淡黄色带紫红色斑点；前唇白色，宽三角形或近半圆形，顶端近截形或圆钝，全缘或稍波状，上面中央的垫状物黄色并密被乳突状毛；后唇近杯状，上端的口缘截形并且与前唇几乎在同一水平面上。（栽培园地：WHIOB）

Gastrochilus hainanensis Z. H. Tsi 海南盆距兰

附生草本。茎长1~2cm。叶4~5枚，近基生，叶片顶端钝且不等侧2裂。伞形花序具数朵花；花开展，质地厚；萼片和花瓣黄色，两面具紫红色斑点；前唇卵状三角形，厚肉质，白色，并具紫红色斑点，从中部向外下弯，除基部外，全部增厚呈垫状，上面光滑无毛，具1个倒"T"字形的沟；后唇圆锥形或近僧帽状，上端的口缘截形，并与前唇几乎在同一水平面上，口缘前端具1个两侧边缘歪斜的凹口。（栽培园地：SZBG）

Gastrochilus japonicus (Makino) Schltr. 黄松盆距兰

附生草本。茎粗短。叶2列互生，叶片长圆形至镰刀状长圆形，或有时倒卵状披针形，顶端急尖，并且稍钩转，斜2裂。总状花序缩短呈伞状；花开展，萼片和花瓣淡黄绿色，并具紫红色斑点；前唇白色，顶端带黄色，近三角形，上面除中央的黄色垫状物带紫色斑点和被细乳突外，其余无毛；后唇白色，近僧帽状或圆锥形，稍两侧压扁，与前唇几乎在同一水平面上。（栽培园地：SCBG）

Gastrochilus japonicus 黄松盆距兰

Gastrochilus obliquus (Lindl.) Kuntze 无茎盆距兰

附生草本。茎粗短。叶2列，叶片阔长圆形或长圆状披针形，顶端不等侧2裂。花序近伞形，常具5~8朵花；花芳香，萼片和花瓣黄色，带紫红色斑点；前唇

Gastrochilus hainanensis 海南盆距兰

Gastrochilus obliquus 无茎盆距兰

背面具1个乳头状突起，边缘具撕裂状或啮蚀状流苏；后唇兜状。（栽培园地：KIB, XTBG, CNBG, SZBG）

Gastrochilus sinensis Z. H. Tsi 中华盆距兰

附生草本。茎匍匐状，细长。叶2列互生，彼此疏离，叶片小，绿色带紫红色斑点。总状花序缩短呈伞状，具2~3朵花；花小，开展，黄绿色带紫红色斑点；前唇肾形，边缘和上面密被短毛，中央具增厚的垫状物；后唇近圆锥形，多少两侧压扁，上端的口缘稍抬起而稍比前唇高；口缘的前端具宽的凹口，内侧密被髯毛。（栽培园地：CNBG）

Gastrochilus yunnanensis Schltr. 云南盆距兰

附生草本。茎长达20cm。叶2列互生，叶片顶端长渐尖并具2~3条芒。萼片和花瓣淡黄色，顶端带淡褐色；萼片近等大，舌状长圆形；前唇宽三角形，边缘具撕裂状流苏，上面中央垫状增厚；垫状物黄色带少数紫红色斑点，其外围被乳突状毛；后唇近兜状或半球形，口缘比前唇高。（栽培园地：XTBG）

Gastrodia 天麻属

该属共计1种，在2个园中有种植

Gastrodia elata Blume 天麻

腐生草本。根状茎肥厚，块茎状，椭圆形至近哑铃形，具较密的节。茎橙黄色、黄色、灰棕色或蓝绿色。无绿叶。总状花序具30~50朵花；花橙黄色、淡黄色、蓝绿色或黄白色，近直立；萼片和花瓣合生成的花被筒长约1cm，顶端具5枚裂片，筒的基部向前方凸出；唇瓣3裂，基部贴生于蕊柱足末端，与花被筒内壁上并有1对肉质胼胝体，边缘具不规则短流苏。（栽培园地：SCBG, LSBG）

Geodorum 地宝兰属

该属共计4种，在5个园中有种植

Geodorum attenuatum Griff. 大花地宝兰

地生草本。假鳞茎块茎状，横卧。叶3~4枚，叶柄套叠成假茎，具关节，外被数枚鞘。花葶明显短于叶；总状花序短而俯垂，具2~4朵花；花白色，直径约2cm，仅唇瓣中上部柠檬黄色；唇瓣近宽卵形，凹陷，多少舟状，基部具圆锥形的短囊，囊口具1枚2裂的褐色胼胝体。（栽培园地：XTBG）

Geodorum densiflorum (Lam.) Schltr. 地宝兰

地生草本。假鳞茎块茎状，多个连接。叶2~3枚。花葶与叶等长或长于叶，总状花序俯垂，具10余朵

Geodorum attenuatum 大花地宝兰

Geodorum densiflorum 地宝兰（图1）

Geodorum densiflorum 地宝兰（图2）

Geodorum densiflorum 地宝兰（图3）

花，花白色；花瓣略宽于中萼片；唇瓣顶端近截形并略具裂缺，唇盘上或在中央具不规则的乳突区，或具1~2条肥厚的纵脊，基部凹陷成浅囊状。（栽培园地：SCBG, XTBG, CNBG, SZBG, GXIB）

Geodorum eulophioides Schltr. 贵州地保兰

地生草本。假鳞茎块茎状，不规则圆球形。总状花序俯垂，密生多花；花玫瑰红色；花瓣宽度为中萼片的1倍；唇瓣卵形，顶端近截形，边缘波状，上半部中央呈不很明显的疣状增厚，基部凹陷而成圆锥形短囊。（栽培园地：SZBG）

Geodorum eulophioides 贵州地保兰（图1）

Geodorum eulophioides 贵州地保兰（图2）

Geodorum recurvum (Roxb.) Alston 多花地宝兰

地生草本。假鳞茎块茎状。叶2~3枚。花葶明显短于叶；总状花序俯垂，具较多密集的花，常达10朵以上；花白色，仅唇瓣中央黄色和两侧具紫色条纹；唇瓣宽长圆状卵形，顶端钝或略具裂缺，上部边缘多少皱波状；唇盘上具2~3条肉质的、近鸡冠状的纵脊，从中部延伸至上部；唇瓣基部凹陷，近无囊或具很短的囊。（栽培园地：XTBG）

Geodorum recurvum 多花地宝兰

Goodyera 斑叶兰属

该属共计6种，在10个园中有种植

Goodyera biflora (Lindl.) Hook. f. 大花斑叶兰

地生草本。植株高5~15cm。根状茎匍匐。茎上具4~5枚叶。叶片长2~4cm，上面绿色，具白色网状脉纹。总状花序常具2朵花，花常偏向一侧；中萼片和花瓣靠合成兜状，长2~2.5cm；唇瓣线状披针形，基部凹陷呈囊状，内面被多数腺毛。（栽培园地：WHIOB, KIB）

Goodyera fumata Thwaites 烟色斑叶兰

地生草本。植株高达90cm。根状茎匍匐。茎上具6枚叶；叶片长16~19cm。总状花序长达30cm，穗状，密生多朵花；中萼片和花瓣靠合成盔状，长7~9mm；唇瓣近菱圆形，基部凹陷，上面被腺毛。（栽培园地：XTBG）

Goodyera procera (Ker-Gawl.) Hook. 高斑叶兰

地生草本。植株高20~80cm。叶6~8枚，叶片长7~15cm。总状花序长10~15cm，穗状，密生多花；中萼片和花瓣靠合成兜状，长3~3.5mm；唇瓣宽卵形，基部囊状，囊内具腺毛。（栽培园地：SCBG, XTBG, CNBG, SZBG, XMBG）

Goodyera repens (L.) R. Br. 小斑叶兰

地生矮小草本。叶5~6枚，叶片长1~2cm，叶面

Goodyera fumata 烟色斑叶兰

Goodyera procera 高斑叶兰（图1）

Goodyera procera 高斑叶兰（图2）

Goodyera procera 高斑叶兰（图3）

Goodyera repens 小斑叶兰（图1）

Goodyera repens 小斑叶兰（图2）

Goodyera schlechtendaliana 斑叶兰（图2）

具白色脉和斑纹。总状花序长4~15cm，具数朵花至多花；中萼片和花瓣靠合成盔状，长3~4mm；唇瓣卵形，基部囊状，囊内无毛。（栽培园地：SCBG, IBCAS, WHIOB, KIB, CNBG）

Goodyera schlechtendaliana Rchb. f. 斑叶兰

地生草本。叶4~6枚，叶片长3~8cm，叶面具白色斑点和斑块。总状花序长8~20cm，具数朵花至多朵偏向一侧的花；中萼片和花瓣靠合成兜状，长7~10mm；唇瓣卵形，基部囊状，囊内具腺毛。（栽培园地：SCBG, WHIOB, LSBG, CNBG, GXIB）

Goodyera schlechtendaliana 斑叶兰（图3）

Goodyera viridiflora (Blume) Blume 绿花斑叶兰

地生矮小草本。叶2~3枚，叶片长1.5~6cm，偏斜的卵形或卵状披针形。总状花序长8~20cm，具2~3朵花；花绿白色，顶端淡红褐色；中萼片和花瓣靠合成兜状，长12~15mm；唇瓣卵形，舟状，基部绿褐色，囊内密生腺毛。（栽培园地：SCBG, WHIOB）

Goodyera schlechtendaliana 斑叶兰（图1）

Goodyera viridiflora 绿花斑叶兰

Gymnadenia 手参属

该属共计 1 种，在 2 个园中有种植

Gymnadenia orchidis Lindl. 西南手参

地生草本。块茎掌状分裂。叶 3~5 枚，互生，叶片长 4~16cm。总状花序密生多花；花小，淡粉色、白色或粉紫色；萼片与花瓣长 3~5mm；唇瓣宽倒卵形，顶端 3 裂；距纤细，弯曲，长 7~10mm。（栽培园地：SCBG, KIB）

Habenaria 玉凤花属

该属共计 12 种，在 8 个园中有种植

Habenaria aitchisonii Rchb. f. 落地金钱

地生草本。基部具 2 枚近对生的叶，叶片卵圆形或卵形，上面 5 条脉有时稍带黄白色。花较小，黄绿色或绿色；中萼片凹陷呈舟状，与花瓣靠合呈兜状；侧萼片反折，斜卵状长圆形；花瓣 2 裂；唇瓣基部之上 3 深裂；中裂片线形，反折；侧裂片近钻形，镰状向上弯曲，角状；距圆筒状棒形，较子房短。（栽培园地：XJB）

Habenaria ciliolaris Kraenzl. 毛葶玉凤花

地生草本。茎近中部具 5~6 枚叶。总状花序具 10

Habenaria ciliolaris 毛葶玉凤花（图 1）

Habenaria ciliolaris 毛葶玉凤花（图 2）

Habenaria ciliolaris 毛葶玉凤花（图 3）

余朵花；花葶具棱，棱上具长柔毛；花白色或绿白色，罕带粉色；中萼片近顶部边缘具睫毛，背面具 3 条片状具细齿或近全缘的龙骨状突起；侧萼片反折，强烈偏斜；唇瓣较萼片长，基部 3 深裂，侧裂片丝状，并行，向上弯曲。（栽培园地：SCBG, KIB, XTBG, LSBG）

Habenaria davidii Franch. 长距玉凤花

地生草本。块茎长圆形，具 5~7 枚叶。总状花序具 4~15 朵花；花大，绿白色或白色；萼片淡绿色或白色，边缘具缘毛，唇瓣白色或淡黄色，在基部以上 3 深裂，裂片具缘毛；中裂片线形，与侧裂片近等长；侧裂片线形，外侧边缘为篦齿状深裂，细裂片 7~10 条，丝状；距细圆筒状，下垂，较子房长，甚至超出近 1 倍。（栽培园地：KIB）

Habenaria dentata (Sw.) Schltr. 鹅毛玉凤花

地生草本。块茎长圆状卵形至长圆形，具 3~5 枚疏生的叶，叶上具苞片状小叶。总状花序常具多朵花，长 5~12cm；花白色，较大，萼片和花瓣边缘具缘毛；唇瓣 3 裂，侧裂片近菱形或近半圆形，前部边缘具锯齿；距细圆筒状棒形，下垂，较子房长；距口周围具明显隆起的凸出物。（栽培园地：XTBG, LSBG）

Habenaria finetiana Schltr. 齿片玉凤花

地生草本。块茎狭椭圆形。叶基生，2 枚，偶 3 枚，叶片近心形或卵形，常具白色镶边。总状花序具 2~8 朵花；花白色，直径 2.5~3cm；萼片和花瓣边缘具缘毛；唇瓣宽倒卵形，3 裂，侧裂片菱形，前部边缘具锯齿；距圆筒状，下垂，末端略膨大，稍向前弯曲，较子房稍短或近等长；距口仅两侧稍隆起并凸出。（栽培园地：KIB）

Habenaria finetiana 齿片玉凤花

Habenaria fordii Rolfe 线瓣玉凤花

地生草本。基部具 4~5 枚稍集生的叶，叶片长圆状披针形或长椭圆形。花白色；花瓣直立，线状披针形；唇瓣下部 3 深裂，中裂片线形，侧裂片丝状，较中裂片狭而稍长。（栽培园地：SCBG）

Habenaria intermedia D. Don 大花玉凤花

地生草本。具 3~5 枚疏生的叶。总状花序具 1~4 朵花；花白色或绿白色，较大，萼片边缘具缘毛；唇瓣在基部以上 3 深裂，侧裂片线形，外侧边缘篦齿状深裂，其裂片 10 余条，丝状；距圆筒状，下垂，近末端稍膨大，末端钝，较子房长很多。（栽培园地：WHIOB）

Habenaria fordii 线瓣玉凤花

Habenaria linearifolia Maxim. 线叶十字兰

地生草本。块茎卵球形；茎直立，具多枚叶，向上渐小成苞片状，中下部的叶 5~7 枚，叶片线形。总状花序具 8~20 朵花；花白色或绿白色；萼片和花瓣边缘具缘毛；唇瓣向前伸展，近中部 3 深裂，侧片线形，近等长；距圆筒状，下垂，稍向前弯曲，末端逐渐增粗，较子房长。（栽培园地：LSBG）

Habenaria linguella Lindl. 坡参

地生草本。具 3~4 枚疏生的叶。总状花序具 9~20 朵密生的花；花小，细长，黄色或褐黄色；侧萼片反折；唇瓣基部 3 裂，中裂片线形，先端钝；侧裂片钻形，叉开，顶端渐尖；距极细的圆筒状，下垂，下部稍增粗，末端钝，长于子房，距口前方具很矮的环状物。（栽培园地：SCBG）

Habenaria lucida Lindl. 细花玉凤花

地生草本。总状花序具数十朵较密生的花；花小，细长，黄绿色，常近水平伸展与花序轴近垂直或向下俯垂；萼片绿色；唇瓣黄色，基部 3 裂；侧裂片向后反折；中裂片向上翘弯，与中萼片和花瓣靠合而形成的兜的顶端内侧紧靠。（栽培园地：SCBG）

Habenaria plurifoliata Tang et F. T. Wang 莲座玉凤花

地生草本。茎直立，具6~10枚集生呈莲座状伸展的叶。总状花序具10~25朵疏生的花，花序轴和总花梗无毛；花黄绿色或白色，直立伸展，无毛；唇瓣基部3深裂，侧裂片和中裂片呈90°角叉开，丝状，距下垂，较子房长。（栽培园地：XTBG）

Habenaria rhodocheila Hance 橙黄玉凤花

地生草本。块茎长圆形。总状花序具数朵花；花中等大，萼片和花瓣绿色，唇瓣橙黄色、橙红色或红色；唇瓣向前伸展，卵形，4裂，基部具短爪，距细圆筒状，污黄色，下垂。（栽培园地：SCBG, CNBG, GXIB）

Haraella 香兰属

该属共计1种，在3个园中有种植

Haraella retrocalla (Hayata) Kudo 香兰

附生草本。叶2列，近基生。总状花序常2个，

Habenaria rhodocheila 橙黄玉凤花（图1）

Haraella retrocalla 香兰（图1）

Habenaria rhodocheila 橙黄玉凤花（图2）

Haraella retrocalla 香兰（图2）

腋生，具 1~4 朵花；萼片和花瓣长 7~8mm；唇瓣长 12~14mm，顶端边缘具短流苏，唇盘具 1 枚三角形胼胝体。（栽培园地：SCBG, CNBG, XMBG）

Hemipilia 舌喙兰属

该属共计 3 种，在 3 个园中有种植

Hemipilia flabella Bur. et Franch. 舌喙兰

地生草本。叶基生，1 枚，叶片心形至宽卵形，叶面暗绿色，并具黑紫色斑点。总状花序具 8~10 朵花；花粉红色至淡紫红色，唇瓣 3 深裂或 3 浅裂，在基部近距口处具 2 枚胼胝体；距圆筒形，水平伸展。（栽培园地：KIB）

Hemipilia henryi Rolfe 裂唇舌喙兰

地生草本。叶近基生，1 枚或稀 2 枚，叶片卵形，基部心形。总状花序具 3~9 朵花；花粉紫色；唇瓣倒卵状楔形，上面被细乳突，基部具 1 枚胼胝体，顶端 3 裂；距狭圆筒形，多少弯曲。（栽培园地：WHIOB）

Hemipilia kwangsiensis T. Tang et F. T. Wang ex K. Y. Lang 广西舌喙兰

地生草本。叶基生，1 枚，叶片圆形至宽卵形，叶

Hemipilia kwangsiensis 广西舌喙兰（图 2）

面绿色，稍具黑紫色斑点。总状花序常疏生 5 朵花；花粉紫色；唇瓣倒心形，不裂，上面被细乳突，基部近距口处具 2 枚较长的胼胝体；距狭线形，末端变狭。（栽培园地：GXIB）

Hetaeria 翻唇兰属

该属共计 2 种，在 1 个园中有种植

Hetaeria affinis (Griff.) Seidenf. et Ormerod 滇南翻唇兰

地生草本。根状茎伸长、匍匐。茎直立，具 6~8 枚较疏生的叶。叶片卵形或椭圆形，稍偏斜。总状花序长 7~10cm，具多数花，花序轴密被腺状柔毛；花小，前部略张开；萼片绿色，顶端背面带粉红色，背面密被腺状柔毛；花瓣白色，倒卵形；唇瓣葫芦状卵形，凹陷，长 3.5mm，前部小，宽卵形，后部扩大，近基部两侧各具 1 枚长圆形、顶部 2~4 裂的胼胝体。（栽培园地：XTBG）

Hetaeria finlaysoniana Seidenf. 长序翻唇兰

地生草本。根状茎伸长、匍匐。茎直立，具 4~5 枚叶。

Hemipilia kwangsiensis 广西舌喙兰（图 1）

Hetaeria finlaysoniana 长序翻唇兰

叶片长圆形至长椭圆形，稍不等侧。总状花序长8~12cm，具多数较疏散的花，花序轴被柔毛；花小，半张开；萼片粉红色或近白色，具3脉，背面被柔毛；花瓣白色，斜歪，菱状倒卵形；唇瓣位于上方，凹陷呈舟状，长4~4.5mm，顶端具尖头，内面具5条脉，在近基部中脉两侧的4条脉上各具1~3枚细长的、向基部弯的钩状胼胝体。（栽培园地：XTBG）

Holcoglossum 槽舌兰属

该属共计8种，在8个园中有种植

Holcoglossum amesianum (Rchb. f.) Christenson 大根槽舌兰

附生草本。叶片扁带状，两侧常多少对折。花质地薄，开展，淡粉红色；唇瓣淡紫红色，3裂；中裂片近肾状圆形，基部具1枚直立的方形附属物，上面具3条深紫红色的脊突；距狭圆锥形，长约6mm，末端钝并且稍向后弯。（栽培园地：SCBG, WHIOB, CNBG, SZBG）

Holcoglossum flavescens (Schltr.) Z. H. Tsi 短距槽舌兰

附生草本。叶2列，叶片肉质，半圆柱形或多少"V"字形对折，近轴面具宽的凹槽。花序短于叶，近直立；花开展，萼片和花瓣白色；唇瓣白色，3裂；侧裂片内面具红色条纹；中裂片基部具1个宽卵状三角形的黄色胼胝体；距角状，向前弯，长约7mm。（栽培园地：SCBG, KIB, CNBG, SZBG）

Holcoglossum flavescens 短距槽舌兰

Holcoglossum kimballianum (Rchb. f.) Garay 管叶槽舌兰

附生草本。植株常下垂。叶片肉质，圆柱形，近轴面具1条凹槽。花序弯垂，疏生多数花；花大，开展，

Holcoglossum amesianum 大根槽舌兰（图1）

Holcoglossum kimballianum 管叶槽舌兰（图1）

Holcoglossum amesianum 大根槽舌兰（图2）

Holcoglossum kimballianum 管叶槽舌兰（图2）

萼片和花瓣白色带淡色紫晕；唇瓣紫红色，3 裂，中裂片紫红色；唇盘上面在基部具 2~3 条褶片；距白色，狭长，长约 1.5cm，多少弧曲，向末端渐狭。（栽培园地：KIB, XTBG, CNBG, SZBG）

Holcoglossum quasipinifolium (Hayata) Schltr. 槽舌兰

附生草本。茎长达 5cm，被宿存的叶鞘。叶片圆柱形，近轴面具 1 条纵槽，基部具关节和彼此套叠的鞘，常扭转。总状花序腋生，常具 1~3 朵花；萼片和花瓣白色带粉红色，背面中肋被少数褐红色斑点；唇瓣 3 裂；侧裂片黄褐色，上缘凹缺成前后裂片；中裂片白色，倒卵状菱形，顶端稍收狭、平截而具凹缺，基部中央具 5~7 条小鸡冠状褶片；距狭长，长 1.2~1.8cm，向末端变狭。（栽培园地：XTBG, SZBG）

Holcoglossum rupestre (Hand.-Mazz.) Garay 滇西槽舌兰

附生草本。茎短，长约 2cm。叶 10 余枚，叶片肉质，圆柱状，基部上方具 1 个关节，其下具覆瓦状套叠的鞘。花序斜出，具 6~10 朵花；萼片和花瓣白色；唇瓣红色，3 裂；侧裂片直立，近倒卵形；中裂片卵形，顶端圆，基部具 2~3 条小鸡冠状的附属物，边缘波状；距长约 8mm，向末端变狭，从中部向前弯曲。（栽培园地：WHIOB, CNBG）

Holcoglossum sinicum Christenson 中华槽舌兰

附生草本。植株悬垂。叶片半圆柱形。花序短，长不超过茎；花开展，白色；唇瓣贴生于蕊柱足，无关节，3 裂；蕊柱足 3 裂；侧裂片直立，卵状三角形；中裂片近菱形，基部胼胝体黄色，不甚增厚，其两侧不隆起成脊突；距狭圆锥形，长约 8mm。（栽培园地：CNBG, SZBG）

Holcoglossum sinicum 中华槽舌兰

Holcoglossum subulifolium (Rchb. f.) Christenson 白唇槽舌兰

附生草本。植株下垂或斜立。叶常 3~4 枚，叶片肉质，近半圆柱形。总状花序侧生于茎，具数朵花；花质地薄，开展；萼片和花瓣白色，背面具浅紫色晕；唇瓣白色，3 裂；侧裂片白色带黄色，具紫斑，尖牙齿状；中裂片宽三角形，下部凹陷成浅匀状，基部具 3 条黄色带褐色脊突，边缘波状带不整齐的齿；距圆锥形，短而钝。（栽培园地：IBCAS, SZBG）

Holcoglossum wangii Christenson 筒距槽舌兰

附生悬垂草本。叶片半圆柱形，较长。花白色，唇瓣侧裂片黄色具紫红色斑，唇盘具紫红色斑；唇瓣 3 裂；唇盘具 3 条脊突；距棒状，顶端稍膨大。（栽培园地：SCBG, CNBG, GXIB）

Holcoglossum wangii 筒距槽舌兰（图 1）

Holcoglossum wangii 筒距槽舌兰（图 2）

Hygrochilus 湿唇兰属

该属共计1种，在6个园中有种植

Hygrochilus parishii (Rchb. f.) Pfitz. 湿唇兰

附生草本。叶片长圆形或倒卵状长圆形，顶端不等侧2圆裂。花大，肉质，萼片、花瓣黄色带暗紫色斑点；萼片近相似，背面中肋隆起呈龙骨状；唇瓣肉质，3裂；基部具1个直立的附属物，上面紫丁香色，具1条纵向脊突；蕊喙2裂。（栽培园地：SCBG, WHIOB, KIB, XTBG, CNBG, SZBG）

Hygrochilus parishii 湿唇兰（图1）

Hygrochilus parishii 湿唇兰（图2）

Liparis 羊耳蒜属

该属共计14种，在10个园中有种植

Liparis assamica King et Pantl. 扁茎羊耳蒜

附生草本。假鳞茎密集，卵状梭形，略压扁，顶生3~4枚近互生的叶。总状花序长5~7cm，具10余朵花；

Liparis assamica 扁茎羊耳蒜

花橘黄色；唇瓣宽倒卵状长圆形，长约4mm，顶端截形并微凹，在基部上方两侧骤然收狭并具增厚皱褶，基部两侧为半圆形的裂片，中央具1个肥厚、中央凹陷的胼胝体。（栽培园地：WHIOB）

Liparis bootanensis Griff. 镰翅羊耳蒜

附生草本。假鳞茎密集，卵形或卵状长圆形，顶生1枚叶。总状花序外弯或下垂；花常黄绿色，有时稍带褐色，稀近白色；唇瓣近宽长圆状倒卵形，顶端近截平并具凹缺或短尖，前缘常具不规则细齿，基部有2个胼胝体，有时2个胼胝体基部合生。（栽培园地：SCBG, WHIOB, KIB, CNBG, SZBG）

Liparis bootanensis 镰翅羊耳蒜

Liparis cespitosa (Lam.) Lindl. 丛生羊耳蒜

附生草本。假鳞茎密集，卵形、狭卵形至近圆柱形，顶生1枚叶。花绿色或绿白色，很小；萼片长1.5~1.8mm；唇瓣近宽长圆形，顶端近截平并具短尖，边缘有时稍呈波状，基部有1对向后延伸的耳，无明显的胼胝体。（栽培园地：SZBG）

Liparis cespitosa 丛生羊耳蒜

Liparis chapaensis Gagnep. 平卧羊耳蒜

附生矮小草本。假鳞茎密集，多少平卧，近卵状长圆形，顶生1枚叶。花淡黄绿色或橘黄色；唇瓣近倒卵状长圆形，顶端近截平具短尖，近基部具1个2裂的胼胝体。（栽培园地：IBCAS）

Liparis cordifolia Hook. f. 心叶羊耳蒜

地生草本。假鳞茎聚生，密集，卵形，稍压扁，外被白色的薄膜质鞘。叶1枚，叶片卵形至心形，绿色或偶见白斑，膜质或草质。花绿色或淡绿色，常较密集；唇瓣倒卵状三角形，顶端截平并具短尖，两侧边缘多少皱波状，向基部变狭，近基部具1个凹穴，其上方具1对不明显的胼胝体。（栽培园地：SZBG）

Liparis delicatula Hook. f. 小巧羊耳蒜

附生草本。假鳞茎长圆形或近圆柱状梭形，顶端或近顶端处具2(~3)枚叶。花白色；中萼片背面具龙骨状突起；唇瓣顶端近截平或圆形并具短尾，中部以下两侧明显皱缩并扭曲，使上部强烈外折，基部两侧各有1个圆形的耳状皱褶，近基部中央具1个中央凹陷的胼胝体。（栽培园地：XTBG）

Liparis distans C. B. Clarke 大花羊耳蒜

附生草本。假鳞茎密集，近圆柱形或狭卵状圆柱形，

Liparis distans 大花羊耳蒜（图1）

Liparis distans 大花羊耳蒜（图2）

Liparis delicatula 小巧羊耳蒜

Liparis distans 大花羊耳蒜（图3）

顶端或近顶端具 2 枚叶。花黄绿色或橘黄色；萼片线形，边缘常外卷；花瓣近丝状；唇瓣顶端浑圆或钝，边缘略具不规则细齿，基部收狭成短柄并具 1 个具槽的胼胝体。（栽培园地：SCBG, WHIOB, KIB, GXIB）

Liparis elliptica Wight 扁球羊耳蒜

附生草本。假鳞茎长圆形或椭圆形，压扁，顶生 2 枚叶。花淡黄绿色；唇瓣近圆形或近宽卵圆形，顶端长渐尖或为稍外弯的短尾状，前部边缘皱波状，中部或上部两侧常具耳状皱褶而貌似 3 裂，无胼胝体。（栽培园地：SZBG, XMBG）

Liparis luteola 黄花羊耳蒜（图 1）

Liparis elliptica 扁球羊耳蒜

Liparis luteola 黄花羊耳蒜（图 2）

Liparis luteola Lindl. 黄花羊耳蒜

附生矮小草本。假鳞茎稍密集，常多少斜卧，近卵形，顶生 2 枚叶。花白绿色至黄绿色；唇瓣长圆状倒卵形，顶端微缺具细尖头，近基部具 1 条肥厚的纵脊，脊的前端有 1 个 2 裂的胼胝体。（栽培园地：SCBG）

Liparis nervosa (Thunb. ex A. Murray) Lindl. 见血青

地生草本。茎圆柱状，具数节，常包藏于叶鞘之内。花紫色；唇瓣长圆状倒卵形，顶端截形并微凹，基部收狭并具 2 个近长圆形的胼胝体。（栽培园地：SCBG, WHIOB, CNBG, GXIB）

Liparis pauliana Hand.-Mazz. 长唇羊耳蒜

地生草本。假鳞茎卵形或卵状长圆形，外被多枚白色的薄膜鞘。总状花序常疏生数朵花；萼片常淡黄绿色；唇瓣淡紫褐色，倒卵状椭圆形，顶端钝或有时具短尖，近基部常具 2 条短的纵褶片，有时纵褶片似皱褶而不甚明显。（栽培园地：WHIOB, LSBG）

Liparis plantaginea Lindl. 绿花羊耳蒜

地生草本。假鳞茎卵状长圆形，被数枚膜质鞘。叶 2 枚，折扇状，叶片线状长圆形至倒披针形。总状花序长 15~25cm；花绿色，直径约 2.5cm；萼片长圆状披针

Liparis nervosa 见血青（图1）

Liparis stricklandiana 扇唇羊耳蒜（图2）

Liparis nervosa 见血青（图2）

形，长9~10mm；唇瓣宽卵状圆形，边缘微具细齿。（栽培园地：XTBG）

Liparis stricklandiana Rchb. f. **扇唇羊耳蒜**

附生草本。假鳞茎密集，近长圆形，顶端或近顶端具2枚叶。花绿黄色；唇瓣扇形，顶端近截形并具短尖头，前部边缘具不规则细齿，基部收狭，近基部具1个扁圆形的胼胝体；胼胝体中央贴生于唇瓣上并向前延伸而成宽阔、粗短的肥厚中脉。（栽培园地：SCBG, SZBG）

Liparis viridiflora (Blume) Lindl. **长茎羊耳蒜**

附生草本。假鳞茎稍密集，常为圆柱形，基部多少平卧，上部直立，顶生2枚叶。唇瓣近卵状长圆形，顶端近急尖或具短尖头，边缘略呈波状，从中部向外弯，无胼胝体。（栽培园地：SCBG, IBCAS, WHIOB, KIB, XTBG, CNBG, SZBG, GXIB）

Liparis stricklandiana 扇唇羊耳蒜（图1）

Liparis viridiflora 长茎羊耳蒜（图1）

Liparis viridiflora 长茎羊耳蒜（图2）

Ludisia discolor 血叶兰（图2）

Ludisia 血叶兰属

该属共计1种，在5个园中有种植

Ludisia discolor (Ker-Gawl.) A. Rich. 血叶兰

地生草本。根状茎伸长，匍匐。叶面黑绿色，具5条金红色具光泽的脉，背面淡红色，具叶柄。花白色或带淡红色，唇瓣下部与蕊柱的下半部合生成管，基部具囊，上部常扭转，顶部扩大成横长方形；唇瓣基

Ludisia discolor 血叶兰（图3）

部的囊2浅裂，囊内具2枚肉质的胼胝体。（栽培园地：SCBG, WHIOB, KIB, SZBG, GXIB）

Luisia 钗子股属

该属共计3种，在7个园中有种植

Luisia magniflora Z. H. Tsi et S. C. Chen 大花钗子股

附生草本。花近肉质，萼片和花瓣黄绿色，背面具紫红色斑点；侧萼片对折，围抱唇瓣前唇中下部两侧边缘且前伸，背面中肋向顶端变为宽翅；唇瓣暗紫色，前后唇的分界线明显；前唇心形，两侧下弯，上面具许多疣状突起。（栽培园地：SCBG, WHIOB, XTBG, CNBG, SZBG）

Luisia morsei Rolfe 钗子股

附生草本。花小，开展，萼片和花瓣黄绿色，萼片背面染紫褐色；侧萼片背面中肋向顶端变为宽翅后，骤然收狭呈尖牙齿状并伸出；唇瓣前后唇的界线明显；后唇围抱蕊柱，较前唇宽，稍凹陷；前唇边缘多少具

Ludisia discolor 血叶兰（图1）

圆缺刻。（栽培园地：SCBG, WHIOB, KIB, CNBG, SZBG, GXIB）

Luisia teres (Thunb. ex A. Murray) Bl. **叉唇钗子股**

附生草本。萼片和花瓣淡黄色或浅白色，在背面和顶端带紫晕；唇瓣厚肉质，浅白色且上面密布污紫色的斑块，前后唇之间无明显界线；前唇伸展，中央具1条纵向肉质脊突，顶端叉状2裂。（栽培园地：CNBG, SZBG）

Luisia magniflora 大花钗子股（图1）

Luisia magniflora 大花钗子股（图2）

Luisia morsei 钗子股（图1）

Luisia morsei 钗子股（图2）

Luisia teres 叉唇钗子股（图1）

Luisia teres 叉唇钗子股（图2）

Microtis 葱叶兰属

该属共计1种，在2个园中有种植

Microtis unifolia (Forst.) Rchb. f. 葱叶兰

地生草本。块茎较小，近椭圆形。茎长15~30cm，基部具膜质鞘。叶1枚，生于茎下部，直立或近直立。叶片圆筒状，近轴面具1纵槽，下部约1/5抱茎。总状花序常具10余朵花；花绿色或淡绿色；唇瓣近狭椭圆形舌状，稍肉质，无距，近基部两侧各有1个胼胝体；蕊柱极短，顶端具2个耳状物。（栽培园地：WHIOB, LSBG）

Monomeria 短瓣兰属

该属共计1种，在2个园中有种植

Monomeria barbata Lindl. 短瓣兰

附生草本。假鳞茎疏生。叶片大，厚革质，长圆形，基部收狭为长9~10cm的柄。花开展，黄色染淡红色；侧萼片远离蕊柱而贴生于蕊柱足的中部以上，顶端渐尖，上面密被粗硬毛；花瓣斜三角形，边缘具流苏；唇瓣3裂。（栽培园地：SCBG, CNBG）

Monomeria barbata 短瓣兰

Mycaranthes 拟毛兰属

该属共计2种，在5个园中有种植

Mycaranthes floribunda (D. Don) S. C. Chen et J. J. Wood 拟毛兰

附生草本。茎仅基部稍膨大，圆柱形，常下垂。叶多枚，叶片厚革质，狭披针形。花序密被灰白色绵毛，密生多花；花淡黄绿色；萼片背面密被灰白色绵毛；唇瓣近扇形，3裂；唇瓣上面自基部至近顶端处具1条白色、哑铃形的突起，基部两侧还各具1个小突起。（栽培园地：SZBG）

Mycaranthes floribunda 拟毛兰

Mycaranthes pannea (Lindl.) S. C. Chen et J. J. Wood 指叶拟毛兰

附生矮小草本。根状茎明显。叶片圆柱形，两侧稍

Mycaranthes pannea 指叶拟毛兰

压扁。花序顶生，具1~4朵花；花黄色；萼片外面密被白色绒毛，内面黄褐色，疏被绒毛；唇瓣不裂，深褐色，上面被白色短绒毛，背面基部被稍长的白色绒毛，基部收窄并具1个线形胼胝体，近端部具1枚显著的长椭圆形胼胝体。（栽培园地：SCBG, IBCAS, WHIOB, KIB, SZBG）

Neofinetia 风兰属

该属共计2种，在3个园中有种植

Neofinetia falcata (Thunb. ex A. Murray) H. H. Hu 风兰

附生草本。茎稍扁，被叶鞘所包。叶片厚革质，狭长圆状镰刀形，基部具彼此套叠的"V"字形鞘。总状花序具2~5朵花；花白色，芳香；唇瓣肉质，3裂；中裂片顶端钝且具凹缺，基部具1枚三角形的胼胝体，上面具3条稍隆起的脊突；距纤细，弧形弯曲，长3.5~5cm。（栽培园地：SCBG, WHIOB, CNBG）

Neofinetia richardsiana Christenson 短距风兰

附生簇生草本。茎被宿存而对折的叶鞘所包。叶2列互生，向外弯，"V"字形对折，顶端稍斜2裂，基部彼此套叠。总状花序密生少数花；花白色，无香气，萼片、花瓣基部及子房顶端淡粉红色；唇瓣3裂，中裂片顶端钝，稍下弯，基部具1枚胼胝体；距弧曲，长约1cm。（栽培园地：WHIOB）

Neofinetia richardsiana 短距风兰

Neogyna 新型兰属

该属共计1种，在2个园中有种植

Neogyna gardneriana (Lindl.) Rchb. f. 新型兰

附生草本。假鳞茎狭卵形至近圆柱形，基部略收狭，顶生2枚叶。花苞片宽卵状椭圆形至近圆形，形如竹箨；花白色；萼片背面龙骨状突起高约1mm，基部囊深4mm；唇瓣顶端3裂；唇盘上具2条纵褶片。（栽培园地：SCBG, WHIOB）

Neofinetia falcata 风兰（图1）

Neofinetia falcata 风兰（图2）

Neogyna gardneriana 新型兰

Neottianthe 兜被兰属

该属共计1种，在1个园中有种植

Neottianthe cucullata (L.) Schltr. 二叶兜被兰

地生草本。块茎圆球形或卵形；茎直立或近直立，基部具1~2枚圆筒状鞘，其上具2枚近对生的叶。总状花序具数朵至10余朵花，常偏向一侧；花紫红色或粉红色；萼片彼此紧密靠合成兜，唇瓣向前伸展，上面和边缘具细乳突，基部楔形，中部3裂；距细圆筒状圆锥形，中部向前弯曲，近呈"U"字形。（栽培园地：LSBG）

Nephelaphyllum 云叶兰属

该属共计1种，在2个园中有种植

Nephelaphyllum tenuiflorum Blume 云叶兰

地生匍匐状草本。假鳞茎似叶柄状，顶生1枚叶。花开展，绿色带紫色条纹；萼片近相似，倒卵状狭披针形；花瓣匙形，等长于萼片而稍宽；唇瓣近椭圆形，不明显3裂；中裂片近半圆形并具皱波状的边缘，基部具囊状距；唇盘密被长毛，近顶端处簇生流苏状的附属物。（栽培园地：SCBG, CNBG）

Nervilia 芋兰属

该属共计4种，在5个园中有种植

Nervilia aragoana Goud. 广布芋兰

地生草本。块茎圆球形。叶1枚，在花凋谢后长出，具长柄。总状花序具10余朵花；花多少下垂，半张开；萼片和花瓣黄绿色，唇瓣白绿色、白色或粉红色，内面常仅在脉上被长柔毛，中部之上明显3裂。（栽培园地：SCBG, CNBG）

Nephelaphyllum tenuiflorum 云叶兰（图1）

Nephelaphyllum tenuiflorum 云叶兰（图2）

Nervilia aragoana 广布芋兰

Nervilia fordii (Hance) Schltr. 毛唇芋兰

地生草本。块茎圆球形。叶1枚，在花凋谢后长出，具长柄。总状花序具3~5朵花；花半张开；萼片和花瓣淡绿色，具紫色脉；唇瓣白色，具紫色脉，内面密生长柔毛，顶部毛尤密，前部3裂。（栽培园地：SCBG, WHIOB, GXIB）

Nervilia fordii 毛唇芋兰

Nervilia mackinnonii (Duthie) Schltr. 七角叶芋兰

地生草本。块茎球形。叶在花凋谢后长出，绿色，七角形，具7条主脉，脉末端处之边缘略成角状。花序仅具1朵花；花张开或半张开；萼片淡黄色，带紫红色，线状披针形；唇瓣白色，凹陷，无毛，近中部3裂。（栽培园地：WHIOB）

Nervilia plicata (Andr.) Schltr. 毛叶芋兰

地生草本。块茎圆球形。叶1枚，在花凋谢后长出，带圆的心形，两面的脉上、脉间和边缘均被粗毛。总状花序具2(~3)朵花；花多少下垂，半张开；萼片和花瓣棕黄色或淡红色，具紫红色脉，近等大；唇瓣带白色或淡红色，具紫红色脉。（栽培园地：WHIOB, XTBG, CNBG）

Nervilia plicata 毛叶芋兰

Neuwiedia 三蕊兰属

该属共计1种，在1个园中有种植

Neuwiedia singapureana (Baker) Rolfe 三蕊兰

地生草本。根状茎向下垂直生长，具节，节上发出略带木质并呈支柱状的根。叶多枚，近簇生于短的茎上。花绿白色或黄色，不甚张开；萼片长圆形或狭椭圆形，顶端具芒尖，背面上部具腺毛，中萼片常略小于侧萼片；花瓣倒卵形或宽楔状倒卵形，顶端具短尖，背面中脉上具腺毛；唇瓣与侧生花瓣相似，但中脉较粗厚。（栽培园地：WHIOB）

Oberonia 鸢尾兰属

该属共计8种，在6个园中有种植

Oberonia acaulis Griff. 显脉鸢尾兰

附生草本。叶2列套叠，两侧压扁，略肥厚，基部具关节。花葶超出叶之上，总状花序较密集，地生有数百朵小花；花绿黄白色；唇瓣近长圆状卵形，3裂；侧裂片边缘啮蚀状或不规则裂缺；中裂片顶端2裂。（栽培园地：CNBG）

Oberonia cavaleriei Finet 棒叶鸢尾兰

附生草本，植株常倒悬。叶片近圆柱形或扁圆柱形。总状花序具密集的小花；花白色或绿白色，仅唇瓣与蕊柱常略带浅黄褐色；唇瓣不明显3裂；侧裂片、中裂片边缘具数条不规则的流苏状裂条。（栽培园地：SCBG, WHIOB, XTBG, CNBG, GXIB）

Oberonia cavaleriei 棒叶鸢尾兰

Oberonia ensiformis (J. E. Smith) Lindl. 剑叶鸢尾兰

附生草本。叶2列套叠，两侧压扁，叶片剑形，稍镰曲，基部具关节。花葶短于叶，较密集着生小花百余朵或更多；花绿色；唇瓣3裂；侧裂片边缘啮蚀状；中裂片顶端2裂，边缘稍啮蚀状；唇盘两侧缺口处各具1枚胼胝体。（栽培园地：SCBG, GXIB）

Oberonia iridifolia 鸢尾兰

Oberonia ensiformis 剑叶鸢尾兰

Oberonia japonica 小叶鸢尾兰

Oberonia integerrima Guill. 全唇鸢尾兰

附生草本。植株较粗壮，具短茎。叶2列套叠，两侧压扁，叶片肥厚，基部具关节。总状花序极密集地生有数百朵小花；花黄绿色；唇瓣近扁圆形，不裂。（栽培园地：WHIOB）

Oberonia iridifolia Roxb. ex Lindl. 鸢尾兰

附生草本。茎短，不明显。叶5~6枚，2列套叠，叶片两侧压扁，肥厚，基部具关节。花葶从叶丛中央抽出，长约为叶的2倍，近下方具少数小的不育苞片；总状花序下垂，密生数百朵小花；花红褐色；唇瓣宽卵形或近半圆形，不明显3裂，边缘具不规则的裂缺或流苏，顶端2裂，裂至唇瓣的1/3；蕊柱短。（栽培园地：WHIOB, XTBG, GXIB）

Oberonia japonica (Maxim.) Makino 小叶鸢尾兰

附生草本。茎明显。花黄绿色至橘红色，很小，直径不到1mm；唇瓣宽长圆状卵形，3裂；侧裂片位于唇瓣基部两侧，卵状三角形，斜展，全缘；中裂片椭圆形，明显大于侧裂片，顶端凹缺或有时中央具1枚小齿。（栽培园地：SCBG）

Oberonia jenkinsiana Griff. ex Lindl. 条裂鸢尾兰

附生草本。花葶下部多少与叶的内缘合生，不育苞片顶端芒状；花黄色；唇瓣3裂，侧裂片位于唇瓣基部两侧，近方形或半圆形，边缘具不规则的流苏或条裂；中裂片顶端近截形或有时多少呈啮蚀状。（栽培园地：KIB）

Oberonia menghaiensis S. C. Chen 勐海鸢尾兰

附生草本。茎明显。叶常3~4枚，2列套叠，叶片两侧压扁，肥厚，常稍镰曲，基部无关节。花葶从茎顶端叶间抽出，下部具少数不育苞片；总状花序具数十朵或更多的花；花小，绿色，直径约1mm；唇瓣基部无爪，3裂；侧裂片位于唇瓣基部两侧，长圆形或卵状长圆形，近全缘；中裂片近扁圆形或横椭圆形，顶端截形或浑圆，近全缘。（栽培园地：WHIOB）

Ornithochilus 羽唇兰属

该属共计1种，在4个园中有种植

Ornithochilus difformis (Lindl.) Schltr. 羽唇兰

附生草本。叶片不等侧倒卵形或长圆形，顶端急尖而钩转。花序常2~3个，下垂，远比叶长；花黄色带紫褐色条纹，萼片、花瓣稍反折；唇瓣褐色，3裂；中裂片锚状，向蕊柱弯曲，基部具短爪，边缘撕裂状且向上翘，两侧具外弯的裂片；唇盘中央具1条紫红色、三角形隆起的肉质脊突；距向前弯，距口前端具1个带绒毛的盖，其后有1个厚的胼胝体。（栽培园地：XTBG, CNBG, SZBG, GXIB）

Ornithochilus difformis 羽唇兰（图1）

Ornithochilus difformis 羽唇兰（图2）

Otochilus 耳唇兰属

该属共计2种，在3个园中有种植

Otochilus fuscus Lindl. 狭叶耳唇兰

附生草本。假鳞茎圆筒形，两端略收狭。叶片线状披针形或近线形，中脉在靠一侧的2/5处。花葶明显短于叶，多少下弯；总状花序长6~8cm，具10余朵花；花苞片狭倒卵状线形，在花期不全部脱落；花白色或带浅黄色；唇瓣3裂；基部的耳状侧裂片顶端啮蚀状，基部上侧彼此合生而成为囊的一部分并隔开中裂片与囊之间的通道；囊内无附属物。（栽培园地：SZBG）

Otochilus fuscus 狭叶耳唇兰

Otochilus porrectus Lindl. 耳唇兰

附生草本。假鳞茎圆筒形，两端略收狭。叶片狭椭圆形至狭椭圆状披针形。花葶连同幼嫩假鳞茎和叶从老假鳞茎近顶端处发出，多少下弯；总状花序长7~10cm，疏生数朵花；花苞片早落；花白色，有时萼片背面和唇瓣略带黄色；唇瓣3裂，基部的耳状侧裂片直立，围抱蕊柱，顶端可达蕊柱中部或1/3处；中裂片基部收狭成爪；唇瓣基部囊内具3条肥厚的脊。（栽培园地：WHIOB, XTBG）

Oxystophyllum 拟石斛属

该属共计1种，在2个园中有种植

Oxystophyllum changjiangense (S. J. Cheng et C. Z. Tang) M. A. Clem. 拟石斛

附生草本。茎疏散地生于匍匐根状茎上，分枝或不分枝，近木质。叶2列，叶片斜立，厚肉质，紧密套叠，

Oxystophyllum changjiangense 拟石斛（图1）

Panisea cavalerei 平卧曲唇兰（图1）

Oxystophyllum changjiangense 拟石斛（图2）

两侧压扁呈短剑状，基部具鞘。花序顶生，为密集的短总状花序，常具数朵小花；花紫黑色，厚肉质，开展；唇瓣舌状，厚肉质，贴生于蕊柱足末端，中部以上外弯。（栽培园地：SCBG, SZBG）

Panisea 曲唇兰属

该属共计4种，在6个园中有种植

Panisea cavalerei Schltr. 平卧曲唇兰

附生草本。假鳞茎多个连成一串，每个中部以下平卧，上部向上弯曲，顶生1枚叶。花单生，淡黄白色；唇瓣顶端近截形并具细尖头，上部边缘常具不规则细齿，基部凹陷而多少呈浅杯状，前部具2条短纵褶片。（栽培园地：WHIOB, CNBG, SZBG）

Panisea tricallosa Rolfe 曲唇兰

附生草本。假鳞茎狭卵形或近椭圆形，近直立，顶生1~2枚叶。花单生，偶见2朵，白色；唇瓣倒卵状长圆形，基部有爪，顶端浑圆、微凹或具细尖，边缘不明显波状，前部具2条短的纵褶片生于粗厚的脉上。（栽培园地：KIB）

Panisea cavalerei 平卧曲唇兰（图2）

Panisea uniflora (Lindl.) Lindl. 单花曲唇兰

附生草本。假鳞茎较密集，狭卵形至长颈瓶状，顶生2枚叶。花单生，淡黄色；唇瓣基部具短爪，中部有2个不明显腺体，在下部两侧各具1枚小的侧裂片。（栽培园地：KIB, XTBG, SZBG）

Panisea yunnanensis S. C. Chen et Z. H. Tsi 云南曲唇兰

附生草本。假鳞茎较密集，狭卵形至卵形，基部明显收狭，顶生2枚叶。花单生或有时2朵，白色；唇瓣边缘略呈皱波状，基部具爪，无褶片或其他附属物。（栽培园地：SCBG, CNBG）

Panisea uniflora 单花曲唇兰（图1）

Paphiopedilum adductum 马面兜兰

Panisea uniflora 单花曲唇兰（图2）

Panisea yunnanensis 云南曲唇兰

Paphiopedilum 兜兰属

该属共计37种，在10个园中有种植

Paphiopedilum adductum Asher 马面兜兰

地生草本。叶5~6枚，叶面暗绿色，叶缘透明。花葶紫褐色，被短柔毛；中萼片与合萼片淡绿色或黄绿色，具栗色粗条纹；花瓣上部栗色，下部淡黄色，并具栗色斑点；唇瓣盔状，淡黄色，前方表面具紫褐色脉纹；退化雄蕊近矩圆形，顶端2裂，边缘具细毛。（栽培园地：SCBG）

Paphiopedilum appletonianum (Gower) Rolfe 卷萼兜兰

地生草本。叶4~8枚，叶面具深浅绿色相间的网格斑。中萼片绿色，基部常具紫晕，上部内卷；合萼片卵形，顶端具3小齿；花瓣上部淡紫红色，基部绿色具黑色的斑点，近匙形，顶端略具2~3个小齿；退化雄蕊横椭圆形，顶端明显凹缺。（栽培园地：SCBG, WHIOB, CNBG, SZBG）

Paphiopedilum appletonianum 卷萼兜兰（图1）

Paphiopedilum appletonianum 卷萼兜兰（图2）

Paphiopedilum areeanum O. Gruss 根茎兜兰

地生草本。根状茎直生，顶端具数枚叶。叶面暗绿色，背面浅绿色，基部具紫斑。花葶淡绿褐色，被短柔毛；中萼片淡褐绿色，具褐色条纹和宽阔的白色边缘；合萼片淡黄绿色；花瓣淡黄绿色，具紫褐色脉；唇瓣盔状，淡绿褐色，具暗色脉纹；退化雄蕊倒卵形，淡黄色，中央有1个脐状突起。（栽培园地：WHIOB）

Paphiopedilum armeniacum S. C. Chen et F. Y. Liu 杏黄兜兰

地生或半附生草本。地下具细长而横走的根状茎。叶基生，2列，5~7枚；叶面具深浅绿色相间的网格斑，背面密具紫色斑点并具龙骨状突起，边缘略具细齿；顶生1朵花，花梗和子房被白色短柔毛；花大，纯黄

Paphiopedilum armeniacum 杏黄兜兰（图1）

Paphiopedilum areeanum 根茎兜兰（图1）

Paphiopedilum areeanum 根茎兜兰（图2）

Paphiopedilum armeniacum 杏黄兜兰（图2）

色，仅退化雄蕊上具浅栗色纵纹；花瓣内表面基部具白色长柔毛；唇瓣深囊状，近球形，基部具短爪，顶端边缘内卷。（栽培园地：SCBG, IBCAS, WHIOB, KIB, CNBG, SZBG, XMBG）

Paphiopedilum barbigerum T. Tang et F. T. Wang 小叶兜兰

地生或半附生草本。叶 4~6 枚，叶片顶端钝并具 2 枚小齿。花葶密被紫褐色毛；花单生；中萼片白色，基部黄褐色至绿褐色；合萼片淡黄绿色；花瓣矩圆状匙形，顶端钝，边缘波状，上面基部被疏柔毛；唇瓣盔状；退化雄蕊倒卵状心形，中央具 1 个黄色脐状突起。（栽培园地：SCBG, IBCAS, WHIOB, KIB, XTBG, CNBG, SZBG, GXIB）

Paphiopedilum bellatulum 巨瓣兜兰（图1）

Paphiopedilum barbigerum 小叶兜兰　　　　　　　**Paphiopedilum bellatulum** 巨瓣兜兰（图2）

Paphiopedilum bellatulum (Rchb. f.) Stein 巨瓣兜兰

地生或半附生草本。叶基生，2 列，4~5 枚，叶面具深浅绿色相间的网格斑，背面密布紫色斑点。顶生 1 花，高不超过叶；花白色或带淡黄色，具紫红色或紫褐色粗斑点；花瓣巨大，宽椭圆形；唇瓣深囊状，椭圆形，基部具短爪，囊口边缘内弯，囊底被毛；退化雄蕊近圆形或略带方形，顶端钝或略具 3 齿。（栽培园地：SCBG, IBCAS, WHIOB, KIB, CNBG, SZBG）

Paphiopedilum callosum (Rchb. f.) Stein 瘤瓣兜兰

地生草本。叶 5~8 枚，叶面具深浅绿色相间的网格斑，背面淡绿色。花葶紫色，密被微柔毛；花单生；

Paphiopedilum callosum 瘤瓣兜兰（图1）

Paphiopedilum callosum 瘤瓣兜兰（图2）

中萼片白色，具紫色脉纹，基部略具淡绿色晕；合萼片淡黄绿色，具绿色脉；花瓣紫色，具少数黑色疣状突起；唇瓣栗色至紫栗色；退化雄蕊近马蹄形，顶端弯缺，中央具1枚齿。（栽培园地：SCBG, WHIOB, XTBG, CNBG, SZBG）

Paphiopedilum charlesworthii (Rolfe) Pfitzer 红旗兜兰

地生草本。叶3~5枚，叶片狭矩圆形，叶面深绿色，背面浅绿色并在基部具紫褐色斑点。花葶绿色，具紫褐色斑点，密被短柔毛；中萼片粉白色，具深色脉纹；合萼片淡绿色，具淡褐色脉纹；花瓣、唇瓣淡黄绿色，具褐色网状脉；唇瓣盔状，囊口两侧耳状；退化雄蕊倒卵形，白色，中央具黄色脐状突起。（栽培园地：IBCAS, CNBG）

Paphiopedilum concolor (Lindl. ex Bateman) Pfitz. 同色兜兰

地生草本。叶基生，2列，4~6枚，叶面具深浅绿色（有时略带灰色）相间的网格斑，背面密具紫斑或几乎全成紫色；花黄色或淡黄色，具紫色细斑点；中萼片宽卵形；花瓣斜椭圆形；唇瓣深囊状，椭圆形至圆锥状椭圆形；退化雄蕊宽卵形至卵状三角形。（栽培园地：SCBG, IBCAS, WHIOB, KIB, XTBG, CNBG, SZBG, GXIB, XMBG）

Paphiopedilum concolor 同色兜兰（图1）

Paphiopedilum concolor 同色兜兰（图2）

Paphiopedilum delenatii Guillaumin 德氏兜兰

地生草本。叶4~6枚，叶面具深浅绿色相间的网格斑，背面密布紫色斑点。花2朵或单生；中萼片、合萼片和花瓣白色，微具淡粉色斑点和脉纹；唇瓣深囊状，近球形，粉红色至淡紫红色，前部边缘内卷，外被微柔毛；退化雄蕊菱状卵形，边缘具缘毛。（栽培园地：SCBG, WHIOB）

Paphiopedilum charlesworthii 红旗兜兰

Paphiopedilum delenatii 德氏兜兰

Paphiopedilum dianthum 长瓣兜兰（图3）

Paphiopedilum dianthum T. Tang et F. T. Wang **长瓣兜兰**
附生草本。叶4~6枚，叶片宽带形，厚革质。总状花序具2~4朵花；花梗和子房近无毛；中萼片与合萼片白色并具绿色的基部和淡黄绿色的脉纹，花瓣淡绿色或淡黄绿色并具深色条纹或褐红色晕，唇瓣绿黄色并具浅栗色晕；花瓣下垂，长带形，从中部至基部边缘常有数个具毛的黑色疣状突起或长柔毛；唇瓣倒盔状，基部具宽阔长柄；退化雄蕊倒心形或倒卵形。（栽培园地：SCBG, IBCAS, WHIOB, KIB, XTBG, CNBG, SZBG, GXIB）

Paphiopedilum emersonii Koop. et P. J. Cribb **白花兜兰**
地生或半附生草本。叶4~6枚，叶片狭矩圆形，叶面深绿色，背面浅绿色或在基部具紫红色斑点。花葶淡绿色，疏被柔毛；花单生；萼片、花瓣白色，有时花瓣基部具少量栗色或红色细斑点；唇瓣深囊状，近卵球形，淡黄色，囊内具深紫色斑点，顶端边缘内弯且沿脉稍凹入；退化雄蕊鳄鱼头状，中央具宽阔的纵槽，两侧边缘粗厚且近直立。（栽培园地：IBCAS, WHIOB, KIB, CNBG, GXIB）

Paphiopedilum dianthum 长瓣兜兰（图1）

Paphiopedilum dianthum 长瓣兜兰（图2）

Paphiopedilum emersonii 白花兜兰

Paphiopedilum glaucophyllum J. J. Smith 灰叶兜兰

地生或半附生草本。叶4~6枚，叶片狭椭圆形，叶面灰绿色或浅蓝绿色，背面浅绿色。花葶深紫色，被短柔毛；中萼片与合萼片中央黄绿色或绿褐色，具暗色脉，边缘白色；花瓣乳白色或绿白色，具暗紫色脉和粗斑点，顶端扭转，边缘具长缘毛；唇瓣盔状，粉紫色，囊近椭球形，下部稍膨大；退化雄蕊卵形，上部淡黄绿色，下部黑紫色或栗色。（栽培园地：SZBG）

Paphiopedilum glaucophyllum 灰叶兜兰（图1）

Paphiopedilum glaucophyllum 灰叶兜兰（图2）

Paphiopedilum gratrixianum Rolfe 格力兜兰

地生或半附生草本。叶4~6枚，叶面狭矩圆形，叶面深绿色，背面浅绿色或在基部具紫红色斑点；花葶淡绿色，疏被柔毛；花单生；中萼片白色，基部褐绿色，具深紫色斑点；合萼片白色，中央具2行紫色斑点；花瓣黄褐色，匙形，边缘波状并外弯，具细缘毛；唇瓣盔状，囊口两侧略呈耳状；退化雄蕊倒心形，具泡状乳突，中央具脐状突起。（栽培园地：WHIOB, CNBG）

Paphiopedilum hangianum Perner et O. Gruss 汉氏兜兰

附生草本。叶4~6枚，叶片狭椭圆形，叶面深绿色，具光泽，背面浅绿色并具龙骨状突起，基部边缘具紫

Paphiopedilum gratrixianum 格力兜兰

色缘毛。花葶淡黄绿色，密被白色短柔毛；花单生，淡黄色至淡黄绿色；中萼片宽卵状椭圆形，两面具细柔毛；合萼片两面亦具毛；花瓣近基部具淡紫红色晕，密被白色长柔毛，边缘具细缘毛；唇瓣深囊状，近球形，囊底具紫色斑点；退化雄蕊宽倒卵状三角形，顶端钝圆，基部骤然收狭呈短爪。（栽培园地：WHIOB, XTBG）

Paphiopedilum haynaldianum (Rchb. f.) Stein 细瓣兜兰

地生或半附生草本。叶6~7枚，叶片带状，绿色。

Paphiopedilum haynaldianum 细瓣兜兰（图1）

Paphiopedilum haynaldianum 细瓣兜兰（图2）

花葶紫褐色，密被柔毛；花序具 3~6 朵花；淡黄色至淡黄绿色；中萼片中部淡黄绿色，并具栗色脉和晕，沿脉具褐色粗斑点，边缘白色；合萼片淡绿色，基部具栗色斑点；花瓣淡黄绿色，并具褐色粗斑点，顶端淡紫色；唇瓣盔状，褐绿色，囊倒卵形，囊口两侧呈耳状；退化雄蕊倒卵形，顶端具缺口，基部具 1 个被短毛的角状突起。（栽培园地：SCBG）

Paphiopedilum helenae Aver. 巧花兜兰

附生草本。叶 2~4 枚，叶片狭矩圆形，叶面深绿色，背面浅绿色并在近基部处具紫色细斑点，边缘黄白色。花葶绿色，具紫色斑点和黑紫色毛；花单生；中萼片与合萼片淡黄色或略呈金黄色，边缘黄白色，稍波状，具细缘毛；花瓣淡黄绿色或淡黄褐色，线状匙形，边缘波状并外弯，具细缘毛；唇瓣盔状，淡黄绿色，具暗红色晕，囊近椭圆形，囊口两侧呈耳状；退化雄蕊宽倒卵形，淡黄绿色，中央具绿色脐状突起。（栽培园地：SZBG, GXIB）

Paphiopedilum hennisianum (M. W. Wood) Fowlie 轩尼斯兜兰

地生草本。叶 4~6 枚，叶片狭椭圆形，叶面具深浅绿色相间的网格斑，背面浅绿色。花葶淡紫色，被短柔毛；花单生；中萼片宽卵状椭圆形，白色，并具暗紫色和绿色脉纹；合萼片椭圆形；花瓣淡黄绿色，具暗紫色脉纹，沿上下侧边缘具黑色疣状突起，顶端向后反卷；唇瓣盔状，淡紫褐色，内弯的侧裂片上具疣状突起，囊卵状椭圆形；退化雄蕊基部具耳，顶端具 3 齿，中央的齿明显较小。（栽培园地：SCBG）

Paphiopedilum hennisianum 轩尼斯兜兰

Paphiopedilum henryanum Braem 亨利兜兰

地生或半附生草本。叶常 3 枚，叶面深绿色，背面有时基部具淡紫色晕。顶生 1 朵花；花苞片绿色，围抱子房；中萼片奶油黄色或近绿色，具许多不规则的紫褐色粗斑点，合萼片色泽相近但无斑点或具少数

Paphiopedilum henryanum 亨利兜兰

斑点，花瓣玫瑰红色，基部具紫褐色粗斑点，唇瓣亦玫瑰红色并略有黄白色晕与边缘；唇瓣倒盔状，基部具宽阔的、长约 1.5cm 的柄；囊口极宽阔，两侧各具 1 个直立的耳，囊底被毛；退化雄蕊倒心形至宽倒卵形。（栽培园地：SCBG, IBCAS, WHIOB, KIB, CNBG, SZBG, XMBG）

Paphiopedilum hirsutissimum (Lindl. ex Hook.) Stein 带叶兜兰

地生或半附生草本。叶 5~6 枚；叶片带形，叶面深

Paphiopedilum hirsutissimum 带叶兜兰（图 1）

Paphiopedilum hirsutissimum 带叶兜兰（图 2）

绿色。顶生 1 朵花；花较大，中萼片和合萼片除边缘淡绿黄色外，中央至基部有浓密的紫褐色斑点或甚至连成一片，花瓣下半部黄绿色而具浓密的紫褐色斑点，上半部玫瑰紫色并具白色晕，唇瓣淡绿黄色而有紫褐色小斑点，退化雄蕊与唇瓣色泽相似，具 2 个白色 "眼斑"。（栽培园地：SCBG, IBCAS, KIB, XTBG, CNBG, SZBG, GXIB）

Paphiopedilum insigne (Lindl.) Pfitz. 波瓣兜兰

地生草本。叶 5~6 枚，叶片带形或线状舌形，叶面深绿色，背面近基部处具紫褐色斑点。单花直立，密被紫褐色短柔毛；花大，中萼片淡黄绿色，中央至基部密具紫红色斑点，上部边缘白色，合萼片色泽相似但无白色边缘，花瓣黄绿色或黄褐色，具红褐色脉纹与斑点，唇瓣紫红色或紫褐色，具黄绿色边缘或晕，退化雄蕊常为黄色；花瓣边缘明显波状。（栽培园地：WHIOB, KIB, LSBG）

Paphiopedilum insigne 波瓣兜兰

Paphiopedilum malipoense S. C. Chen et Z. H. Tsi 麻栗坡兜兰

地生或半附生草本，具短的根状茎。叶 7~8 枚，叶

Paphiopedilum malipoense 麻栗坡兜兰（图 1）

Paphiopedilum malipoense 麻栗坡兜兰（图 2）

片革质，叶面具深浅绿色相间的网格斑，背面紫色或不同程度的具紫色斑点，边缘具缘毛。花单生，黄绿色或淡绿色；花瓣具紫褐色条纹；唇瓣深囊状，近球形，囊口近圆形，整个边缘内折，有时具不明显的紫褐色斑点；退化雄蕊矩圆状卵形至宽卵形，前半部深紫色至黑紫色，顶端截形，基部边缘具细毛。（栽培园地：SCBG, IBCAS, KIB, XTBG, CNBG, SZBG, GXIB, XMBG）

Paphiopedilum malipoense S. C. Chen et Z. H. Tsi var. **angustatum** (Z. J. Liu et S. C. Chen) Z. J. Liu et S. C. Chen 窄瓣兜兰

本变种与原变种的主要区别为：花常 2 朵；唇瓣较小，宽约 1cm；花瓣狭窄，宽 6~7mm；退化雄蕊近矩圆形。（栽培园地：WHIOB）

Paphiopedilum malipoense S. C. Chen et Z. H. Tsi var. **jackii** (S. H. Hu) Aver. et al. 浅斑兜兰

本变种与原变种的主要区别为：叶背常仅有较疏、色淡的紫色斑点；退化雄蕊无深紫色或黑紫色斑块，仅具紫红色脉纹。（栽培园地：WHIOB, CNBG）

Paphiopedilum micranthum T. Tang et F. T. Wang 硬叶兜兰

地生或半附生草本。叶 4~5 枚，叶片长圆形或舌状，坚革质，叶面具深浅绿色相间的网格斑，背面密具紫斑点；花大，艳丽，中萼片与花瓣常白色并具黄色晕和淡紫红色粗脉纹；唇瓣深囊状，卵状椭圆形至近球形，白色至淡粉红色，囊口近圆形，整个边缘内折；退化雄蕊黄色并有淡紫红色斑点和短纹。（栽培园地：SCBG, IBCAS, WHIOB, KIB, XTBG, CNBG, SZBG, GXIB）

Paphiopedilum micranthum 硬叶兜兰（图1）

Paphiopedilum micranthum 硬叶兜兰（图2）

Paphiopedilum parishii (Rchb. f.) Stein 飘带兜兰

附生高大草本。叶5~8枚，叶片宽带形，厚革质。花梗和子房被短柔毛；总状花序具3~5朵花；中萼片与合萼片奶油黄色并具绿色脉，花瓣基部至中部淡绿黄色并有栗色斑点和边缘，中部至末端近栗色，唇瓣绿色，具栗色晕，但囊内紫褐色；花瓣长带形，下垂，强烈扭转，偶见被毛的疣状突起或长的缘毛；退化雄蕊倒心形。（栽培园地：WHIOB, KIB, SZBG）

Paphiopedilum philippinense (Rchb. f.) Stein 菲律宾兜兰

附生草本。叶5~9枚，叶片狭矩圆形，叶面深绿色，背面浅绿色。花序具2~6花；花较大，直径约8cm；中萼片和合萼片乳白色，具紫色或紫褐色脉；花瓣基部黄绿色，向顶端渐变为栗色，近基部边缘具被毛的暗栗色疣状突起；唇瓣盔状，黄色至黄绿色，囊近卵形，

Paphiopedilum parishii 飘带兜兰（图1）

Paphiopedilum parishii 飘带兜兰（图2）

Paphiopedilum philippinense 菲律宾兜兰（图1）

退化雄蕊稍呈心形或近四方形，顶端微缺，边缘被紫毛。（栽培园地：SCBG）

Paphiopedilum primulinum M. W. Wood et P. Taylor 报春兜兰

附生草本。叶4~7枚，叶片狭矩圆状椭圆形，叶面

Paphiopedilum philippinense 菲律宾兜兰（图2）

Paphiopedilum primulinum 报春兜兰

深绿色，背面浅绿色。花序具2~6花；花较大，直径6.5~7cm；中萼片和合萼片黄绿色，具深色脉；花瓣黄色，近平展，上半部稍扭转，边缘波状，具长缘毛；唇瓣盔状，黄色，囊口两侧略呈耳状；退化雄蕊近宽椭圆形，基部被微柔毛。（栽培园地：SCBG）

Paphiopedilum purpuratum (Lindl.) Stein 紫纹兜兰

地生或半附生草本。叶3~8枚，叶面具暗绿色与浅

Paphiopedilum purpuratum 紫纹兜兰（图1）

Paphiopedilum purpuratum 紫纹兜兰（图2）

黄绿色相间的网格斑，背面浅绿色。中萼片白色，具紫色或紫红色粗脉纹；合萼片淡绿色，具深色脉；花瓣紫红色或浅栗色，具深色纵脉纹、绿白色晕和黑色疣点，唇瓣紫褐色或淡栗色，退化雄蕊月牙形，顶端具2个内弯的侧裂片和1个中央的齿。（栽培园地：SCBG, IBCAS, KIB, CNBG, SZBG, GXIB）

Paphiopedilum spicerianum (Rchb. f.) Pfitzer 白旗兜兰

地生或半附生草本。叶3~5枚，叶面深绿色，背面浅绿色，近基部具红斑点。花黄绿色，中萼片白色，具红色中脉；花瓣黄绿色，具红色中脉，上侧边缘波

Paphiopedilum spicerianum 白旗兜兰

状，顶端齿裂；唇瓣盔状，绿褐色；退化雄蕊基部两侧皱起呈耳状。（栽培园地：SCBG）

Paphiopedilum tigrinum Koop. et Haseg. **虎斑兜兰**

地生或附生草本。叶 3~5 枚，叶片狭矩圆形，叶面绿色，背面浅绿色。花单生，中萼片黄绿色，具 3 条不规则的栗色纵带，花瓣基部黄绿色，具 2 条栗色纵带，顶端紫红色；唇瓣褐绿色，并具紫褐色的晕；退化雄蕊倒卵状椭圆形，顶端具不明显的 3 枚小齿，中央具脐状突起。（栽培园地：WHIOB, KIB, SZBG）

Paphiopedilum vietnamense 越南兜兰（图 1）

Paphiopedilum tigrinum 虎斑兜兰（图 1）

Paphiopedilum tigrinum 虎斑兜兰（图 2）

Paphiopedilum vietnamense 越南兜兰（图 2）

Paphiopedilum vietnamense O. Gruss et Perner **越南兜兰**

地生或半附生草本。叶 3~5 枚，叶片矩圆状椭圆形，叶面具深浅绿色相间的网格斑，背面具紫色斑点或晕。花葶紫褐色，被毛；花单生，稀 2 朵；中萼片和花瓣乳白色至粉红色；唇瓣深囊状，囊近球形，粉红色至淡紫色；退化雄蕊宽卵状菱形，淡黄色，中央具绿色斑块，边缘具毛。（栽培园地：SCBG, SZBG）

Paphiopedilum villosum (Lindl.) Stein **紫毛兜兰**

附生草本。叶常 4~6 枚，叶片狭矩圆形，叶面深黄绿色，背面近基部具紫色细斑点。花梗和子房密被紫色长柔毛；花单生；中萼片黄绿色，中央紫栗色并具栗色或深栗色脉纹；花瓣具紫褐色中脉，中脉上侧淡紫褐色，下侧色较淡或呈淡黄褐色，唇瓣亮褐黄色，略具暗色脉纹；退化雄蕊倒心形，具 1 个中央脐状突起。（栽培园地：SCBG, IBCAS, WHIOB, KIB, CNBG, SZBG, XMBG）

Paphiopedilum villosum (Lindl.) Stein var. **boxallii** (Rchb. f.) Pfitzer **包氏兜兰**

本变种与原变种的主要区别为：中萼片密具紫栗色

Paphiopedilum villosum 紫毛兜兰

Paphiopedilum villosum var. boxallii 包氏兜兰（图1）

Paphiopedilum villosum var. boxallii 包氏兜兰（图2）

粗斑点。（栽培园地：XTBG, SZBG）

Paphiopedilum villosum (Lindl.) Stein var. densissimum (Z. J. Liu et S. C. Chen) Z. J. Liu et S. C. Chen 密毛兜兰

本变种与原变种的主要区别为：花序柄与子房被极密的白色长柔毛；中萼片较狭，基部以及沿中脉密被白色短柔毛。（栽培园地：SZBG）

Paphiopedilum villosum var. densissimum 密毛兜兰

Paphiopedilum wardii Summerh. 彩云兜兰

地生草本。叶片矩圆状披针形，叶面具深浅蓝绿色相间的网格斑，背面具较密的紫色斑点。花葶紫红色，被短柔毛；花单生；中萼片与合萼片白色，具绿色粗脉纹；花瓣绿白色，密生暗栗色细斑点；唇瓣淡绿色至黄褐色，具褐色脉和细斑点；退化雄蕊倒心状月牙形，淡绿色，中央具深绿色脉纹。（栽培园地：SCBG, IBCAS, WHIOB, XTBG, CNBG, SZBG, XMBG）

Paphiopedilum wardii 彩云兜兰

Paphiopedilum wenshanense Z. J. Liu et J. Y. Zhang 文山兜兰

地生草本。本种和巨瓣兜兰相近，区别在于本种的花乳白色或黄白色，中萼片和花瓣上具1条由褐红色斑点组成的中央纵条纹；退化雄蕊宽椭圆形，基部心形，顶端尾状，长达1.5~2mm。（栽培园地：SCBG, CNBG）

兰科 Orchidaceae

Paphiopedilum wenshanense 文山兜兰

色或有时染淡粉红色；唇瓣基部着生于蕊柱足末端，3裂；侧裂片直立，2裂，裂片伸展，顶端深2裂，具长约5mm的爪，基部具3个肉质状隆起的脊突。（栽培园地：KIB, SZBG）

Papilionanthe teres (Roxb.) Schltr. 凤蝶兰

附生草本。茎坚硬，伸长而向上攀援，常长达1m以上，具分枝和多数节，节上常生1~2条长根。叶片圆柱形。花大，淡红色，质地薄，开展；唇瓣3裂；中裂片向前伸展，顶端深紫红色并深2裂，上面黄褐色，被短毛。（栽培园地：SCBG, WHIOB, KIB, XTBG, CNBG, SZBG）

Papilionanthe 凤蝶兰属

该属共计2种，在6个园中有种植

Papilionanthe biswasiana (Ghose et Mukerjee) Garay 白花凤蝶兰

附生草本。茎质地坚硬，长达150cm或更长。叶片肉质，斜立，圆柱形。花大，开展，质地薄，乳白

Papilionanthe teres 凤蝶兰

Paraphalaenopsis 筒叶蝶兰属

该属共计1种，在1个园中有种植

Paraphalaenopsis labukensis Shim, A. L. Lamb et C. L. Chan 棒叶蝴蝶兰

附生草本。气生根发达。叶片肉质，圆柱形，顶端尖细，下垂，似鼠尾。总状花序着花5~15朵；萼片和花瓣红褐色，具黄绿色镶边，波浪形卷曲，密布淡黄

Papilionanthe biswasiana 白花凤蝶兰（图1）

Papilionanthe biswasiana 白花凤蝶兰（图2）

Paraphalaenopsis labukensis 棒叶蝴蝶兰（图1）

Paraphalaenopsis labukensis 棒叶蝴蝶兰（图2）

色细小斑点；唇瓣乳白色带红褐色虎斑，3裂，呈"Y"字形；侧裂片顶端具钩状附属物；中裂片顶端2浅裂；侧裂片与中裂片交汇处具对折的片状胼胝体。（栽培园地：SCBG）

Pelatantheria 钻柱兰属

该属共计3种，在6个园中有种植

Pelatantheria bicuspidata (Rolfe ex Downie) T. Tang et F. T. Wang 尾丝钻柱兰

附生草本。叶片舌形，常对折呈"V"字形，向外下弯呈镰刀状，顶端不等侧2裂。萼片和花瓣淡白色，带淡紫红色脉纹；唇瓣淡白色，唇盘带蜡黄色，3裂，中裂片顶端短尾状并2~3浅裂；蕊柱中部以下两侧各具1簇白色、透明的短腺毛。（栽培园地：SCBG）

Pelatantheria bicuspidata 尾丝钻柱兰

Pelatantheria ctenoglossum Ridl. 锯尾钻柱兰

附生草本。叶片舌形，常对折呈"V"字形，向外下弯呈镰刀状，顶端不等侧2裂。花淡黄色；唇瓣肉质，3裂，中裂片顶端短尾状，两侧具多数白色流苏；蕊柱

Pelatantheria ctenoglossum 锯尾钻柱兰

基部两侧各具1簇白毛。（栽培园地：XTBG）

Pelatantheria rivesii (Guillaum.) T. Tang et F. T. Wang 钻柱兰

附生草本。花质地厚，萼片和花瓣淡黄色带2~3条褐色条纹，多少反折；唇瓣粉红色，3裂，中裂片基部两侧各具1个乳头状突起的胼胝体；蕊柱前面两侧密生白色透明的长腺毛。（栽培园地：SCBG, WHIOB, KIB, CNBG, SZBG）

Pelatantheria rivesii 钻柱兰（图1）

Pelatantheria rivesii 钻柱兰（图2）

Pelatantheria rivesii 钻柱兰（图 3）

Peristylus 阔蕊兰属

该属共计 3 种，在 3 个园中有种植

Peristylus bulleyi (Rolfe) K. Y. Lang 条叶阔蕊兰

地生草本。茎较纤细，近直立，基部具 2 枚筒状鞘，其上具 2~4 枚叶。总状花序具多数花，稍旋卷；花小，黄绿色，疏生；唇瓣向前伸出，多少反曲，较萼片稍长，前部肉质增厚，深 3 裂，裂至中部，中裂片较侧裂片宽且长，后部凹陷，基部具距；距圆筒状，稍向前弧曲，末端圆钝。（栽培园地：WHIOB）

Peristylus goodyeroides (D. Don) Lindl. 阔蕊兰

地生草本。茎中部具 4~6 枚叶。总状花序具数十朵密生的花；花绿色、淡绿色至白色；唇瓣倒卵状长圆形，中部以上常向后弯，3 浅裂，裂片三角形，近等长，基部具球状距。（栽培园地：LSBG）

Peristylus lacertiferus (Lindl.) J. J. Smith 撕唇阔蕊兰

地生草本。茎近基部具 2~3 枚叶。总状花序具多数密生的花，花小，绿白色或白色；唇瓣中部 3 裂，中

裂片舌状，侧裂片与中裂片同向，线形或线状披针形，稍镰状弯曲，多少叉开。（栽培园地：SCBG）

Phaius 鹤顶兰属

该属共计 7 种，在 10 个园中有种植

Phaius columnaris C. Z. Tang et S. J. Cheng 仙笔鹤顶兰

地生草本。假鳞茎粗壮，圆柱形，具数节至 10 余节。

Phaius columnaris 仙笔鹤顶兰（图 1）

Phaius columnaris 仙笔鹤顶兰（图 2）

叶 6~7 枚互生于假鳞茎的上部，叶鞘互相包卷而形成假茎。花葶出自假鳞茎基部的第二个节上，总状花序长，具多数花；花不甚张开，萼片乳白色，顶端带绿色；花瓣乳白色；唇瓣前部稍 3 裂，侧裂片背面乳白色，内面乳白色带橙红色的晕，中裂片橙红色，前端边缘皱波状；距狭圆锥形或角状。（栽培园地：SCBG, WHIOB, KIB, XTBG, CNBG, GXIB）

Phaius flavus (Blume) Lindl. 黄花鹤顶兰

地生草本。假鳞茎卵状圆锥形，具 2~3 节。叶 4~6 枚，紧密互生于假鳞茎上部，常具黄色斑块，基部收狭为长柄。花葶从假鳞茎基部或基部上方的节上发出，总状花序具 10 余朵花；花柠檬黄色，不甚张开，唇瓣贴生于蕊柱基部，前端 3 裂，侧裂片围抱蕊柱，中裂片近圆形，前端边缘褐色并具波状皱褶；唇盘具 3~4 条多少隆起的褐色脊突。（栽培园地：SCBG, IBCAS, WHIOB, KIB, XTBG, LSBG, CNBG, GXIB, XMBG）

Phaius mishmensis (Lindl. et Paxt.) Rchb. f. 紫花鹤顶兰

地生草本。假鳞茎圆柱形，上部互生 5~6 枚叶，具多数节。总状花序侧生于茎中部节上或中部以上的叶腋，花序轴多少曲折，疏生少数花。花淡紫红色，不甚开展；唇瓣密布红褐色斑点，贴生于蕊柱基部，3 裂，唇盘具 3~4 条密布白色长毛的脊突；距细圆筒形，中部以下稍弯曲。（栽培园地：SCBG, XTBG, SZBG, GXIB）

Phaius flavus 黄花鹤顶兰（图 1）

Phaius mishmensis 紫花鹤顶兰（图 1）

Phaius flavus 黄花鹤顶兰（图 2）

Phaius mishmensis 紫花鹤顶兰（图 2）

Phaius takeoi (Hayata) H. J. Su 长茎鹤顶兰

地生草本。假鳞茎圆柱形，具3~8节。叶6枚互生于假鳞茎上部，基部互相包卷并形成假茎。总状花序具少数花；花中等大，张开；萼片和花瓣淡黄绿色；唇瓣白色，贴生于蕊柱基部至基部的上方，前部近3裂，唇盘具3条黄绿色的龙骨状脊突；距黄色，末端稍钩曲。（栽培园地：WHIOB, XTBG）

Phaius takeoi 长茎鹤顶兰

Phaius tankervilleae (Banks ex L'Herit.) Blume 鹤顶兰

地生草本。假鳞茎圆锥形，上部具2~6枚叶。总状

Phaius tankervilleae 鹤顶兰（图2）

花序从假鳞茎基部或叶腋发出，长达1m，具多数花；花大，美丽，背面白色，内面暗赭色或棕色；唇瓣内面茄紫色带白色条纹，中部以上浅3裂，唇盘密被短毛，距细圆柱形，呈钩状弯曲，末端稍2裂。（栽培园地：SCBG, IBCAS, WHIOB, KIB, XTBG, LSBG, CNBG, SZBG, GXIB, XMBG）

Phaius wallichii Lindl. 大花鹤顶兰

地生草本。花葶长可达2m；花大，中萼片、侧萼片背面浅黄绿色，内面浅褐红色，顶端浅黄绿色，短渐尖；花瓣背面黄绿色带棕红色，中部以上密布棕红色斑点，内面及顶端与萼片同色，顶端短渐尖；唇瓣白色，贴生于蕊柱基部至基部上方，3裂，唇盘从基部至中部玫瑰红色；距黄色，向前弯曲。（栽培园地：XTBG）

Phaius wenshanensis F. Y. Liu 文山鹤顶兰

地生草本。假鳞茎细圆柱形，基部稍膨大，具7~8节。叶6~7枚，互生于假鳞茎的上部。总状花序侧生于假鳞茎下部或近基部，疏生5~6朵花；花张开，花被片在背面黄色，内面紫红色；唇瓣3裂，唇盘具3条黄色的脊突，无毛；距黄色，上端扩大而呈棒状。（栽培园地：WHIOB）

Phaius tankervilleae 鹤顶兰（图1）

Phalaenopsis 蝴蝶兰属

该属共计 13 种，在 7 个园中有种植

Phalaenopsis amabilis (L.) Blume 美丽蝴蝶兰

附生草本。茎短，具3~5枚叶。花序侧生于茎的基部，长达90cm，不分枝或有时分枝，具20~30朵花；花白色，直径达10cm；唇瓣3裂，基部具爪；侧裂片直立，倒卵形，基部具红色斑点或细条纹，在两侧裂片之间和中裂片基部相交处具1枚黄色肉突，顶端边缘2裂。（栽培园地：WHIOB, SZBG）

Phalaenopsis amabilis 美丽蝴蝶兰

Phalaenopsis aphrodite Rchb. f. 蝴蝶兰

附生草本。茎短，常被叶鞘所包，具3~4枚叶。花序侧生于茎的基部，长达50cm，不分枝或有时分枝；常具数朵由基部向顶端逐朵开展的花；花白色，直径6.5~9cm；中萼片近椭圆形；侧萼片歪卵形；花瓣菱状圆形，顶端圆形；唇瓣3裂，基部具爪；侧裂片直立，倒卵形，基部具红色斑点或细条纹，在两侧裂片之间和中裂片基部相交处具1枚黄色肉突，顶端边缘裂成4齿状。（栽培园地：WHIOB, CNBG）

Phalaenopsis appendiculata Carr. 齿脊蝴蝶兰

附生小型草本。茎短，具2~4枚叶。总状花序长5cm，具数朵由基部向顶端逐朵开展的花；花白色并具紫红色斑点和条纹，直径约1cm；唇瓣不明显3裂，近菱形，边缘具紫红色条纹，在两侧裂片之间和中裂片基部相交处具2列顶端为丝状的胼胝体。（栽培园地：SCBG）

Phalaenopsis braceana (Hook. f.) Christenson 尖囊蝴蝶兰

附生草本。根簇生，扁平，长而弯曲，表面密生疣状突起。花伸展，萼片和花瓣内面淡棕红色，背面苹果绿带淡棕色的中肋；唇瓣深紫红色，3裂；侧裂片基

Phalaenopsis appendiculata 齿脊蝴蝶兰

Phalaenopsis braceana 尖囊蝴蝶兰（图1）

Phalaenopsis braceana 尖囊蝴蝶兰（图2）

部下延并与中裂片基部形成长约 3mm 的距，距口前方具 1 枚 2 裂的肉突。（栽培园地：CNBG, GXIB）

Phalaenopsis deliciosa Rchb. f. **大尖囊蝴蝶兰**

附生草本。根簇生，扁平，长而弯曲。茎短，长 1~1.5cm，具 3~4 枚叶。花序斜出或上举，上部常分枝；花时具叶，萼片和花瓣浅白色带淡紫色斑纹；唇瓣 3 裂，基部无爪；侧裂片基部下延并与中裂片基部形成宽圆锥形的距，内面中央具 1 个增厚的凸缘或脊突。（栽培园地：SCBG, CNBG, SZBG）

Phalaenopsis deliciosa 大尖囊蝴蝶兰（图 1）

Phalaenopsis deliciosa 大尖囊蝴蝶兰（图 2）

Phalaenopsis equestris (Schauer) Rchb. f. **小兰屿蝴蝶兰**

附生草本。茎短，被叶鞘所包，具 3~4 枚叶。花序从茎基部发出，斜立，不分枝或有时分枝，长达 30cm；花序轴暗紫色，曲折，疏生多数花；花淡粉红色带玫瑰色唇瓣；中萼片长圆形，侧萼片相似于中萼片，但稍歪斜；花瓣菱形，贴生在蕊柱足上；唇瓣基部具爪，3 裂；中裂片基部与两侧裂片之间相交处具 1 个盾形的肉突。（栽培园地：SCBG, CNBG）

Phalaenopsis gigantea J. J. Smith **象耳蝴蝶兰**

附生大型草本。茎短，具 5~6 枚叶。叶片长 60~80cm，有时长达 1m，椭圆形至长圆状卵形，灰绿色。总状花序常不分枝，下垂，具多朵花；花黄白色，具红褐色斑块，芳香；萼片椭圆状卵圆形；花瓣菱状椭圆形；唇瓣 3 裂，肉质；中裂片基部与两侧裂片之间相交处具 1 个近筒状的肉突，顶端镰刀形叉裂。（栽培园地：WHIOB）

Phalaenopsis lobbii (Rchb. f.) H. R. Sweet **罗比蝴蝶兰**

附生草本。茎短，具 3~4 枚叶。叶片阔椭圆形，顶

Phalaenopsis lobbii 罗比蝴蝶兰（图 1）

Phalaenopsis lobbii 罗比蝴蝶兰（图 2）

端不等侧2裂。总状花序近直立，具2~4朵花；花直径2~2.5cm；萼片和花瓣白色；唇瓣3裂，具褐色条带；侧裂片直立，镰刀状；中裂片肾形，基部胼胝体具4个丝状附属物。（栽培园地：SCBG）

Phalaenopsis mannii Rchb. f. 版纳蝴蝶兰

附生草本。茎粗厚。叶片亮绿色。花序侧生于茎，常斜出或下垂；萼片和花瓣橘红色带紫褐色横纹斑块；唇瓣白色，3裂；侧裂片基部强烈增厚并具1个顶端2裂的肉质穴状物，其与中裂片的基部在背面隆起成半球形，在穴状物的前方具1枚直立而上部2裂呈触须状的附属物；中裂片锚状，基部具1枚直立而两侧压扁的狭长附属物。（栽培园地：WHIOB, CNBG）

Phalaenopsis schilleriana Rchb. f. 西蕾丽蝴蝶兰

附生中大型草本。茎粗短。叶片暗绿色，并具银灰色斑带。总状花序下垂；花粉紫色，萼片长圆状披针形；花瓣菱状卵圆形；唇瓣3裂；侧裂片直立，基部中央密布红色斑点并具黄色肉突；中裂片顶端2叉裂。（栽培园地：SCBG）

Phalaenopsis mannii 版纳蝴蝶兰（图1）

Phalaenopsis schilleriana 西蕾丽蝴蝶兰（图1）

Phalaenopsis mannii 版纳蝴蝶兰（图2）

Phalaenopsis schilleriana 西蕾丽蝴蝶兰（图2）

Phalaenopsis stobariana Rchb. f. 滇西蝴蝶兰

附生草本。茎短，常具3~4枚叶。花开展，萼片和花瓣褐绿色；唇瓣基部具爪，3裂；侧裂片上半部淡紫色，基部具1枚2裂的肉突，其中央穴状并且向外（背面）隆起呈乳头状；中裂片深紫色，基部具1枚顶端深裂为2叉状的附属物，边缘下弯而形成顶端喙状的倒舟形，上面中央具1条中部以下较粗的脊突纵贯至顶端。（栽培园地：SZBG）

Phalaenopsis mannii 版纳蝴蝶兰（图3）

Phalaenopsis stobariana 滇西蝴蝶兰（图1）

Phalaenopsis tetraspis 盾花蝴蝶兰（图1）

Phalaenopsis stobariana 滇西蝴蝶兰（图2）

Phalaenopsis tetraspis 盾花蝴蝶兰（图2）

Phalaenopsis tetraspis Rchb. f. 盾花蝴蝶兰

附生草本。茎短，常具3~4枚叶。花序侧生，总状花序常不分枝，具4~8朵花；萼片和花瓣长圆状披针形，白色，常具红褐色横条纹或红晕，数量和位置变化较大；唇瓣窄小，基部紫红色，顶端白色，密被绒毛。（栽培园地：SCBG）

Phalaenopsis wilsonii Rolfe 华西蝴蝶兰

附生草本。气生根发达，长而弯曲，表面密生疣状突起，花时无叶或具1~2枚存留的小叶。花开展，萼

Phalaenopsis wilsonii 华西蝴蝶兰（图1）

Phalaenopsis wilsonii 华西蝴蝶兰（图2）

Pholidota articulata 节茎石仙桃（图3）

片和花瓣白色带淡粉红色的中肋或全体淡粉红色；唇瓣3裂；侧裂片基部具1个中央对开的肉脊，中裂片基部具1枚紫色而顶端深裂为2叉状的附属物。（栽培园地：WHIOB, KIB, XTBG, CNBG, SZBG）

花淡绿白色或白色而略带淡红色，2列排列；唇瓣上部1/3~1/4处缢缩而成前后唇；后唇凹陷成舟状，近基部处具5条纵褶片；前唇横椭圆形，边缘皱波状。（栽培园地：SCBG, KIB, XTBG, CNBG, SZBG, GXIB）

Pholidota 石仙桃属

该属共计8种，在7个园中有种植

Pholidota articulata Lindl. 节茎石仙桃

附生草本。假鳞茎彼此以首尾相连接，貌似长茎状。

Pholidota cantonensis Rolfe 细叶石仙桃

附生草本。假鳞茎狭卵形至卵状长圆形，顶生2枚叶。叶片线形或线状披针形。花葶生于幼嫩假鳞茎顶端；总状花序常具10余朵花；花序轴不曲折；花苞片卵状长圆形，早落；花小，白色或淡黄色，直径约

Pholidota articulata 节茎石仙桃（图1）

Pholidota cantonensis 细叶石仙桃（图1）

Pholidota articulata 节茎石仙桃（图2）

Pholidota cantonensis 细叶石仙桃（图2）

4mm；唇瓣宽椭圆形，整个凹陷而成舟状，顶端近截形或钝，唇盘无附属物。（栽培园地：SZBG, GXIB）

Pholidota chinensis Lindl. 石仙桃

附生草本。叶 2 枚，生于假鳞茎顶端，具 3 条较明显的脉。花白色或带浅黄色；萼片背面略具龙骨状突起；唇瓣略 3 裂，下半部凹陷成半球形的囊，囊两侧各具 1 个半圆形的侧裂片，囊内无附属物。（栽培园地：SCBG, WHIOB, KIB, CNBG, SZBG, GXIB）

Pholidota imbricata Hook. 宿苞石仙桃

附生草本。假鳞茎密生，近长圆形，略具 4 条钝棱，顶生 1 枚叶。花葶生于幼嫩假鳞茎顶端，总状花序下垂，密生数十朵花；花苞片宿存；花白色或略带红色；唇瓣凹陷成囊状，略 3 裂。（栽培园地：SCBG, KIB, XTBG, CNBG, SZBG）

Pholidota chinensis 石仙桃（图 1）

Pholidota imbricata 宿苞石仙桃（图 1）

Pholidota imbricata 宿苞石仙桃（图 2）

Pholidota chinensis 石仙桃（图 2）

Pholidota imbricata 宿苞石仙桃（图 3）

Pholidota leveilleana Schltr. 单叶石仙桃

附生草本。假鳞茎狭卵形或长圆形，顶生1枚叶。叶片狭椭圆形或狭椭圆状披针形。花葶生于幼嫩假鳞茎顶端，常多少下垂；总状花序疏生12~18朵花；花苞片椭圆形，在果期已脱落；花白色略带粉红色，唇瓣带淡褐色的白色，宽长圆形，约在上部3/5处缢缩成前后唇；后唇凹陷成浅杯状。（栽培园地：SCBG, WHIOB, XTBG, CNBG, GXIB）

Pholidota leveilleana 单叶石仙桃

Pholidota longipes S. C. Chen et Z. H. Tsi 长足石仙桃

附生草本。假鳞茎较密集，圆柱状，长达10cm，顶生2枚叶。花白色，具芳香；萼片卵形，背面具龙骨状突起，具5脉；唇瓣中部缢缩而成前后唇；后唇凹陷成囊状，近基部具2条纵褶片；前唇长圆形，顶端具短尖，基部具3条粗脊。（栽培园地：WHIOB）

Pholidota wenshanica S. C. Chen et Z. H. Tsi 文山石仙桃

附生草本。假鳞茎近圆筒状，顶生2枚叶。叶片长

Pholidota wenshanica 文山石仙桃（图1）

Pholidota longipes 长足石仙桃（图1）

Pholidota longipes 长足石仙桃（图2）

Pholidota wenshanica 文山石仙桃（图2）

圆状披针形，坚纸质，具折扇状脉。花葶生于幼嫩假鳞茎顶端；总状花序疏生30~35朵花；花序轴不曲折；花苞片宽卵状菱形，膜质，多少对折，在花期逐渐脱落；花白色或淡黄肉红色至淡黄褐色，唇瓣具黄斑块，近倒卵形，下半部凹陷成囊状。（栽培园地：WHIOB, CNBG, SZBG）

Pholidota yunnanensis Rolfe 云南石仙桃

附生草本。假鳞茎近圆柱状，向顶端略收狭，顶生2枚叶。花白色或浅肉色，萼片背面略具龙骨状突起；唇瓣长圆状倒卵形，近基部稍缢缩并凹陷成1个杯状或半球形的囊，无附属物。（栽培园地：SCBG, WHIOB, CNBG, SZBG）

质，顶端钝；距下垂，细长，细圆筒状至丝状。（栽培园地：WHIOB, LSBG）

Platanthera minor (Miq.) Rchb. f. 小舌唇兰

地生草本，具椭圆肉质块茎。茎下部具1~2枚叶。总状花序具多数花；长10~18cm；花黄绿色；花瓣直立，斜卵形，与中萼片靠合呈兜状，侧萼片反折；距细筒状，稍向前弧曲。（栽培园地：SCBG, WHIOB, LSBG）

Pholidota yunnanensis 云南石仙桃（图1）

Pholidota yunnanensis 云南石仙桃（图2）

Platanthera 舌唇兰属

该属共计2种，在3个园中有种植

Platanthera japonica (Thunb.) Lindl. 舌唇兰

地生草本。根状茎指状，肉质、近平展。茎粗壮，直立，具4~6枚叶。总状花序具多数花；花白色；花瓣直立，线形，与中萼片靠合呈兜状；唇瓣线形，不分裂，肉

Platanthera minor 小舌唇兰（图1）

Platanthera minor 小舌唇兰（图2）

Pleione 独蒜兰属

该属共计 11 种，在 5 个园中有种植

Pleione albiflora Cribb et C. Z. Tang 白花独蒜兰

附生草本。假鳞茎卵状圆锥形，顶端具 1 枚叶。单花从无叶老假鳞茎基部发出，下垂，白色，唇瓣上有时具赭色或棕色斑，具芳香；唇瓣宽卵形，不明显 3 裂，上部边缘撕裂状，基部囊状并形成距，上面常具 5 条具长乳突或短流苏的褶片。（栽培园地：KIB）

Pleione bulbocodioides (Franch.) Rolfe 独蒜兰

半附生草本。假鳞茎卵形至卵状圆锥形，上端具明显的颈，顶端具 1 枚叶。花葶从无叶的老假鳞茎基部发出，顶端具 1 朵花；花粉红色至淡紫色，唇瓣具深色斑；唇瓣不明显 3 裂，展开时倒卵形至近扇形，褶片不间断，上部边缘撕裂状，常具 4~5 条啮蚀状褶片。（栽培园地：WHIOB, KIB, LSBG, CNBG）

Pleione chunii C. L. Tso 陈氏独蒜兰

地生或附生草本。假鳞茎上端具明显的颈。花大，淡粉红色至玫瑰紫色，常向基部色渐浅，唇瓣中央具 1 条黄色或橘黄色条纹和多数同样色泽的流苏状毛；唇瓣展开时宽扇形，边缘上弯并围抱蕊柱，近顶端不明显 3 裂，顶端微缺，上部边缘具齿或呈不规则啮蚀状，具 4~5 行沿脉而生的髯毛或流苏状毛。（栽培园地：KIB）

Pleione formosana Hayata 台湾独蒜兰

半附生或附生草本。假鳞茎压扁的卵形或卵球形，上端渐狭成明显的颈。花白色至粉红色，唇瓣色泽常略浅于花瓣，上面具黄色、红色或褐色斑，有时略芳香；唇瓣宽卵状椭圆形至近圆形，不明显 3 裂，顶端微缺，上部边缘撕裂状，上面具 2~5 条褶片，中央 1 条褶片短或不存在；褶片常有间断，具齿或啮蚀状。（栽培园地：KIB）

Pleione forrestii Schltr. 黄花独蒜兰

附生草本。假鳞茎圆锥形或卵状圆锥形，上端渐狭成明显的颈。花黄色、淡黄色或黄白色，仅唇瓣上具红色或褐色斑点；唇瓣中裂片上部边缘撕裂状或多少流苏状；唇盘上具 5~7 条褶片，褶片全缘。（栽培园地：KIB）

Pleione limprichtii Schltr. 四川独蒜兰

半附生草本。假鳞茎卵形至卵状圆锥形，顶端具 1 枚叶。本种近独蒜兰，不同在于本种的唇瓣摊平后近圆形，具白色褶片；蕊柱较短，长 2.5~3cm。（栽培园地：SCBG, KIB）

Pleione limprichtii 四川独蒜兰

Pleione maculata (Lindl.) Lindl. 秋花独蒜兰

附生草本。假鳞茎陀螺状，顶端骤然收狭成明显的喙，顶端具 2 枚叶。花近直立或平展，具芳香，白色或略带淡紫红色晕，唇瓣前部具深紫红色粗斑纹，中央具黄色斑块。（栽培园地：SCBG, KIB, CNBG）

Pleione maculata 秋花独蒜兰

Pleione praecox (J. E. Smith) D. Don 疣鞘独蒜兰

附生草本。假鳞茎常陀螺状，顶端骤然收狭成明显的喙。叶在花期已接近枯萎但不脱落。花大，淡紫红色，稀白色；唇瓣上褶片黄色，唇瓣略3裂，中裂片顶端微缺，边缘具啮蚀状齿；唇盘至中裂片基部具3~5条分裂成流苏状或乳突状齿的褶片。（栽培园地：KIB）

Pleione saxicola T. Tang et F. T. Wang ex S. C. Chen 岩生独蒜兰

附生草本。假鳞茎近陀螺状或扁球形，顶端骤然收狭成明显短喙，具1枚叶，叶在花期已长成。花大，直径达10cm，玫瑰红色；唇瓣宽椭圆形，明显3裂，基部具爪；中裂片顶端近浑圆且略具不规则小圆齿，基部至唇盘中部具3条褶片；褶片全缘或有时稍波状缺刻。（栽培园地：WHIOB）

Pleione scopulorum W. W. Smith 二叶独蒜兰

附生或地生草本。叶在花期已长成，叶片披针形、倒披针形或狭椭圆形。具1朵花，罕具2~3朵花；花玫瑰红色或较少白色而带淡紫蓝色，唇瓣上常具黄色和深紫色斑；唇瓣横椭圆形或近扁圆形，宽大于长，几不裂，前部边缘具齿，上面具5~9条褶片；褶片具不规则的鸡冠状缺刻。（栽培园地：WHIOB）

Pleione yunnanensis (Rolfe) Rolfe 云南独蒜兰

地生或附生草本。叶在花期极幼嫩或未长出。花淡紫色、粉红色或有时近白色，唇瓣上具紫色或深红色斑；唇瓣不明显3裂；中裂片边缘具不规则缺刻或多少呈撕裂状；唇盘上常具3~5条褶片自基部延伸至中裂片基部；褶片近全缘或略呈波状并具细微缺刻。（栽培园地：SCBG, KIB）

Podangis 水母兰属

该属共计1种，在1个园中有种植

Podangis dactyloceras (Rchb. f.) Schltr. 水母兰

附生或石生小型草本。气生根发达。叶4~8枚，叶片两侧扁平呈镰刀形。花序近伞形，腋生，短于叶片；花白色，近透明，似水母状；萼片和花瓣倒卵状扇形；唇瓣凹陷呈杯状，顶端膨大；距狭圆锥形，末端稍膨大形成2浅裂。（栽培园地：SCBG）

Podangis dactyloceras 水母兰（图1）

Pleione yunnanensis 云南独蒜兰

Podangis dactyloceras 水母兰（图2）

Podangis dactyloceras 水母兰（图3）

Podochilus khasianus 柄唇兰（图2）

形，常多少呈镰刀状弯曲，基部具抱茎的筒状鞘，具关节，干后常稍呈黑褐色。总状花序顶生或侧生；花小，白色或带绿色；中萼片卵状披针形；侧萼片卵状三角形，基部宽阔并着生于蕊柱足上，形成萼囊；花瓣近长圆形；唇瓣长圆形，中部略缢缩，基部两侧扩大成裂片状且稍增厚而内弯，基部以细长的爪着生于蕊柱足上。（栽培园地：CNBG, SZBG, GXIB, XMBG）

Pogonia 朱兰属

该属共计1种，在1个园中有种植

Pogonia japonica Rchb. f. 朱兰

地生草本。茎直立，纤细，在中部或中部以上具1枚叶。叶片稍肉质，常近长圆状披针形，抱茎。花苞片叶状；花单朵顶生，向上斜展，常紫红色或淡紫红色；萼片狭长圆状倒披针形，花瓣与萼片相似，近等长，但明显较宽；唇瓣中部以上3裂；侧裂片顶端具不规则缺刻或流苏；中裂片边缘具流苏状齿缺；唇瓣基部具2~3条纵褶片，褶片常互相靠合形成肥厚的脊，延伸在中裂片上变为鸡冠状流苏或流苏状毛。（栽培园地：LSBG）

Podochilus 柄唇兰属

该属共计1种，在4个园中有种植

Podochilus khasianus Hook. f. 柄唇兰

附生草本。茎丛生，直立，近圆柱形。叶多枚，2列互生，叶片近肉质，狭长圆形或狭长圆状披针

Podochilus khasianus 柄唇兰（图1）

Polystachya 多穗兰属

该属共计1种，在1个园中有种植

Polystachya concreta (Jacq.) Garay et Sweet 多穗兰

附生草本。假鳞茎卵形至圆锥形，常略压扁。花序顶生，常具1~4个分枝，稀不分枝；每个花序分枝具3~8朵花；花小，较密集，淡黄色；唇瓣3裂。（栽培园地：SCBG）

Polystachya concreta 多穗兰

Pomatocalpa 鹿角兰属

该属共计 1 种，在 2 个园中有种植

Pomatocalpa spicatum Breda 鹿角兰

附生草本。茎粗短，具数枚近基生的叶。叶片革质，宽带状或镰状长圆形，顶端钝且不等侧 2 裂，基部具彼此套叠的鞘。花序腋生，下垂，长不及叶长的 1/2；花序轴肉质，密生多花；花肉质，蜡黄色，具褐色带；唇瓣基部贴生在蕊柱基部两侧，3 裂；侧裂片直立，耳状，上部前缘多少内弯；中裂片厚肉质，向前伸展，肾状三角形或近菱形；距短而宽，近球形，内面背壁上具 1 枚片状舌形的附属物。（栽培园地：SZBG, GXIB）

Pomatocalpa spicatum 鹿角兰

Prosthechea 章鱼兰属

该属共计 3 种，在 2 个园中有种植

Prosthechea cochleata (L.) W. E. Higgins 章鱼兰

附生草本。假鳞茎卵圆形至长圆状椭圆形，两侧压

Prosthechea cochleata 章鱼兰（图1）

Prosthechea cochleata 章鱼兰（图2）

扁。叶顶生，2~3 枚，叶片椭圆形，基部渐狭。总状花序疏生数花；花不翻转；萼片和花瓣黄绿色，线形，稍扭曲下垂；唇瓣黄褐色带深紫色条纹，罩于蕊柱上部；蕊柱短小，白色，基部具紫色斑点，顶端具细齿。（栽培园地：SCBG, WHIOB）

Prosthechea fragrans (Sw.) W. E. Higgins 芳香章鱼兰

附生草本。假鳞茎卵状圆锥形，顶生 1 枚叶。叶片椭圆状披针形，基部收狭呈筒状。总状花序具 3~10 朵花；花不翻转，浅绿色；萼片卵状披针形；花瓣略宽于萼片；唇瓣卵圆形，顶端具尾尖，白色带深紫色纵条纹，基部凹陷，围抱蕊柱；蕊柱白色，基部具紫色斑点。（栽培园地：SCBG）

Prosthechea radiata 小章鱼兰（图 2）

Prosthechea fragrans 芳香章鱼兰

Prosthechea radiata (Lindl.) W. E. Higgins 小章鱼兰

附生草本。假鳞茎长卵形，顶生 1 枚叶。叶片椭圆形，革质。花不翻转，浅绿色；萼片线形，伸展；花瓣菱状卵圆形，稍反折；唇瓣卵圆形，白色带紫色纵条纹，顶端急尖，边缘圆齿状，呈盾状罩于蕊柱上部；蕊柱粗短直立，浅绿色。（栽培园地：SCBG）

Psychopsis 拟蝶唇兰属

该属共计 1 种，在 2 个园中有种植

Psychopsis papilio (Lindl.) H. G. Jones 拟蝶唇兰

附生草本。假鳞茎卵状圆锥形，顶生 1 枚叶。叶片厚革质，长约 20cm，具紫色斑点或花纹。花直径 10~12cm，暗红色，具黄色斑纹，外形似蝴蝶；中萼片和花瓣线形，狭长挺立；侧萼片椭圆形，波浪形卷曲，具黄色横条纹；唇瓣近卵圆形，3 裂，边缘波状；唇盘具 1 个嫩黄色斑块。（栽培园地：SCBG, WHIOB）

Prosthechea radiata 小章鱼兰（图 1）

Psychopsis papilio 拟蝶唇兰（图 1）

节和抱茎的鞘。总状花序2~6个，具数朵至10余朵花；花稍肉质，开展，萼片和花瓣黄色带紫褐色斑纹；唇瓣以1个活动关节与蕊柱足末端连接，3裂；侧裂片直立，长圆形；中裂片厚肉质，基部两侧各具1枚胼胝体；距囊状，末端钝。（栽培园地：GXIB）

Renanthera 火焰兰属

该属共计4种，在5个园中有种植

Renanthera citrina Aver. **中华火焰兰**
　　附生草本。花序腋生。本种近云南火焰兰，不同在

Psychopsis papilio 拟蝶唇兰（图2）

Pteroceras 长足兰属

该属共计1种，在1个园中有种植

Pteroceras simondianus (Gagnep.) Aver. **滇越长足兰**
　　附生草本。茎质地硬。叶数枚，2列，叶片薄革质，长圆状披针形，顶端圆钝且稍不等侧2裂，基部具关

Pteroceras simondianus 滇越长足兰

Renanthera citrina 中华火焰兰（图1）

Renanthera citrina 中华火焰兰（图2）

Renanthera citrina 中华火焰兰（图3）

于本种的茎、叶较纤细，花浅黄色，具紫红色疏斑点，侧萼片较狭，黄色，具紫红色斑点；唇瓣中裂片上半部呈半球状。（栽培园地：SCBG, CNBG, SZBG）

Renanthera coccinea Lour. 火焰兰

附生草本。茎粗壮。花序与叶对生；花深红色，开展；中萼片狭匙形，边缘稍波状，其内面具橘黄色斑点；侧萼片长圆形，基部收狭为爪，边缘明显波状；花瓣相似于中萼片但较小，边缘内侧具橘黄色斑点；唇瓣3裂；侧裂片方形或近圆形，基部具1对全缘、半圆形的胼胝体。（栽培园地：SCBG, WHIOB, SZBG）

Renanthera imschootiana Rolfe 云南火焰兰

附生草本。花序腋生；花红黄色，开展；中萼片黄色，近匙状倒披针形；侧萼片内面红色，背面草黄色，斜椭圆状卵形，基部收狭为长爪；花瓣黄色带红色斑点，狭匙形，顶端钝而增厚，密被红色斑点；唇瓣3裂；中裂片卵形，深红色，反卷，基部具3个肉瘤状突起物；侧裂片三角形，等于或稍高出蕊柱，基部具1对质地薄、边缘撕裂状的平行高褶片。（栽培园地：SCBG, WHIOB, CNBG, SZBG）

Renanthera coccinea 火焰兰（图1）

Renanthera imschootiana 云南火焰兰（图1）

Renanthera coccinea 火焰兰（图2）

Renanthera coccinea 火焰兰（图3）

Renanthera imschootiana 云南火焰兰（图2）

Renanthera imschootiana 云南火焰兰（图3）

Renanthera monachica Ames 豹斑火焰兰

附生草本。花序腋生，长达45cm；花橙红色，开展；萼片及花瓣黄色，边缘内侧密布橘红色斑点；中萼片狭匙形，花瓣相似于中萼片但较小，顶端近圆形。（栽培园地：SCBG, XMBG）

Renanthera monachica 豹斑火焰兰

Ryncholaelia 喙丽兰属

该属共计1种，在1个园中有种植

Ryncholaelia digbyana (Lindl.) Schltr. 猪哥喙丽兰

附生草本，植株被白霜。假鳞茎扁平，棒形，腋生1枚叶。叶片椭圆形，长约20cm，肉革质。花单生，直径10~15cm，黄绿色至绿白色，具芳香；中萼片披针形，侧萼片和花瓣略宽于中萼片；唇瓣近卵圆形，不明显3裂，边缘密具丝状流苏饰边。（栽培园地：XMBG）

Rhynchostylis 钻喙兰属

该属共计3种，在7个园中有种植

Rhynchostylis coelestis (Rchb. f.) A. H. Kent 蓝花钻喙兰

附生草本。气生根明显。叶互生，叶片肉质，叶基至中段向上折呈"V"字形。总状花序腋生，具多花，直立成串似狐尾；花蜡质，具芳香，白色，顶端淡蓝色；萼片和花瓣倒卵形；唇瓣分为2部分，上唇展开，倒卵状楔形，下唇凹陷，有距，浅蓝紫色。（栽培园地：SCBG）

Rhynchostylis coelestis 蓝花钻喙兰

Rhynchostylis gigantea (Lindl.) Ridl. 海南钻喙兰

附生草本。茎直立，粗壮，具数节，不分枝，具多数2列的叶，被宿存的叶鞘所包。叶片肉质，彼此紧靠，宽带状，外弯。花序腋生，2~4个，下垂；花白色，具紫红色斑点，质地厚，开展；唇瓣肉质，上部3裂，深紫红色，贴生于蕊柱足上，向外伸展，近倒卵形，

Ryncholaelia digbyana 猪哥喙丽兰

Rhynchostylis gigantea 海南钻喙兰（图1）

Rhynchostylis gigantea 海南钻喙兰（图2）

基部具1对脊突。（栽培园地：SCBG, WHIOB, SZBG, XMBG）

Rhynchostylis retusa (L.) Blume 钻喙兰

附生草本，植株具发达、肥厚的气生根。花序下垂，密生多花；花白色，纸质，开展，密布紫色斑点；唇瓣贴生于蕊柱足末端；后唇囊状，前唇朝上，前端不明显3裂，基部具4条脊突。（栽培园地：SCBG, WHIOB, KIB, XTBG, CNBG, SZBG）

Rhynchostylis retusa 钻喙兰（图1）

Rhynchostylis retusa 钻喙兰（图2）

Robiquetia 寄树兰属

该属共计2种，在5个园中有种植

Robiquetia spathulata (Blume) J. J. Smith 大叶寄树兰

附生草本。茎粗壮，常下垂，稍扁圆柱形。叶2列，叶片长圆形，常宽2.5cm以上，顶端钝且不等侧2裂。花序与叶对生，下垂，总状花序不分枝，密生许多小花；花黄色带紫褐色斑点和条纹；唇瓣3裂；侧裂片直立，近卵状三角形，中裂片肉质，朝上内弯，多少呈两侧压扁的狭披针形，上面中央具2条联合的脊突。（栽培园地：SCBG, XTBG, SZBG）

Robiquetia spathulata 大叶寄树兰（图1）

Robiquetia spathulata 大叶寄树兰（图2）

Robiquetia succisa (Lindl.) Seidenf. et Garay 寄树兰

附生草本。叶2列，叶片长圆形，宽1.5~2cm，顶端近截头状且啮蚀状缺刻。花序与叶对生，圆锥花序密生许多小花；花不甚开展，萼片和花瓣淡黄色或黄绿色；唇瓣白色，3裂；侧裂片直立，耳状，顶端钝且带紫褐色，边缘稍波状；中裂片肉质，狭长圆形，两侧压扁，中央具2条联合的高脊突。（栽培园地：SCBG, CNBG, SZBG, GXIB）

Robiquetia succisa 寄树兰（图1）

Robiquetia succisa 寄树兰（图2）

Robiquetia succisa 寄树兰（图3）

Sarcoglyphis 大喙兰属

该属共计2种，在3个园中有种植

Sarcoglyphis magnirostris Z. H. Tsi 短帽大喙兰

附生草本。茎直立或斜立，长1~4cm，常具3~5枚叶。叶片长圆形。花序下垂，较叶短，不分枝，总状花序疏生多数花；萼片和花瓣浅白色带淡紫红色；唇

Sarcoglyphis magnirostris 短帽大喙兰

瓣稍肉质，3裂；侧裂片直立，近半圆形，前半部紫丁香色，向内弯，后半部白色；中裂片紫丁香色，宽舌形，顶端近截形；药帽较短，长约1.5mm，顶端稍收窄呈三角形；蕊喙顶端短尖，下垂。（栽培园地：XTBG, XMBG）

Sarcoglyphis smithianus (Kerr.) Seidenf. 大喙兰

附生草本。茎直立，长2~5cm，被宿存的叶鞘所包。叶片狭长圆形或稍镰刀状长圆形。花序下垂，较

Sarcoglyphis smithianus 大喙兰

叶长，不分枝或具少数短分枝，总状花序或圆锥花序具多数花；花小，白色带紫色；唇瓣紫色，3裂；中裂片在中部扩展呈横长圆形，顶端短喙状；唇瓣药帽长约3mm，前端收窄呈长喙状；蕊喙顶端长细尖，多少钩状弯曲。（栽培园地：SZBG）

Schoenorchis 匙唇兰属

该属共计3种，在5个园中有种植

Schoenorchis gemmata (Lindl.) J. J. Smith 匙唇兰

附生草本。叶片扁平，伸展，对折呈狭镰刀状或半圆柱状向外下弯。圆锥花序从叶腋发出，密生许多小花；花不甚开展；萼片和花瓣紫红色；花瓣顶端近平截，面宽凹缺；唇瓣白色，匙形，3裂；距口前方具1个肉质舌状物伸入距内。（栽培园地：SCBG, IBCAS, KIB, XTBG, CNBG）

Schoenorchis juncifolia Reinw. ex Blume 圆柱叶匙唇兰

附生草本。茎悬垂，具分支，肉质。叶片圆柱形，细长，

Schoenorchis juncifolia 圆柱叶匙唇兰（图1）

Schoenorchis gemmata 匙唇兰（图1）

Schoenorchis gemmata 匙唇兰（图1）

Schoenorchis juncifolia 圆柱叶匙唇兰（图2）

顶端具突尖。总状花序腋生，长约 10cm，密生多花；花小，直径 1~1.5cm；萼片和花瓣紫红色；萼片卵圆形，顶端急尖，花瓣椭圆形；唇瓣不明显 3 裂，白色，中裂片边缘锯齿状；距长管状并强烈卷曲上翘。（栽培园地：SCBG）

Schoenorchis tixieri (Guillaum.) Seidenf. 圆叶匙唇兰

附生草本。茎短，不明显，密被覆瓦状叶鞘。叶片质厚，具皱纹，扁平，长圆形或椭圆形，基部具彼此套叠的鞘。总状花序从叶腋中发出，密生许多小花；不甚伸展，萼片洋红色；花瓣卵形，中部以下白色，上部洋红色，顶端钝；唇瓣 3 裂，分前后两部分；后部为侧裂片，直立，较大，半圆形，与中裂片连接处具 1 个近球形的胼胝体；前部为中裂片，厚肉质，翘起，上面中央隆起呈圆锥形，基部具可动的关节；距囊状。（栽培园地：CNBG）

Schomburgkia 匈伯嘉兰属

该属共计 2 种，在 1 个园中有种植

Schomburgkia thomsoniana (Rchb. f.) Rolfe 香蕉兰

附生草本。假鳞茎圆柱形，常中空，表面具纵沟。叶顶生，1~3 枚，叶片椭圆状卵形，厚革质。总状花序长 60~180cm，具 6~10 朵花；花微香，直径约 6cm，萼片和花瓣线形，边缘强烈波浪状卷曲，浅紫色至橙黄色；唇瓣 3 裂，侧裂片向内卷曲成筒状，围抱蕊柱，边缘紫红色；中裂片顶端深紫色，唇盘黄色，具 3 条纵贯褶片。（栽培园地：SCBG）

Schomburgkia thomsoniana 香蕉兰

Schomburgkia undulata Lindl. 匈伯拉兰

附生草本。假鳞茎纺锤形，多节，具槽，金黄色。叶顶生，2 枚，稀 3 枚，叶片长椭圆形，厚革质。总状花序具多花，长 60~180cm；花蜡质；萼片和花瓣线形，边缘强烈波浪状卷曲，栗红色；唇瓣，3 裂，紫红色，侧裂片直立，中裂片顶端稍向后卷曲；唇盘上具 5 条弧形褶片。（栽培园地：SCBG）

Sedirea 萼脊兰属

该属共计 2 种，在 3 个园中有种植

Sedirea japonica (Linden et Rchb. f.) Garay et Sweet 萼脊兰

附生草本。茎短。叶 4~6 枚，2 列，叶片稍肉质或

Sedirea japonica 萼脊兰（图 1）

Sedirea japonica 萼脊兰（图 2）

Sedirea japonica 萼脊兰（图3）

Smitinandia micrantha 盖喉兰（图1）

厚革质，扁平，狭长，顶端钝且不等侧2浅裂，基部具关节和鞘。总状花序长达18 cm，下垂，疏生数朵花；萼片和花瓣白绿色，唇瓣白色带紫红色；唇瓣3裂；侧裂片小，近三角形；中裂片匙形，上边缘具不规则圆齿，下部收狭成爪，爪上具1条上缘紫红色的纵向脊突；距口处具1枚近直立的肉质附属物。（栽培园地：SCBG, CNBG）

Sedirea subparishii (Z. H. Tsi) Christenson 短茎萼脊兰

附生草本。茎短。叶近基生，叶片顶端钝且不等侧2浅裂，基部具关节和抱茎的鞘。总状花序长达10cm，疏生数朵花；花黄绿色带淡褐色斑点，具香气，稍肉质，开展；唇瓣3裂，基部与蕊柱足末端结合形成关节；侧裂片直立，半圆形，边缘稍具细齿；中裂片肉质，狭长圆形，背面近顶端处喙状突起，基部距口处具1枚两侧压扁的圆锥形胼胝体；距角状。（栽培园地：WHIOB）

Smitinandia 盖喉兰属

该属共计1种，在2个园中有种植

Smitinandia micrantha (Lindl.) Holttum 盖喉兰

附生草本。茎近直立，扁圆柱形。叶片稍肉质，狭长圆形，顶端钝且不等侧2裂。总状花序1~2个，与

Smitinandia micrantha 盖喉兰（图2）

叶对生；花序柄粗壮，多少肉质，密生许多小花；花开展，萼片和花瓣白色；唇瓣紫红色，3裂；侧裂片直立，近方形；中裂片倒卵状匙形，基部具厚肉质的横隔附属物，封闭着距口，上面中部具2条脊突并向上汇合而成1条到达顶端；距白色。（栽培园地：XTBG, SZBG）

Sobralia 箬叶兰属

该属共计2种，在1个园中有种植

Sobralia decora Bateman 美丽箬叶兰

大型地生或附生草本。叶片卵圆状披针形至长圆状

不明显 3 裂，侧裂片内卷呈筒状，喉部具 1 个黄白色斑块；中裂片顶端 2 浅裂，边缘波状。（栽培园地：SCBG）

Spathoglottis 苞舌兰属

该属共计 3 种，在 4 个园中有种植

Spathoglottis paulinae F. Muell. 地生苞舌兰

地生草本。假鳞茎卵球形，聚生。叶顶生，4~7 枚，叶片披针形，具折扇状脉，基部收狭为柄。总状花序腋生，细长直立；花直径 3~3.5cm，淡紫红色，萼片倒卵形，花瓣阔卵形，唇瓣贴生于蕊柱基部，3 裂；侧裂片直立，中裂片匙形，基部具黄色龙骨突状胼胝体，稀被毛；蕊柱细长，向前弓曲。（栽培园地：SCBG）

Sobralia decora 美丽箬叶兰

披针形，具折扇状脉，叶基部具疣突。总状花序顶生，具 1~3 朵花；花大，直径 20~22cm，具芳香；萼片和花瓣淡紫红色并具白色和紫色脉纹；萼片卵圆形，向后反折；花瓣阔卵形，边缘波状；唇瓣不明显 3 裂，侧裂片内卷呈筒状，喉部橘黄色，边缘具强烈波状皱褶。（栽培园地：SCBG）

Sobralia macrantha Lindl. 大花箬叶兰

大型地生草本。茎直立，圆柱状，聚生，常为鞘所包藏。叶片卵状披针形，具折扇状脉，长 11~21cm。花大，直径 15~25cm；单生，紫红色至粉红色；萼片狭椭圆形，向后反折；花瓣椭圆形，边缘波状；唇瓣卵圆形，

Spathoglottis paulinae 地生苞舌兰

Spathoglottis plicata Blume 紫花苞舌兰

地生草本。假鳞茎卵状圆锥形，为叶鞘所包。花紫色；唇瓣贴生于蕊柱基部，3 裂；侧裂片直立，狭长；中裂片具长爪，向顶端扩大而呈扇形，顶端近截形并凹入或浅 2 裂，基部与侧裂片相连接处具 1 对黄色肉

Sobralia macrantha 大花箬叶兰

Spathoglottis plicata 紫花苞舌兰（图 1）

Spathoglottis plicata 紫花苞舌兰（图2）

Spathoglottis pubescens 苞舌兰（图2）

突，基部彼此连并向背面伸出2个三角形的齿突。（栽培园地：XTBG, XMBG）

Spathoglottis pubescens Lindl. 苞舌兰

地生草本。假鳞茎扁球形，顶生1~3枚叶。花葶密布柔毛，总状花序疏生2~8朵花；花黄色；萼片椭圆形，背面被柔毛；花瓣宽长圆形，无毛；唇瓣3裂，两侧裂片之间凹陷而呈囊状；中裂片基部具爪，爪上面具1对半圆形的、肥厚的附属物，唇盘上具3条纵向的龙骨脊，中央1条隆起而成肉质的褶片。（栽培园地：SCBG, CNBG）

Spiranthes 绶草属

该属共计1种，在3个园中有种植

Spiranthes sinensis (Pers.) Ames 绶草

地生草本，具数条指状、肉质、簇生于茎基部的根。叶基生，2~5枚，叶片线形或宽线状披针形的。总状花序密生多数呈螺旋状扭转的小花；花紫红色、粉红色或白色；唇瓣凹陷，前半部上面具长硬毛且边缘具强烈皱波状啮齿，唇瓣基部凹陷呈浅囊状，囊内具2枚胼胝体。（栽培园地：SCBG, LSBG, XMBG）

Spathoglottis pubescens 苞舌兰（图1）

Spiranthes sinensis 绶草（图1）

Spiranthes sinensis 绶草（图2）

Stanhopea 奇唇兰属

该属共计1种，在1个园中有种植

Stanhopea wardii Lodd. ex Lindl. **沃氏奇唇兰**
附生草本。假鳞茎卵球状圆锥形，多棱，聚生。叶顶生，1枚，叶片椭圆状倒卵形，基部收狭成柄。花序倒吊，具3~10朵花；花大，蜡质，直径约12cm，黄色并具暗紫色斑点和斑块；中萼片宽卵状舟形；侧萼

Stanhopea wardii 沃氏奇唇兰

片反折，顶端尖；花瓣平伸，边缘具波浪形锯齿；唇瓣构造复杂，分为三部分：唇基弧形，内弯，与中唇连接处形成横向深凹槽；中唇与前唇连接处3裂，侧裂片角状，几乎与中萼片平行；前唇中间具纵向凹槽，末端突尖。（栽培园地：SCBG）

Staurochilus 掌唇兰属

该属共计2种，在3个园中有种植

Staurochilus dawsonianus (Rchb. f.) Schltr. **掌唇兰**
附生草本。花序多分枝，疏生多数花；花肉质，开

Staurochilus dawsonianus 掌唇兰

展，花瓣和萼片淡黄色，内面具栗色横纹；唇瓣3裂；中裂片3裂；唇盘密布长硬毛，中央具1条红色条带；距厚肉质，距内背壁上方具1枚宽卵状三角形的附属物覆盖着距口。（栽培园地：WHIOB, XTBG）

Staurochilus loratus (Rolfe ex Downie) Seidenf. 小掌唇兰

附生草本。叶片狭长圆形，顶端不等侧2裂。花小，稍肉质，开展，萼片和花瓣黄色带紫褐色斑点；唇瓣白色，基部爪上面凹槽状密被长毛，上半部3裂；唇盘中央黄色，具1个深穴；距内面背壁上具1枚密生毛的舌状附属物。（栽培园地：SZBG）

Staurochilus loratus 小掌唇兰

Stereochilus 坚唇兰属

该属共计1种，在1个园中有种植

Stereochilus brevirachis Christenson 短轴坚唇兰

附生草本。茎短。叶4~6枚，近基生，叶片革质，长条形，背部具脊突。花序腋生，多少呈"之"字形曲折，具花3~5朵；花苞片披针形，明显短于花梗；花紫红色，边缘白色；唇瓣3裂；侧裂片直立，顶端收狭并内弯；中裂片卵形；距顶端和基部压扁，微2裂。（栽培园地：SCBG）

Sunipia 大苞兰属

该属共计3种，在5个园中有种植

Sunipia andersonii (King et Pantl.) P. F. Hunt 黄花大苞兰

附生草本。假鳞茎在根状茎上疏生，长卵形，顶生1枚叶。总状花序具少数花；花开展，淡黄色或黄绿色；花瓣中部以上骤然收窄为圆柱状，下半部边缘具流苏；唇瓣中部以上骤然变狭，基部具1枚横生的胼胝体，下半部边缘具缺刻；蕊喙马蹄形。（栽培园地：XTBG, CNBG, SZBG）

Sunipia andersonii 黄花大苞兰（图1）

Sunipia andersonii 黄花大苞兰（图2）

Sunipia candida (Lindl.) P. F. Hunt 白花大苞兰

附生草本。假鳞茎疏生，卵形，顶生1枚叶。总状花序具数朵花；花萼片和花瓣绿白色；侧萼片靠近唇瓣一侧边缘彼此粘合；唇瓣披针形或匕首状，近中部向顶端骤然收窄为圆柱状，中部以下边缘撕裂状。（栽培园地：KIB, SZBG）

Stereochilus brevirachis 短轴坚唇兰

兰科 Orchidaceae

Sunipia candida 白花大苞兰

Sunipia scariosa Lindl. 大苞兰

附生草本。假鳞茎疏生，卵形或斜卵形。总状花序具多数花；花苞片 2 列，宿存；花小，包藏于花苞片内，淡黄色；侧萼片近唇瓣一侧边缘彼此粘合；花瓣背面基部具 1 枚附属物；唇瓣上面基部凹槽内具 1 条龙骨脊。（栽培园地：WHIOB, XTBG, CNBG, SZBG）

Sunipia scariosa 大苞兰（图 2）

Tainia 带唇兰属

该属共计 8 种，在 8 个园中有种植

Tainia cordifolia Hook. f. 心叶带唇兰

地生草本。假鳞茎肉质，被膜质鞘，顶生 1 枚叶。叶片心形。花葶直立不分枝；总状花序；花苞片膜质，披针形；花梗和子房直立，伸展，无毛；花中等大，开展；萼片和花瓣相似，侧萼片贴生于蕊柱基部或蕊柱足上；唇瓣贴生于蕊柱足末端，直立，基部具短距或浅囊。（栽培园地：SCBG, CNBG）

Tainia dunnii Rolfe 带唇兰

假鳞茎暗紫色，圆柱形，罕为卵状圆锥形，被膜质鞘，顶生 1 枚叶。叶片狭长圆形或椭圆状披针形。花葶直立，纤细，长 30~60cm，具 3 枚筒状膜质鞘，基部的 2 枚鞘套叠；总状花序长达 20cm；花序轴红棕色，疏生多数花；花黄褐色或棕紫色；花瓣与萼片等长而较宽，先端急尖或锐尖，具 3 条脉，仅中脉较明显；唇瓣近圆形，长约 1cm，基部贴生于蕊柱足末端，前部 3 裂。

Sunipia scariosa 大苞兰（图 1）

（栽培园地：SCBG, WHIOB, XTBG, LSBG, CNBG, GXIB）

Tainia hongkongensis Rolfe 香港带唇兰

地生草本。假鳞茎卵球形，顶生 1 枚叶。总状花序疏生数朵花；花黄绿色带紫褐色斑点和条纹；唇瓣倒卵形，不裂，中部以下两侧多少围抱蕊柱；唇盘具 3 条狭的褶片；距近长圆筒形。（栽培园地：SCBG, CNBG, SZBG）

Tainia macrantha 大花带唇兰

戟形；唇盘具 3 条褶片，两侧的褶片较宽，弧形；蕊柱具长约 13mm 的蕊柱足，蕊柱翅向下延伸至蕊柱足基部。（栽培园地：SCBG, WHIOB）

Tainia penangiana Hook. f. 绿花带唇兰

地生草本。假鳞茎卵球形，顶生 1 枚叶。总状花序疏生少数至 10 余朵花，花黄绿色带橘红色条纹和斑点；唇瓣倒卵形，白色带淡红色斑点，顶端黄色；唇盘从基部至中裂片顶端纵贯 3 条褶片；褶片在中裂片上隆起，有时呈鸡冠状；距短圆筒形，末端钝。（栽培园地：SCBG, XTBG, XMBG）

Tainia hongkongensis 香港带唇兰（图 1）

Tainia hongkongensis 香港带唇兰（图 2）

Tainia latifolia (Lindl.) Rchb. f. 阔叶带唇兰

地生草本。假鳞茎圆柱状长卵形，顶生 1 枚叶。总状花序疏生多数花；花具芳香，萼片、花瓣深褐色；唇瓣黄色，上部 3 裂，唇盘从基部向中裂片顶端纵贯 3 条褶片；药帽顶端两侧各具 1 个紫红色附属物。（栽培园地：XTBG）

Tainia macrantha Hook. f. 大花带唇兰

地生草本。假鳞茎在根状茎上多少伏卧后弧曲上举，呈细圆柱形，顶生 1 枚叶。总状花序具少数花；花大，上半部朱红色，下半部绿白色带朱红色斑点；唇瓣近

Tainia penangiana 绿花带唇兰

Tainia ruybarrettoi (S. Y. Hu et Barretto) Aver. 南方带唇兰

地生草本。假鳞茎卵球状圆锥形，近聚生，顶生 1 枚叶。总状花序疏生多数花；花暗红黄色；萼片和花瓣具紫色脉纹，边缘黄色；唇瓣白色，3 裂；唇盘从基部至中裂片中部纵贯 5 条褶片；距橘黄色。（栽培园地：SCBG, SZBG）

Tainia viridifusca (Hook.) Benth. ex Hook. f. 高褶带唇兰

地生草本。假鳞茎阔卵球形，顶生 1 枚叶。总状花序疏生 10 余朵花；花褐绿色或紫褐色；唇瓣白色，

Tainia ruybarrettoi 南方带唇兰（图1）

Tainia ruybarrettoi 南方带唇兰（图2）

Tainia viridifusca 高褶带唇兰

3裂；唇盘在两侧裂片之间具 3~5 条褶片，在中裂片上骤然隆起 5 条波状或鸡冠状的褶片；距囊状圆锥形。（栽培园地：SCBG, SZBG）

Thecopus 盒足兰属

该属共计 1 种，在 1 个园中有种植

Thecopus maingayi (Hook. f.) Seidenf. 盒足兰

附生草本。假鳞茎卵球形，具棱。叶顶生，1 枚，

Thecopus maingayi 盒足兰

叶片狭椭圆形。总状花序长达 15cm；花黄绿色，具深紫色纵条纹和蕊柱；中萼片长圆状卵形，侧萼片近三角状卵圆形，稍外弯；花瓣长圆形，镰状弯曲；唇瓣 3 裂，侧裂片卵圆形，直立，中裂片卵圆形，顶端急尖；唇瓣基部具 2 个龙骨状突起；唇盘具深紫色斑块和 2 列毛状褶片。（栽培园地：SCBG）

Thelasis 矮柱兰属

该属共计 1 种，在 1 个园中有种植

Thelasis pygmaea (Griff.) Lindl. 矮柱兰

附生草本。假鳞茎聚生，扁球形，顶端常具 1 枚大叶和 1 枚小叶。花黄绿色，平展，不甚张开；侧萼片与中萼片相似，背面具龙骨状突起或有时呈狭翅状；唇瓣卵状三角形，边缘内卷。（栽培园地：CNBG）

Thrixspermum 白点兰属

该属共计 5 种，在 7 个园中有种植

Thrixspermum amplexicaule (Blume) Rchb. f. 抱茎白点兰

附生草本。茎细长，稍扁三棱形，具多节。叶疏生，叶片质地薄，卵状披针形，顶端稍尖而微 2 裂，基部无柄呈心形抱茎。总状花序纤细，腋生，具 2 朵花，花序轴较长，花苞片 2 列；花粉紫色至淡紫色；萼片和花瓣相似，椭圆状卵形；唇瓣 3 裂，基部凹陷呈囊状，侧裂片直立，稍内卷围抱蕊柱。（栽培园地：SCBG）

Thrixspermum centipeda Lour. 白点兰

附生草本。茎多少扁圆柱形，常弧形弯曲。总状花序具少数花；花苞片宿存，排成 2 列；花白色或奶黄色，肉质，不甚开展，具浓郁芳香；花瓣狭镰刀状披针形，较萼片小；唇瓣基部凹陷呈浅囊，3 裂；唇盘中

Thrixspermum amplexicaule 抱茎白点兰

Thrixspermum centipeda 白点兰（图1）

Thrixspermum centipeda 白点兰（图2）

Thrixspermum centipeda 白点兰（图3）

央隆起，具1个胼胝体。（栽培园地：SCBG, IBCAS, KIB, XTBG, CNBG, SZBG）

Thrixspermum hystrix (Blume) Rchb. f. 毛刷白点兰

附生草本。气生根明显。叶片线形，顶端圆钝。苞片宿存，花黄色；萼片倒卵形；花瓣较萼片稍狭；唇瓣白色，具红色斑纹，基部囊状；不明显3裂，侧裂片直立，稍内卷围抱蕊柱，裂片边缘和唇盘顶端密被白色毛刷状短柔毛。（栽培园地：SCBG）

Thrixspermum hystrix 毛刷白点兰（图1）

Thrixspermum hystrix 毛刷白点兰（图2）

Thrixspermum hystrix 毛刷白点兰（图3）

Thunia alba 笋兰（图2）

Thrixspermum japonicum (Miq.) Rchb. f. 小叶白点兰
附生草本。茎斜立和悬垂，纤细。花序与叶对生，常2至多个，花序轴纤细，长不及5cm，疏生少数花；花苞片2列，彼此疏离，宽卵状三角形；花淡黄色；唇瓣基部具长约1mm的爪，3裂；侧裂片近直立且向前弯曲，狭卵状长圆形；中裂片小，半圆形，肉质，背面多少呈圆锥状隆起；唇盘基部稍凹陷，密被绒毛。（栽培园地：WHIOB）

落后仅留筒状鞘，貌似多节竹笋。总状花序具2~7朵花；花苞片大，宿存；花大，白色，唇瓣黄色，具橙色或栗色斑和条纹，仅边缘白色。（栽培园地：SCBG, WHIOB, KIB, XTBG, CNBG, SZBG）

Trichoglottis 毛舌兰属

该属共计5种，在2个园中有种植

Thrixspermum saruwatarii (Hayata) Schltr. 长轴白点兰
附生草本。茎直立或斜立。花序侧生，常下垂，疏生一至数朵花；花苞片彼此疏离，螺旋状排列，向外伸展，宽卵状三角形，花乳白色或黄绿色，不甚张开；唇瓣3裂，基部凹陷为浅囊，上面密被细乳突；侧裂片直立，长椭圆形，顶端圆钝，内面具许多橘红色条纹；中裂片小，齿状三角形，肉质，红棕色；唇盘基部密被红紫色或金黄色毛。（栽培园地：CNBG）

Trichoglottis cirrhifera Teijsm. et Binn. 波状毛舌兰
附生草本。茎柔软。叶互生，叶片卵圆形，基部具关节和抱茎的鞘。花腋生；萼片和花瓣倒卵状长圆形，顶端圆钝；黄色具褐红色斑纹；唇瓣3裂，侧裂片角状，直立，中裂片长圆形，顶端钝；距圆锥形，后壁具舌状附属物伸出距口，蕊柱两侧各具1枚角状附属物。（栽培园地：SZBG）

Thunia 笋兰属

该属共计1种，在6个园中有种植

Thunia alba (Lindl.) Rchb. f. 笋兰
地生或附生草本。茎较粗壮，圆柱形，秋季叶脱

Thunia alba 笋兰（图1）

Trichoglottis cirrhifera 波状毛舌兰

Trichoglottis geminata (Teijsm. et Binn.) J. J. Smith

附生草本。茎直立,多少"之"字形曲折。叶片长椭圆形,顶端稍不等2裂,叶面"V"字形对折。单花着生茎上,花柄短;花萼、花瓣倒卵形,中萼稍狭,内面具数条横斑纹;花瓣狭倒卵状披针形,宽为中萼的1/3~1/4;唇瓣舌状,白色或染黄色,近顶端阔卵形,具1个顶端稍截平的喙状突起。(栽培园地:SCBG)

Trichoglottis geminata

Trichoglottis smithii Carr.

附生草本。茎圆柱形,稍扁平。叶排成2列,叶片长椭圆形,中间"V"字形对折,顶端不等2裂。花单生茎上,花柄长;花萼、花瓣乳白色,带橙黄色至橙红色横斑纹,花萼倒卵状披针形,花瓣狭倒卵状披针形,宽约为花萼的1/2;唇瓣具紫红色斑点和白色长绒毛;顶端3裂,侧裂片钝圆,中裂片长条形。(栽培园地:SCBG)

Trichoglottis philippinensis Lindl. 菲律宾毛舌兰

附生草本。茎直立。叶片长圆形至长圆状卵形,革质,具短尖头。花直径3.5~4.5cm,具芳香;萼片、花瓣淡褐红色,并具黄白色镶边;萼片卵状披针形;花瓣线状披针形,顶端圆钝;唇瓣3裂,白色,具粉紫色条纹或晕

Trichoglottis philippinensis 菲律宾毛舌兰(图1)

Trichoglottis philippinensis 菲律宾毛舌兰(图2)

斑;侧裂片截形,中裂片顶端3浅裂;基部囊状,囊前壁增厚;唇盘密布白色短柔毛。(栽培园地:SCBG)

Trichoglottis subviolacea (Llanos) Merr. 巴丹毛舌兰

附生草本。茎悬垂。叶互生,叶片长圆状披针形。花腋生,具芳香;中萼片倒卵形,顶端锐尖;侧萼片卵状披针形;花瓣线状长圆形,镰状弯曲;萼片和花瓣淡黄色,并具褐黄色斑块;唇瓣白色,并具淡紫色斑块,3裂,侧裂片直立,中裂片长圆形,具毛状物,顶端钝,基部形成距。(栽培园地:SCBG)

Trichoglottis subviolacea 巴丹毛舌兰

Trichotosia 毛鞘兰属

该属共计3种,在3个园中有种植

Trichotosia dasyphylla (Parish et Rchb. f.) Kraenzl. 瓜子毛鞘兰

附生草本。植株较矮小,全体被灰白色长硬毛,具

Trichotosia dasyphylla 瓜子毛鞘兰

Trichotosia velutina 绒叶毛鞘兰（图1）

交错的根状茎。叶簇生，叶片厚肉质，形似瓜子。花淡黄色；萼片背面密被白色长毛；唇瓣背面被白色长毛，边缘具睫毛状齿，在近中部处具缢缩痕；缢缩处具2个近长圆形的胼胝体。（栽培园地：SCBG）

Trichotosia pulvinata (Lindl.) Kraenzl. 高茎毛鞘兰

附生草本。植株全体被红褐色绒毛，无明显根状茎。茎直立，圆柱形，具多节。叶生于节上，叶片披针形或长圆状披针形，偏斜，顶端渐尖，两面被红褐色绒毛；鞘具红褐色绒毛。花序生于茎中上部，与叶对生，具1~2朵花；花白色；萼片背面被红褐色绒毛；唇瓣近匙形，不裂，下部1/3密被刚毛，具3条褶片。（栽培园地：WHIOB, XTBG）

Trichotosia velutina 绒叶毛鞘兰（图2）

Trigonidium 三角兰属

该属共计1种，在2个园中有种植

Trigonidium egertonianum Bateman ex Lindl. 爱格坦三角兰

附生草本。假鳞茎卵状圆锥形，顶生2枚叶。叶片线状倒披针形，顶端急尖。花葶长约45cm，直立坚挺；

Trichotosia pulvinata 高茎毛鞘兰

Trichotosia velutina (Lodd. ex Lindl.) Kraenzl. 绒叶毛鞘兰

附生草本。植株全体被红褐色绒毛。叶片革质，长圆状披针形。花序生于节间，下垂，具柔毛，长约8cm；具4~6朵花；花白色；萼片背面被红褐色绒毛。（栽培园地：SCBG）

Trigonidium egertonianum 爱格坦三角兰（图1）

Trigonidium egertonianum 爱格坦三角兰（图2）

Tropidia angulosa 阔叶竹茎兰（图1）

Tropidia angulosa 阔叶竹茎兰（图2）

花近三角形，淡黄色，具棕红色脉纹；中萼片三角状卵圆形，直立，侧萼片比中萼片稍狭，基部合生，顶端强烈反卷呈筒状；花瓣短小，具棕红色脉纹和斑块；萼片基部围抱蕊柱；唇瓣短小，倒卵形，不明显3裂，包藏于萼片之内，基部具胼胝体。（栽培园地：SCBG，XMBG）

Tropidia 竹茎兰属

该属共计2种，在2个园中有种植

Tropidia angulosa (Lindl.) Blume 阔叶竹茎兰

地生草本。茎直立，单生或2个生于同一根状茎上。叶2枚，生于茎顶端。总状花序具花10余朵或更多；花绿白色；侧萼片合生，仅顶端2浅裂，围抱唇瓣并与唇瓣基部的距连成一体；唇瓣中部至基部有2条略肥厚的纵脊。（栽培园地：SCBG，XTBG）

Tropidia curculigoides Lindl. 短穗竹茎兰

地生草本。茎常数个丛生，不分枝或偶见分枝。叶常具10枚以上，疏生于茎上。总状花序密生数朵至10余朵花；花绿白色；侧萼片仅基部合生；唇瓣基部凹

Tropidia curculigoides 短穗竹茎兰

陷，舟状，顶端渐尖。（栽培园地：SCBG，XTBG）

Tuberolabium 管唇兰属

该属共计1种，在1个园中有种植

Tuberolabium kotoense Yamamoto 管唇兰

附生草本。茎直立，粗壮。叶片多少肉质或厚革质，

长圆形或长圆状椭圆形，顶端钝并稍2裂。总状花序密生多花；花白色，具芳香，不甚开展；唇瓣基部与整个蕊柱足合生，3裂；侧裂片直立，紫色，近方形；中裂片较大，向前伸，前端厚肉质，顶端近锐尖，上面紫色而凹陷；距圆锥形，两侧压扁，下垂。（栽培园地：CNBG）

Tulotis 蜻蜓兰属

该属共计1种，在1个园中有种植

Tulotis ussuriensis (Regel et Maack) H. Hara **小花蜻蜓兰**

地生草本。茎较纤细，直立，基部具1~2枚筒状鞘。叶片匙形或狭长圆形。总状花序具10~20朵较疏生的花；花较小，淡黄绿色；侧萼片张开或反折，偏斜；花瓣与中萼片相靠合且近等长；唇瓣向前伸展，多少向下弯曲，舌状披针形，肉质，距纤细，细圆筒状。（栽培园地：LSBG）

Uncifera 叉喙兰属

该属共计1种，在2个园中有种植

Uncifera acuminata Lindl. **叉喙兰**

附生草本。茎常弧形弯曲。叶片顶端具2~3小裂。

Uncifera acuminata 叉喙兰（图1）

Uncifera acuminata 叉喙兰（图2）

总状花序密生多数花；花稍张开，黄绿色；唇瓣上部3裂，基部具长距；距向前弯曲成半环状，末端指向唇瓣中裂片的底部；蕊喙大，顶端上举而2裂。（栽培园地：KIB, SZBG）

Vanda 万代兰属

该属共计9种，在8个园中有种植

Vanda alpina (Lindl.) Lindl. **垂头万代兰**

附生草本。叶2列，叶片向外弯垂，带状，中部以下常"V"字形对折，顶端近斜截且具不规则的尖齿。总状花序具1~3朵花；花下垂，不甚张开，具芳香；萼片和花瓣黄绿色；唇瓣内面紫色，基部凹陷呈囊状，无距。（栽培园地：SCBG, XTBG, CNBG）

Vanda alpina 垂头万代兰

Vanda brunnea Rchb. f. **白柱万代兰**

附生草本。叶片带状，顶端具2~3个不整齐的尖齿状缺刻。总状花序疏生3~5朵花；萼片、花瓣多少反折，背面白色，内面黄绿色或黄褐色带紫褐色网格纹；唇瓣3裂；侧裂片圆形或近方形；中裂片提琴形，顶端2圆裂，基部距口处具1对圆形胼胝体；蕊柱白色。

Vanda brunnea 白柱万代兰（图1）

Vanda brunnea 白柱万代兰（图2）

（栽培园地：SCBG, KIB, XTBG, SZBG, XMBG）

Vanda coerulea Griff. ex Lindl. 大花万代兰

附生草本。叶片厚革质，下部常"V"字形对折，顶端近斜截且具2~3个尖齿状的缺刻。总状花序疏生数朵花；花大，质地薄，直径7~10cm；天蓝色，具网格纹；萼片长3cm以上；唇瓣3裂；中裂片基部具1

Vanda coerulea 大花万代兰

对胼胝体，上面具3条纵向的脊突。（栽培园地：WHIOB, KIB, XTBG, CNBG）

Vanda coerulescens Griff. 小蓝万代兰

附生草本。叶片近肉质，2列，斜立，常"V"字形对折。总状花序疏生多花；花直径约2.5cm；萼片、花瓣淡蓝色或白色带淡蓝色晕；唇瓣深蓝色，3裂；中裂片基部具1对胼胝体，上面通常具4~5条脊突。（栽培园地：SCBG, XTBG, CNBG）

Vanda coerulescens 小蓝万代兰（图1）

Vanda coerulescens 小蓝万代兰（图2）

Vanda concolor Blume 琴唇万代兰

附生草本。叶片革质，带状，中部以下常"V"字形对折，顶端具2~3个不等长的尖齿状缺刻。总状花序常疏生4朵以上的花；萼片、花瓣背面白色，内面黄褐色带黄色花纹；唇瓣3裂；侧裂片镰状狭三角形或披针形；中裂片提琴形，顶端扩大并且稍2圆裂，基部较顶端狭。（栽培园地：SCBG, WHIOB, KIB, XTBG, SZBG, GXIB）

Vanda cristata Lindl. 叉唇万代兰

附生草本。花序腋生，具1~2朵花；萼片、花瓣黄

Vanda concolor 琴唇万代兰（图 1）

Vanda lamellata 雅美万代兰

常黄绿色，具褐色斑块和不规则的纵条纹；唇瓣黄白色，3裂；侧裂片圆形或近方形；中裂片提琴形，顶端钝或圆形，基部截形或稍具耳，具少数条纹和2条基生的脊突，基部距口处无胼胝体。（栽培园地：SCBG）

Vanda pumila Hook. f. 矮万代兰

附生草本。总状花序较叶短，花序轴多少折曲状，疏生1~3朵花；萼片、花瓣奶黄色；唇瓣厚肉质，3

Vanda concolor 琴唇万代兰（图 2）

Vanda cristata 叉唇万代兰

绿色，唇瓣3裂；中裂片近琴形，顶端狭窄且叉状2深裂，白色，具暗紫色纵条纹。（栽培园地：SCBG, WHIOB, SZBG）

Vanda lamellata Lindl. 雅美万代兰

附生草本。叶片厚革质，带状，中部以下常"V"字形对折，顶端具2个不等长的尖齿状缺刻。花序直立或近直立，具5~15朵花；花肉质，具芳香，颜色多变，

Vanda pumila 矮万代兰（图 1）

Vanda pumila 矮万代兰（图2）

Vanda subconcolor 纯色万带兰（图2）

裂；侧裂片内面紫红色；中裂片顶端宽钝且稍凹缺，奶黄色，具8~9条紫红色纵条纹，背面具1条龙骨状的纵脊。（栽培园地：SCBG, KIB, XTBG, SZBG）

Vanda subconcolor T. Tang et F. T. Wang 纯色万带兰

附生草本。总状花序疏生3~6朵花；花质地厚，萼片、花瓣背面白色，内面黄褐色，具明显网格状脉纹；唇瓣白色，3裂；侧裂片卵状三角形；中裂片卵形，基部较顶端宽，顶端黄褐色，具4~6条紫褐色条纹。（栽

培园地：SCBG, KIB, XTBG, CNBG, SZBG）

Vandopsis 拟万代兰属

该属共计2种，在6个园中有种植

Vandopsis gigantea (Lindl.) Pfitz. 拟万代兰

附生大型草本。茎质地坚硬，粗壮，长约30cm。叶片肉质，宽带形，长40~50cm，顶端不等侧2圆裂。

Vanda subconcolor 纯色万带兰（图1）

Vandopsis gigantea 拟万代兰

总状花序下垂，密生多数花；花金黄色带红褐色斑点，肉质，开展；唇瓣较花瓣小，3裂；中裂片上面中央具1条纵向的脊突，脊突在下部隆起呈三角形，在上部新月形。（栽培园地：SCBG, WHIOB, KIB, XTBG, CNBG, SZBG）

Vandopsis undulata (Lindl.) J. J. Smith 白花拟万代兰

附生草本。茎斜立或下垂。花序长达50cm，常具少数分枝；花白色，芳香；唇瓣较花瓣短，3裂；侧裂片内面褐红色带绿色，近直立；中裂片白色带淡粉红色，中部以上曲膝状并多少两侧压扁，上面中央具高高隆起的龙骨脊，基部凹陷。（栽培园地：WHIOB, KIB, XTBG, SZBG）

Vanilla planifolia 香荚兰

长圆形，顶端急尖，基部渐狭。总状花序生于叶腋，5~7cm，具多朵花；花肉质，具芳香；花苞片阔卵状三角形；萼片、花瓣黄绿色；花瓣倒卵状长圆形。荚果肉质。（栽培园地：SCBG, WHIOB, KIB, GXIB）

Vanilla siamensis Rolfe ex Downie 大香荚兰

攀援藤本，长达数米，具长的节间，节上具1枚叶。总状花序生于叶腋，具多朵花；萼片、花瓣淡黄绿色；唇瓣乳白色，喉部黄色；唇瓣下部与蕊柱边缘合生，呈喇叭形；中裂片上面除基部外密生流苏状长毛；唇盘中部具1个杯状附属物，附属物口部具短毛。（栽培园地：SCBG, XTBG, CNBG）

Vandopsis undulata 白花拟万代兰（图1）

Vandopsis undulata 白花拟万代兰（图2）

Vanilla 香荚兰属

该属共计2种，在6个园中有种植

Vanilla planifolia Jacks. ex Andrews 香荚兰

攀援藤本，长达数米。叶散生，叶片肉质，椭圆状

Vanilla siamensis 大香荚兰

Zeuxine 线柱兰属

该属共计 3 种，在 4 个园中有种植

Zeuxine affinis (Lindl.) Benth. **宽叶线柱兰**

地生草本。叶 4~6 枚，叶片卵形或卵状披针形。花开放时叶片常凋萎；总状花序具几朵至 10 余朵花；花黄白色，萼片背面被柔毛；唇瓣呈 "Y" 字形，前部 2 裂片倒卵状扇形，基部扩大并凹陷呈囊状，囊内两侧各具 1 枚钩状的胼胝体。（栽培园地：SCBG）

Zeuxine nervosa (Lindl.) Benth. **芳线柱兰**

地生草本。叶 3~6 枚，叶片卵形或卵状椭圆形，沿中肋具 1 条白色的条纹。总状花序细长，具数朵疏生的花；花较小，白色，具浓郁芳香，半张开；萼片背面被毛；花瓣偏斜卵形；唇瓣呈 "Y" 字形，前部 2 裂片近圆形或倒卵形，基部具绿色斑点；基部扩大呈囊状，囊内两侧各具 1 枚裂为 3~4 个角状的胼胝体。（栽培园地：SCBG, CNBG, SZBG）

Zeuxine affinis 宽叶线柱兰（图 1）

Zeuxine nervosa 芳线柱兰

Zeuxine strateumatica (L.) Schltr. **线柱兰**

地生草本。叶多枚，叶片线形至线状披针形，无柄，具鞘抱茎。总状花序几乎无花序梗，具多数密生的花，达 20 余朵；花小，白色或黄白色；唇瓣多少肉质，舟状，淡黄色或黄色，基部凹陷呈囊状，其内面两侧各具 1 枚近三角形的胼胝体。（栽培园地：SCBG, SZBG, GXIB）

Zeuxine affinis 宽叶线柱兰（图 2）

Zeuxine strateumatica 线柱兰（图 1）

Zeuxine strateumatica 线柱兰（图2）

Zygopetalum maculatum 轭瓣兰（图1）

Zygopetalum 轭瓣兰属

该属共计1种，在1个园中有种植

Zygopetalum maculatum (Kunth) Garay 轭瓣兰

附生草本。假鳞茎丛生，卵球形，顶生5~8枚叶。叶片椭圆状披针形，叶脉明显。总状花序侧生，具花5~12朵，直径约3.8cm；萼片和花瓣黄绿色，并具褐色斑块；唇瓣白色，密布紫色斑点。（栽培园地：SCBG）

Zygopetalum maculatum 轭瓣兰（图2）

Orobanchaceae 列当科

该科共计5种，在5个园中有种植

多年生、二年生或一年生寄生草本。不含或几乎不含叶绿素。茎常不分枝或少数种有分枝。叶鳞片状，螺旋状排列，或在茎的基部排列密集成近覆瓦状。花多数，沿茎上部排列成总状或穗状花序，或簇生于茎端成近头状花序，极少花单生茎端；苞片1枚，常与叶同形，在苞片上方有2枚小苞片或无小苞片，小苞片贴生于花萼基部或生于花梗上；花近无梗或有长或短梗。花两性，雌蕊先熟，常昆虫传粉。花萼筒状、杯状或钟状，顶端4~5浅裂或深裂，偶见6齿裂，或花萼2深裂至基部或近基部，而萼裂片全缘或顶端又2齿裂，或花萼佛焰苞状而一侧裂至近基部，或萼片离生3枚，或花萼不存在。花冠左右对称，常弯曲，二唇形，上唇龙骨状、全缘或拱形，顶端微凹或2浅裂，下唇顶端3裂，或花冠筒状钟形或漏斗状，顶端5裂而裂片近等大。雄蕊4枚，2强，着生于花冠筒中部或中部以下，与花冠裂片互生，花丝纤细。雌蕊由2或3枚合生心皮组成，子房上位。果为蒴果，室背开裂，常2瓣裂，稀3瓣裂，外果皮稍硬。种子细小。

Aeginetia 野菰属

该属共计2种，在4个园中有种植

Aeginetia indica L. 野菰

一年生寄生草本。花芽顶端渐尖；花萼顶端急尖或渐尖；花冠筒状钟形，长2~4.5cm，裂片近全缘。（栽培园地：SCBG, XTBG, LSBG, SZBG）

Aeginetia sinensis G. Beck 中国蛇菰

一年生寄生草本。花芽和花萼顶端钝圆；花冠膨大呈钟状，长4~6cm，裂片边缘具齿状小圆齿。（栽培园地：LSBG）

Aeginetia indica 野菰（图1）

Aeginetia indica 野菰（图2）

Boschniakia 草苁蓉属

该属共计1种，在1个园中有种植

Boschniakia himalaica Hook. f. et Thoms. 丁座草

寄生肉质草本。根状茎球形或近球形；常仅有1条直立的茎。花序总状，花梗长0.6~1cm，果时增大；花冠长1.5~2.5cm，筒部稍膨大；种子不规则近球形。（栽培园地：SCBG）

Cistanche 肉苁蓉属

该属共计1种，在1个园中有种植

Cistanche tubulosa (Schrenk) Wight. 管花肉苁蓉

多年生寄生草本。叶鳞片状。穗状花序；花冠筒状漏斗形，长约4cm，顶端5裂，裂片在花蕾时带紫色，干后变棕褐色，近等大，近圆形；花冠筒内近基部无1圈长柔毛，仅花丝基部被长柔毛。蒴果长圆形。种子多数，近圆形。（栽培园地：XJB）

Orobanche 列当属

该属共计1种，在1个园中有种植

Orobanche cernua Loefling 弯管列当

一、二年生或多年生寄生草本，全株密被腺毛，常具多分枝的肉质根。叶鳞片状。穗状花序，密具多朵花；苞片卵形或卵状披针形，无小苞片；花冠合瓣，二唇形，冠筒弯曲。蒴果长圆形或长圆状椭圆形，长1~1.2cm，直径5~7mm，成熟时3~4纵裂；种子椭圆形。（栽培园地：XJB）

Oxalidaceae 酢浆草科

该科共计23种，在9个园中有种植

一年生或多年生草本，极少为灌木或乔木。根茎或鳞茎状块茎，通常肉质，或有地上茎。指状或羽状复叶或小叶萎缩而成单叶，基生或茎生；小叶在芽时或晚间背折而下垂，通常全缘；无托叶或有而细小。花两性，辐射对称，单花或组成近伞形花序或伞房花序，少有总状花序或聚伞花序；萼片5枚，离生或基部合生，覆瓦状排列，少数为镊合状排列；花瓣5枚，有时基部合生，旋转排列；雄蕊10枚，2轮，5长5短，外轮与花瓣对生，花丝基部通常连合，有时5枚无药，花药2室，纵裂；雌蕊由5枚合生心皮组成，子房上位，5室，每室有1至数颗胚珠，中轴胎座，花柱5枚，离生，宿存，柱头通常头状，有时浅裂。果为开裂的蒴果或为肉质浆果。种子通常为肉质、干燥时产生弹力的外种皮。

Averrhoa 阳桃属

该属共计2种，在7个园中有种植

Averrhoa bilimbi L. 三敛

小乔木。叶聚生于枝顶，小叶10~20对。圆锥花序生于分枝或树干上；花大，花瓣长15mm。果长圆形，具钝棱。（栽培园地：SCBG, XTBG）

Averrhoa bilimbi 三敛（图2）

Averrhoa bilimbi 三敛（图1）

Averrhoa bilimbi 三敛（图3）

Averrhoa carambola L. 阳桃

乔木。叶互生，小叶 3~7 对。数朵至多朵组成聚伞花序或圆锥花序；花小，花瓣长 5~8.5mm。浆果肉质，常具 5 条锐棱。（栽培园地：SCBG, WHIOB, XTBG, CNBG, SZBG, GXIB, XMBG）

Averrhoa carambola 阳桃（图 1）

Averrhoa carambola 阳桃（图 2）

Averrhoa carambola 阳桃（图 3）

Biophytum 感应草属

该属共计 3 种，在 4 个园中有种植

Biophytum fruticosum Blume 分枝感应草

一年生至多年生草本。茎短二叉分枝或不分枝，基部木质化。小叶两面被长伏毛。花一至数朵聚生于总花梗顶端，总花梗纤细，与叶近等长，花梗长 1~3mm。（栽培园地：KIB, XTBG）

Biophytum sensitivum (L.) DC. 感应草

一年生草本。茎不分枝，基部木质化。小叶被短伏毛。花数朵聚生于总花梗顶端，与叶近等长；花梗极短，长约 2mm。（栽培园地：KIB, XTBG, SZBG, GXIB）

Biophytum umbraculum Welw. 无柄感应草

一年生草本。茎不分枝。花数朵聚生于茎的顶端，无总花梗，花梗长约 3mm。（栽培园地：XTBG）

Oxalis 酢浆草属

该属共计 18 种，在 9 个园中有种植

Oxalis acetosella L. 白花酢浆草

多年生草本。植株无纺锤形根茎。小叶 3 片，倒心形，长 5~20mm，宽 8~30mm，顶端凹陷，两侧角钝圆，基部楔形。花常为白色，直径小于 2cm。蒴果卵球形，长 3~4mm。（栽培园地：SCBG）

Oxalis acetosella 白花酢浆草

Oxalis acetosella L. ssp. griffithii (Edgew. et Hook. f.) Hara 山酢浆草

本亚种与原亚种的主要区别为：小叶片倒三角形或宽倒三角形；蒴果椭圆形或近球形。（栽培园地：SCBG, KIB, LSBG）

酢浆草科 Oxalidaceae

Oxalis acetosella ssp. griffithii 山酢浆草

Oxalis adenodes Sond. 阿德诺兹酢

多年生草本。小叶3枚，非掌状排列，不等大，顶生小叶片倒卵状三角形，侧生小叶片斜椭圆形，叶片密被细柔毛；叶柄稍扁平。花大，白色，花瓣倒卵形，喉部中央黄色，具灰色放射状细纵纹。（栽培园地：SCBG）

Oxalis adenodes 阿德诺兹酢（图1）

Oxalis adenodes 阿德诺兹酢（图2）

Oxalis articulata Savigny 关节酢浆草

多年生草本。叶柄、叶两面、花序轴、花柄、花萼密被细柔毛。根状茎肉质，稍粗壮，橙红色，具多数横皱纹。小叶3枚，倒心形，顶端深裂。聚伞花序具数个分枝，具数朵至10余朵花；花柄长为花的5~6倍，基部具关节；花淡紫红色。（栽培园地：KIB，LSBG）

Oxalis articulata 关节酢浆草（图1）

Oxalis articulata 关节酢浆草（图2）

Oxalis bowiei Lindl. 大花酢浆草

多年生草本，植株具纺锤形根茎。叶柄细弱。伞形花序，长于叶，花瓣紫红色，直径约3cm。（栽培园地：LSBG）

Oxalis brasiliensis Lodd. 巴西酢

多年生草本。小叶3枚，小叶片倒卵状心形到卵状三角形，叶缘具灰白色长缘毛。花大，直径3.5~4.5cm，粉紫红色，花瓣倒三角形，每个花瓣上具5条或更多条近平行的深紫色纵纹。（栽培园地：SCBG）

Oxalis corniculata L. 酢浆草

一年生至多年生草本。叶基生或茎上互生；小叶

Oxalis brasiliensis 巴西酢（图1）

Oxalis corniculata 酢浆草（图2）

表面无紫色斑点。花单生或数朵集为伞形花序腋生；花黄色，直径小于1cm。（栽培园地：SCBG, WHIOB, KIB, XTBG, CNBG, SZBG, GXIB, XMBG）

Oxalis corymbosa DC. 红花酢浆草

多年生草本；植株无纺锤形根茎。小叶3枚，小叶片扁圆状倒心形，长1~4cm，宽1.5~6cm。花紫红色，花直径小于2cm。（栽培园地：SCBG, WHIOB, KIB, LSBG, CNBG, SZBG, GXIB, XMBG）

Oxalis brasiliensis 巴西酢（图2）

Oxalis corymbosa 红花酢浆草

Oxalis glabra Thunb.

多年生草本。具茎生叶和基生叶，小叶3枚，狭倒楔形，顶端凹，中脉明显下凹。花大，粉红色，直径3.5~4cm。（栽培园地：SCBG）

Oxalis namaquana Sond. 纳马夸纳酢

多年生无毛草本，具球茎。小叶3枚，小叶片倒三角形，顶端微凹，叶柄长而纤细。花单生，黄色，较大，直径3~3.5cm，花瓣倒楔形，稍反折。（栽培园地：SCBG）

Oxalis corniculata 酢浆草（图1）

Oxalis glabra（图1）

Oxalis namaquana 纳马夸纳酢（图2）

Oxalis glabra（图2）

Oxalis nidulans（图1）

Oxalis namaquana 纳马夸纳酢（图1）

Oxalis nidulans（图2）

Oxalis nidulans Turcz.
　　多年生草本。小叶3枚，小叶片倒卵形，顶端截平或微凹，叶两面及叶柄被短柔毛。花单生，花基部下方具2枚线状披针形、被短柔毛的苞片；花粉色，直径2~2.5cm，花瓣倒长椭圆形。（栽培园地：SCBG）

Oxalis perdicaria (Molina) Bertero 叶状酢
　　多年生草本，具球茎。小叶3枚，小叶片阔倒心形，顶端深裂，边缘常相互覆盖并斜向上伸展。花单生，黄色，较大，直径3~4cm，花瓣宽倒楔形，稍反折，顶端常截平，喉部具深棕色脉纹。（栽培园地：SCBG）

Oxalis perdicaria 叶状酢（图1）

Oxalis perdicaria 叶状酢（图2）

Oxalis pes-caprae L. 黄麻子

多年生匍匐草本。小叶3枚，倒心形，两面被柔毛，表面具紫色斑点。花黄色，直径约2cm。（栽培园地：SCBG, GXIB）

Oxalis purpurea L. 芙蓉酢浆草

多年生草本。根状茎肉质。小叶片3枚，倒卵形至阔倒卵形，顶端截平或微凹，边缘具缘毛。花单生，较大，直径3~4cm，粉红色至粉紫色，喉部黄色。（栽培园地：KIB）

Oxalis repens Thunb.

多年生匍匐草本；叶两面、花序轴、花柄、萼片及蒴果被短柔毛。小叶片小，倒心形，顶端深裂至2/5~1/2处，边缘具缘毛，叶面、叶柄常带紫红色。花单生或2~5朵呈伞形花序腋生；花梗长5~15mm；花瓣黄色，近喉部常带橙红色细纹。蒴果长圆锥形，长1~2.5cm，具5条棱。（栽培园地：KIB）

Oxalis stricta L. 直立酢浆草

多年生草本；茎、叶柄、叶及花序梗、花梗密被白色柔毛。茎直立。小叶片倒心形，叶面绿色。花单生或数朵呈聚伞花序腋生；花黄色，直径1~1.5cm。（栽培园地：LSBG）

Oxalis triangularis A. St.-Hil. 三角叶酢浆草

多年生草本。叶基生，小叶3枚，小叶片倒三角形，紫黑色，具紫红色斑纹。聚伞花序常具数朵花，花粉红色至淡紫色，直径约1.5cm。（栽培园地：SCBG, KIB, LSBG, CNBG）

Oxalis triangularis 三角叶酢浆草

Oxalis violacea L.

多年生草本。小叶3枚，小叶片倒三角形，顶端微凹，除背面中脉疏被柔毛外，其余无毛。伞形花序具数朵花，花序轴无毛；花直径1.2~1.5cm，粉紫色，喉部黄绿色。（栽培园地：KIB, GXIB）

Oxalis pes-caprae 黄麻子

Pandanaceae 露兜树科

该科共计9种，在9个园中有种植

常绿乔木，灌木或攀援藤本，稀为草本。茎多呈假二叉式分枝，偶呈扭曲状，常具气根。叶片狭长，呈带状，硬革质，3~4列或螺旋状排列，聚生于枝顶；叶缘和背面脊状凸起的中脉上有锐刺；叶脉平行；叶基具开放的叶鞘，脱落后枝上留有密集的环痕。花单性，雌雄异株；花序腋生或顶生，分枝或否，呈穗状、头状或圆锥状，有时呈肉穗状，常为数枚叶状佛焰苞所包围，佛焰苞和花序多具香气；花被缺或呈合生鳞片状；雄花具1至多枚雄蕊，花丝常上部分离而下部合生成束，每一雄蕊束被认为代表一朵花；花柱极短或无，柱头形态多样；子房上位，1室，每室胚珠1至多粒，胚珠倒生、基生或着生于边缘胎座上。果为卵球形或圆柱状聚花果，由多数核果或核果束组成，或为浆果状。种子极小。

Pandanus 露兜树属

该属共计9种，在9个园中有种植

Pandanus altissimus (Brongn.) Solms

常绿乔木状。茎干近顶端具分枝。叶片长2~2.5m，宽8~10cm，边缘密具上弯锐齿，背面中脉上部密具同样锐齿。雄花花序总状，总苞片大，具细条纹；雄蕊花丝短，花药椭圆状线形，横向开裂。雌花花序圆柱形。（栽培园地：XTBG）

Pandanus amaryllifolius Roxb. 香露兜

常绿草本。地上茎分枝，具气生根。叶片长剑形，边缘疏具上弯齿刺，近顶端刺稍密，背面龙骨突上具上弯齿刺，叶鞘具狭窄白色膜质边缘。（栽培园地：SCBG, XTBG）

Pandanus austrosinensis T. L. Wu 露兜草

多年生草本。地上茎不分枝。叶片近革质，带状，背面中脉隆起，疏生弯刺，沿中脉两侧各具1条明显的纵向凹陷。花单性，雌雄异株；雌花柱头角质，向上斜钩。聚花果椭圆状圆柱形或近圆球形；核果倒圆锥状，具5~6条棱，宿存柱头刺状，向上斜钩。（栽培园地：SCBG, WHIOB, XTBG）

Pandanus fibrosus Gagnep. 小露兜

常绿草本或小灌木。茎分枝。叶片狭线形，长约60cm，宽约1.5cm，边缘及背面中脉具齿刺。雄花序穗状，具分枝，雄蕊10~16枚；雌花序圆筒状，柱头不分枝，舌状，背面平滑，正面粗糙。聚花果椭圆形或球形，长约6cm，直径约3cm；核果倒圆锥形，宿存的柱头多刺。（栽培园地：SCBG, XTBG）

Pandanus amaryllifolius 香露兜

Pandanus fibrosus 小露兜

Pandanus forceps Martelli 箣古子

常绿灌木或小乔木。茎具分枝，无气根。叶片带状，顶端具长鞭尾，边缘及背面中脉具刺。雌雄异株；

雄花序穗状，雄花白色，芳香，雄蕊常10余枚；雌花序头状，圆锥形，柱头短，2个齿状分叉对生或向上斜举，心皮2~3枚联合成束。聚花果椭圆形；核果束倒圆锥形，宿存2枚柱头对生，分叉，齿状。（栽培园地：IBCAS）

Pandanus furcatus Roxb. 分叉露兜

常绿乔木。茎常于顶端二歧分枝，具粗壮气根。叶聚生茎端；叶片革质，带状。雌雄异株；雄花序穗状，金黄色，圆柱状，长10~15cm，其下佛焰苞长达1m；雌花序头状，柱头呈二歧刺状而弯曲。聚花果椭圆形，红棕色；核果顶端突出部分呈金字塔形，宿存柱头呈二歧刺状。（栽培园地：WHIOB, XTBG）

Pandanus polycephalus Lam. 多头露兜

灌木。茎具分枝，丛生，具气根。叶片带状，长约90cm，宽约4.5cm。雄花序穗状，长约6cm，直径约1cm，褐色，花药长1.5mm；雌花序头状，具短花序柄，5~8个花序生于总花序轴上，苞片白色至黄色，早落。聚花果成熟时鲜红色。（栽培园地：XTBG）

Pandanus tectorius Parkinson 露兜树

常绿小乔木。茎具分枝，常曲折，基部具气根。叶聚生茎端；叶片革质，带状，长40~70cm，叶面蓝绿色。雌雄异株；雄花序穗状，具芳香，白色，圆柱状，长15~20cm，其下佛焰苞长20~30cm。聚花果椭圆形，向下悬垂，成熟时红棕色。（栽培园地：SCBG, IBCAS, WHIOB, KIB, XTBG, CNBG, SZBG, GXIB, XMBG）

Pandanus utilis 红刺露兜树（图1）

Pandanus tectorius 露兜树

Pandanus utilis Borg. 红刺露兜树

常绿乔木。茎分枝少，具轮状叶痕，下部具粗大、直立的气根。叶片硬革质，螺旋状生于顶端，叶片剑状，叶缘及背面中脉上具红色锐钩刺。雌雄异株；雄花序伞形，花药线形，与花丝等长。聚合果球形，下垂，成熟时黄色。（栽培园地：SCBG, IBCAS, WHIOB, KIB, XTBG）

Pandanus utilis 红刺露兜树（图2）

Pandanus utilis 红刺露兜树（图3）

Papaveraceae 罂粟科

该科共计 34 种，在 10 个园中有种植

草本或稀为亚灌木、小灌木或灌木，一年生、二年生或多年生，无毛或被长柔毛，有时具刺毛，常有乳汁或有色液汁。主根明显，稀纤维状或形成块根，稀有块茎。基生叶通常莲座状，茎生叶互生，稀上部对生或近轮生状，全缘或分裂，有时具卷须，无托叶。花单生或排列成总状花序、聚伞花序或圆锥花序。花两性，规则的辐射对称至极不规则的两侧对称；萼片 2 枚或不常为 3~4 枚，通常分离，覆瓦状排列，早脱；花瓣通常 2 倍于花萼，4~8 枚（有时近 12~16 枚）排列成 2 轮，稀无，覆瓦状排列，芽时皱褶，有时花瓣外面的 2 或 1 枚呈囊状或成距，分离或顶端粘合，大多具鲜艳的颜色，稀无色；雄蕊多数，分离，排列成数轮，源于向心系列，或 4 枚分离，或 6 枚合成 2 束，花丝通常丝状，或稀翅状或披针形或 3 深裂，花药直立，2 室，药隔薄，纵裂，花粉粒 2 或 3 核，3 至多孔，少为 2 孔，极稀具内孔；子房上位。果为蒴果，瓣裂或顶孔开裂。种子细小，球形。

Argemone 蓟罂粟属

该属共计 1 种，在 2 个园中有种植

Argemone mexicana L. 蓟罂粟

一、二年生或稀多年生有刺草本，具黄色味苦的浆汁。叶片羽状分裂，裂片具波状齿，齿端具刺。花单个顶生或成聚伞状排列，3 基数；花瓣 6 片，宽倒卵形，黄色或橙黄色；雄蕊多数，分离；花柱极短，柱头深红色。蒴果疏被黄褐色的刺，顶端开裂。（栽培园地：KIB, LSBG）

Bocconia 肖博落回属

该属共计 1 种，在 1 个园中有种植

Bocconia arborea S. Watson 肖博落回

小乔木。叶片常 5~9 深裂，叶背被灰褐色绒毛，脉上更密；叶柄长 2~3cm。圆锥花序多花，长 20~30cm；萼片长 7~10mm；花瓣缺。蒴果椭圆形，两端锥形，长 6~7mm，浅黄色；宿存花柱长 3~4mm；种子黑色，具光泽。（栽培园地：SCBG）

Chelidonium 白屈菜属

该属共计 1 种，在 7 个园中有种植

Chelidonium majus L. 白屈菜

多年生草本，具黄色液汁。茎疏被柔毛。基生叶片羽状全裂，裂片倒卵状长圆形，边缘圆齿状，具长柄；茎生叶互生，具短柄。伞形花序多花；花瓣 4 片，黄色；雄蕊多数。蒴果狭圆柱形，近念珠状，柱头宿存；种子具鸡冠状种阜。（栽培园地：SCBG, IBCAS, WHIOB, KIB, LSBG, CNBG, SZBG）

Chelidonium majus 白屈菜

Corydalis 紫堇属

该属共计 10 种，在 7 个园中有种植

Corydalis leptocarpa Hook. f. et Thoms. 细果紫堇

铺散草本。叶片宽三角形或三角形，二至三回三出分裂。总状花序顶生，长约 3cm，有 2~7 朵花；苞片最下部者 3 深裂，上部者全缘；花瓣紫色或白色，顶端紫红色，上花瓣长 2.5~3.2cm，背部具高约 1mm 的

鸡冠状突起，距稍长或等长于瓣片。蒴果圆柱形，近念珠状，长2.5~3.8cm。（栽培园地：XTBG）

Corydalis ophiocarpa Hook. f. et Thoms. 蛇果黄堇

丛生灰绿色草本。茎常多条，具叶，分枝，枝条花葶状，对叶生。基生叶多数，二至一回羽状全裂；茎生叶近一回羽状全裂。总状花序长10~30cm，多花；花淡黄色至苍白色，长9~12mm；距上升，占花瓣全长的1/3~1/4。蒴果线形，长1.5~2.5cm，蛇形弯曲，具1列种子。（栽培园地：WHIOB）

Corydalis pallida (Thunb.) Pers. 黄堇

灰绿色丛生草本。基生叶多数，莲座状，花期枯萎。茎生叶二回羽状全裂，末回裂片较宽展。总状花长约5cm，疏具多花；苞片披针形，全缘；花黄色至淡黄色；外花瓣顶端勺状；上花瓣长1.7~2.3cm。蒴果线形，念珠状，长2~4cm，具1列种子；种子表面密具圆锥状突起。（栽培园地：SCBG, IBCAS, CNBG, GXIB）

Corydalis racemosa 小花黄堇

Corydalis pallida 黄堇

Corydalis racemosa (Thumb.) Pers. 小花黄堇

灰绿色丛生草本。茎具棱，分枝，具叶，枝条花葶状，与叶对生。基生叶常早枯萎；茎生叶二回羽状全裂，末回裂片圆钝。总状花序长3~10cm；花黄色至淡黄色，较小，长6~7mm；外花瓣较狭；距占花瓣全长的1/5~1/6。蒴果线形，具1列种子；种子具短刺状突起。（栽培园地：SCBG）

Corydalis sheareri S. Moore 地锦苗

多年生草本。茎上部具分枝。基生叶数枚，具带紫色的长柄，二回羽状全裂，末裂片边缘具圆齿状深齿；茎生叶较小。总状花序长4~10cm，有10~20朵花；花紫红色，较大；外花瓣鸡冠状突起超出瓣片顶端；距长为花瓣片的1.5倍；蜜腺体贯穿距的2/5。蒴果狭圆柱形，长2~3cm。（栽培园地：SCBG, GXIB）

Corydalis smithiana Fedde 箐边紫堇

多年生无毛草本。茎数条，自基部分枝。基生叶和茎生叶均多数，三回羽状分裂。总状花序长2.5~3cm，有4~7朵花；花瓣淡红色或紫蓝色，上花瓣近"S"字形，长1.6~2.2cm；距与花瓣片近等长或略长；蜜腺体贯穿距的1/3。蒴果狭圆柱形，长2~3cm，成熟时在果梗顶端反折。（栽培园地：KIB）

Corydalis taliensis Franch. 金钩如意草

无毛草本。茎具分枝和多叶。叶片近圆形或楔状菱形，二至三回三出全裂。总状花序长2~10cm，多花；花瓣紫色、蓝紫色、红色或粉红色，上花瓣具鸡冠状突起，距与花瓣片近等长；蜜腺体黄色，贯穿距的2/5。蒴果狭圆柱形，长2~2.5cm。（栽培园地：KIB）

Corydalis sheareri 地锦苗

Corydalis taliensis 金钩如意草（图1）

Corydalis taliensis 金钩如意草（图2）

Corydalis balansae Prain 北越紫堇

灰绿色丛生草本。叶二回羽状全裂，末回裂片卵圆形，较宽展。总状花序多花而疏离；花黄色至黄白色，长约 2cm；距短囊状；柱头横向伸出 2 臂，各枝顶端具 3 乳突。蒴果线状长圆形，约长 3cm，具 1 列种子。（栽培园地：SCBG,XTBG）

Corydalis edulis Maxim. 紫堇

一年生灰绿色草本。茎分枝；花枝花葶状，常与叶对生。叶片 1~2 回羽状全裂。总状花序疏具 3~10 朵花；花粉红色至紫红色，平展；上花瓣长 1.5~2cm；距圆筒形，约占花瓣全长的 1/3；蜜腺体近伸达距末端。蒴果线形，下垂，长 3~3.5cm，具 1 列种子。（栽培园地：WHIOB,CNBG）

Corydalis temulifolia Franch. 大叶紫堇

多年生草本。叶二回三出羽状全裂，末回裂片较

Corydalis temulifolia 大叶紫堇

小，卵形或宽卵形，侧生者常两侧不对称。总状花序长 3~7cm，多花；花瓣紫蓝色，上花瓣长 2.5~3cm，背部具矮鸡冠状突起；距圆锥形，略短于花瓣片或与之等长；蜜腺体贯穿距的 1/3~1/4。蒴果线状圆柱形，长 4~5cm，劲直，近念珠状。（栽培园地：KIB）

Corydalis triternatifolia C. Y. Wu 重三出黄堇

多年生草本。叶三回三出全裂，末回裂片宽卵形，全缘，均具小叶柄。总状花序顶生，长 3~7cm，有 10~15 朵花；花瓣黄色，上花瓣长 1.8~2.2cm，背部具稍高的鸡冠状突起，距长为花瓣片的 2 倍，或为上花瓣长的 3/5；蜜腺体贯穿距的 4/5；柱头具 8 个乳突。蒴果狭倒卵形，长 0.5~0.7cm，种子 2 列。（栽培园地：KIB）

Corydalis triternatifolia 重三出黄堇

Corydalis yanhusuo W. T. Wang ex Z. Su et C. Y. Wu 延胡索

多年生草本。块茎圆球形。叶二回三出或近三回三出，小叶 3 裂或 3 深裂，具全缘的披针形裂片。总状花序疏生 5~15 朵花；花梗长 1~2cm；花紫红色；外花瓣宽，具齿；距圆筒形，长 1.1~1.3cm；蜜腺体约贯穿距长的 1/2，末端钝。蒴果线形，长 2~2.8cm，具 1 列种子。（栽培园地：CNBG）

Dactylicapnos 紫金龙属

该属共计 2 种，在 2 个园中有种植

Dactylicapnos scandens (D. Don) Hutch. 紫金龙

多年生草质藤本。三回三出复叶，第二或第三回小叶变成卷须；小叶片卵形。总状花序具 7~10 朵花；苞片全缘；花瓣 4 片，黄色至白色，外面 2 枚大，呈兜状，基部具 1 个钩状蜜腺体。蒴果浆果状，卵形或长圆状狭卵形，成熟时紫红色；种子具光泽，外种皮具乳突。（栽培园地：KIB, XTBG）

Dactylicapnos torulosa (Hook. f. et Thomson) Hutch. 扭果紫金龙

草质藤本。二至三回三出复叶；小叶片卵形至披针形。总状花序伞房状，具 2~6 朵下垂的花；苞片边缘流苏状；花瓣 4 片，淡黄色，外面 2 片长 1.1~1.4cm，基部具 1 个曲状蜜腺体。蒴果线状长圆形，长 4~6cm，念珠状，稍扭曲，成熟时紫红色；种子具光泽，外种皮具明显的网纹。（栽培园地：KIB）

Dicranostigma 秃疮花属

该属共计 1 种，在 1 个园中有种植

Dicranostigma leptopodum (Maxim.) Fedde 秃疮花

多年生草本。全体含淡黄色液汁，被短柔毛。基生叶长羽状深裂；茎生叶少数，羽状深裂、浅裂或二回羽状深裂，无柄。花 1~5 朵排成聚伞花序；花瓣倒卵形，黄色；雄蕊多数。蒴果线形，长 4~7.5cm，粗约 2mm；种子红棕色，具网纹。（栽培园地：WHIOB）

Dicranostigma leptopodum 秃疮花

Eomecon 血水草属

该属共计 1 种，在 7 个园中有种植

Eomecon chionantha Hance 血水草

多年生无毛草本，具红黄色液汁。叶全部基生，叶片心形或心状肾形，边缘波状。花葶有 3~5 朵花，排列成聚伞状伞房花序；花瓣 4 片，倒卵形，长 1~2.5cm，宽 0.7~1.8cm，白色；雄蕊多数，花药黄色；柱头 2 裂。蒴果狭椭圆形。（栽培园地：SCBG, WHIOB, KIB, LSBG, CNBG, GXIB, XMBG）

Eschscholzia 花菱草属

该属共计 1 种，在 2 个园中有种植

Eschscholzia californica Cham. 花菱草

一年生至多年生无毛草本。叶三出多回羽状深裂，小裂片狭窄，常线形。花单生，花梗长；花瓣 4 片，三角状扇形，长 2.5~3cm，黄色；雄蕊多数；花柱短，柱头 4 枚。蒴果狭长圆柱形，2 瓣自基部向上开裂；种子多数。（栽培园地：KIB, LSBG）

Glaucium 海罂粟属

该属共计 1 种，在 2 个园中有种植

Glaucium squamigerum Kar. et Kir. 新疆海罂粟

二年生或多年生草本。茎不分枝。基生叶多数，羽状深裂，裂片边缘具锯齿或圆齿，叶柄基部鞘状；茎生叶 1~3 枚，无柄。花单个顶生；苞片羽状 3~5 深裂；花瓣 4 片，近圆形或宽卵形，金黄色；雄蕊多数。蒴果线状圆柱形，成熟时自基部向顶端开裂；种子多数，种皮蜂窝状。（栽培园地：SCBG, XJB）

Hylomecon 荷青花属

该属共计 2 种，在 2 个园中有种植

Hylomecon japonica (Thunb.) Prantl et Kündig 荷青花

多年生草本，具黄色液汁。茎不分枝。基生叶少数，羽状全裂，裂片 2~3 对，边缘具不规则的圆齿状锯齿或重锯齿，具长柄；茎生叶常 2 枚，具短柄。花 1~2 朵排列成伞房状；花瓣 4 片，黄色，基部具短爪；雄蕊多数；花柱极短。蒴果圆柱形，自基部向上 2 瓣裂；种子多数。（栽培园地：IBCAS, WHIOB）

Hylomecon japonica (Thunb.) Prantl et Kündig var. **dissecta** (Franch. et Sav.) Fedde 多裂荷青花

本变种与原变种的主要区别为：叶片全裂片羽状深裂，裂片再次不整齐的锐裂。（栽培园地：WHIOB）

Lamprocapnos 荷包牡丹属

该属共计 1 种，在 4 个园中有种植

Lamprocapnos spectabilis (L.) Fukuhara 荷花牡丹

直立草本。叶二回三出全裂，小裂片全缘。总状花

Eomecon chionantha 血水草（图 1）

Eomecon chionantha 血水草（图 2）

Lamprocapnos spectabilis 荷花牡丹（图1）

Macleaya cordata 博落回（图1）

Lamprocapnos spectabilis 荷花牡丹（图2）

序长约15cm，有8~11朵花，于花序轴的一侧下垂；花纵轴两侧对称，长2.5~3cm，长为宽的1~1.5倍，基部心形；花瓣4片，外面2瓣紫红色至粉红色；雄蕊6枚，合成2束；柱头基部近箭形。（栽培园地：IBCAS, KIB, LSBG, CNBG）

Macleaya 博落回属

该属共计2种，在7个园中有种植

Macleaya cordata (Willd.) R. Br. 博落回

直立草本，具乳黄色浆汁。大型圆锥花序多花，花

Macleaya cordata 博落回（图2）

芽棒状，近白色；花瓣无；雄蕊24~30枚，花丝与花药近等长。（栽培园地：SCBG, WHIOB, KIB, LSBG, CNBG, GXIB）

Macleaya microcarpa (Maxim.) Fedde 小果博落回

直立草本。大型圆锥花序多花，长15~30cm；花芽圆柱形；花瓣无；雄蕊8~12枚，花丝远短于花药。蒴果近圆形；种子1枚。（栽培园地：IBCAS, WHIOB）

Meconopsis 绿绒蒿属

该属共计 1 种，在 1 个园中有种植

Meconopsis integrifolia (Maxim.) Franch. 全缘叶绿绒蒿

一年生至多年生草本，全体被锈色和金黄色平展或反曲、具多短分枝的长柔毛。基生叶莲座状，最上部茎生叶常成假轮生状。花常 4~5 朵生上部叶腋；花瓣 6~8 枚，黄色或稀白色；雄蕊多数。蒴果宽椭圆状长圆形至椭圆形，4~9 瓣自顶端开裂；种子多数。（栽培园地：SCBG）

Papaver nudicaule 野罂粟（图 1）

Meconopsis integrifolia 全缘叶绿绒蒿

Papaver nudicaule 野罂粟（图 2）

Papaver 罂粟属

该属共计 5 种，在 9 个园中有种植

Papaver canescens A. Tolm. 灰毛罂粟

多年生矮小草本，全株被刚毛。叶全部基生，叶片羽状分裂，裂片 2~3 对；叶柄基部扩大成鞘。花葶 1 至数枚，花单生于花葶顶端，直径 3~5cm；花蕾椭圆形或椭圆状圆形；花瓣 4 片，黄色或橘黄色；雄蕊多数；柱头约 6 枚，辐射状。蒴果长圆形或倒卵状长圆形。（栽培园地：XJB）

Papaver nudicaule L. 野罂粟

多年生草本。茎极缩短。叶全部基生，叶片羽状浅裂、深裂或全裂。花单生于花葶顶端；花蕾宽卵形至近球形；花瓣 4 片，宽楔形或倒卵形，边缘具浅波状圆齿，基部具短爪，淡黄色、黄色或橙黄色，稀红色；雄蕊多数；柱头 4~8 枚，辐射状。子房和蒴果密被紧贴的刚毛；种子多数。（栽培园地：IBCAS, KIB, XJB）

Papaver orientale L. 鬼罂粟

多年生草本，植株被刚毛，具乳白色液汁。叶基生和茎生，二回羽状深裂。花单生；花蕾卵形或宽卵形；花瓣 4~6 枚，宽倒卵形或扇状，长 5~6cm，基部具短爪，红色或深红色；雄蕊多数；柱头 13~15 枚，辐射状，紫蓝色，连合成盘状体。蒴果无毛。（栽培园地：IBCAS）

Papaver rhoeas L. 虞美人

一年生草本，全体被伸展的刚毛。茎具分枝。叶片二回羽状深裂。花单生；花蕾长圆状倒卵形，下垂；花瓣 4 片，圆形、横向宽椭圆形或宽倒卵形，紫红色，

Papaver rhoeas 虞美人（图 1）

Papaver rhoeas 虞美人（图2）

基部常具深紫色斑点；雄蕊多数，花丝深紫红色；柱头5~18枚，辐射状。蒴果宽倒卵形，无毛；种子多数。（栽培园地：SCBG, IBCAS, WHIOB, KIB, XJB, LSBG, CNBG, XMBG）

Papaver somniferum L. 罂粟

一年生草本，无毛或稀被刚毛。茎不分枝。叶片边缘为不规则的波状锯齿，上部叶无柄、抱茎。花单生；花瓣4片，边缘浅波状或各式分裂，白色、粉红色、红色、紫色或杂色；雄蕊多数，花丝白色；柱头8~12枚，辐

Papaver somniferum 罂粟（图1）

Papaver somniferum 罂粟（图2）

Papaver somniferum 罂粟（图3）

射状。蒴果球形或长圆状椭圆形；种子表面呈蜂窝状。（栽培园地：SCBG, WHIOB, XTBG）

Stylophorum 金罂粟属

该属共计2种，在1个园中有种植

Stylophorum lasiocarpum (Oliv.) Fedde 金罂粟

草本，含血红色液汁。茎不分枝，无毛。基生叶数枚，羽状深裂，裂片具不规则的锯齿或粗齿，具长柄；茎生叶2~3枚，叶柄较短。花4~7朵，排成伞形花序；花瓣4片，黄色；雄蕊多数；柱头2裂，裂片大，近平展。蒴果狭圆柱形，长5~8cm，被短柔毛；种子多数，具网纹。（栽培园地：WHIOB）

Stylophorum sutchchuense (Franch.) Fedde 四川金罂粟

草本，具黄色液汁，被卷曲柔毛。基生叶数枚，羽状深裂或全裂，裂片边缘为不规则的深圆齿，具长柄；茎生叶4~7枚，具短柄。花数朵排列成顶生伞房花序；花瓣黄色，倒卵形；雄蕊多数；柱头2裂，裂片小。蒴果长圆形，长2.5~3.5cm，密被淡褐色卷曲柔毛；种子多数，具网纹及小瘤状突起。（栽培园地：WHIOB）

Stylophorum lasiocarpum 金罂粟（图1）

Stylophorum lasiocarpum 金罂粟（图2）

Passifloraceae 西番莲科

该科共计23种，在10个园中有种植

草质或木质藤本，稀为灌木或小乔木。腋生卷须卷曲。单叶、稀为复叶，互生或近对生，全缘或分裂，具柄，常有腺体，通常具托叶。聚伞花序腋生，有时退化仅存1~2花；通常有苞片1~3枚。花辐射对称，两性、单性、罕有杂性；萼片5枚，偶有3~8枚；花瓣5枚，稀3~8枚，罕有不存在；外副花冠与内副花冠形式多样，有时不存在；雄蕊4~5枚，偶有4~8枚或不定数；花药2室，纵裂；心皮3~5枚，子房上位，通常着生于雌雄蕊柄上，1室，侧膜胎座，具少数或多数倒生胚珠，花柱与心皮同数，柱头头状或肾形。果为浆果或蒴果，不开裂或室背开裂；种子数颗。

Adenia 蒴莲属

该属共计6种，在6个园中有种植

Adenia ballyi Verdc. 球腺蔓

灌木或灌木状，茎基部膨大。枝条绿色，具长而粗壮的刺。叶退化，小而早落。（栽培园地：CNBG）

Adenia cardiophylla (Mast.) Engl. 三开瓢

木质藤本。叶片纸质，宽卵形或卵圆形，嫩枝叶片全缘，老枝叶片3裂，中间裂片长宽近相等；叶柄顶端具2个大的杯状腺体。聚伞花序腋生，具极长卷曲花梗或形成卷须。蒴果宽纺锤形，成熟时紫红色，外果皮木质。（栽培园地：KIB）

Adenia chevalieri Gagnen. 蒴莲

草质藤本。叶片纸质，宽卵形至卵状长圆形，基部圆形或短楔形，全缘或间具3裂。雄花花药顶端渐尖。蒴果纺锤形，成熟时红色，具光泽，3瓣，室背开裂，外果皮薄草质。（栽培园地：SCBG）

Adenia firingalavensis (Drake ex Jum.) Harms 幻蝶蔓

灌木或藤本，具块根，主茎基部膨大，上部藤蔓状。

Adenia chevalieri 蒴莲（图1）

Adenia chevalieri 蒴莲（图2）

Adenia heterophylla 异叶蒴莲

Adenia firingalavensis 幻蝶蔓

叶掌状5深裂。花5基数，花冠筒远长于花冠裂片。（栽培园地：CNBG, SZBG, XMBG）

Adenia heterophylla (Blume) Koord. 异叶蒴莲

草质藤本。叶片基部宽截形或宽心形，掌状3裂，中间裂片宽披针形，两侧裂片镰刀形，略短于中间裂片。聚伞花序有1~2朵花；花梗无毛。蒴果倒卵形，具长梗，成熟时猩红色，4~5室，室背开裂，外果皮革质。（栽培园地：KIB, XTBG）

Adenia penangiana (Wall. ex G. Don) W. J. de Wilde 滇南蒴莲

藤本，全株无毛。叶片近革质，长圆形或长圆状披针形，全缘。伞形花序成对生于极长的腋生花序梗顶端，中间花及花梗卷须状；雄花花药长圆形，顶端具1尖头。蒴果纺锤形，成熟时猩红色，外果皮革质，具光泽。（栽培园地：XTBG）

Passiflora 西番莲属

该属共计17种，在10个园中有种植

Passiflora altebilobata Hemsl. 月叶西番莲

草质藤本。叶片纸质，顶端深2裂，裂片披针形，顶端急尖或钝尖，基部圆形，形似月牙，裂片网脉不平行横出，背面具有2~8枚腺体。聚伞花序有2~6朵花，花白色，花萼外面顶端无角状附属器。浆果球形，具白色脉纹。（栽培园地：XTBG）

Passiflora amethystina J. C. Mikan 紫花西番莲

藤本。叶片纸质，深3裂，裂片披针形，基部近截平或心形，叶柄及卷须红色，托叶半圆形，抱茎。花瓣紫色，长圆状披针形；外副花冠裂片2~6轮；花药长椭圆形，黄绿色；柱头3枚，紫色带点状斑纹。（栽培园地：SCBG, CNBG）

Passiflora amethystina 紫花西番莲（图1）

Passiflora caerulea 西番莲（图1）

Passiflora amethystina 紫花西番莲（图2）

Passiflora biflora Dombey ex Triana et Planch. **双花西番莲**

藤本。茎具棱。叶片膜质，2中裂，裂片顶端圆形，基部宽楔形。花2朵腋生，花瓣绿白色，略带淡紫色，外副花冠裂片1轮，黄白色；柱头3枚，直立，顶端球形，黄绿色。（栽培园地：XTBG）

Passiflora caerulea L. **西番莲**

藤本。叶掌状5深裂，中间裂片卵状长圆形，两侧裂片略小，全缘，基部近心形；托叶肾形，抱茎，疏具波状齿。聚伞花序与卷须对生；花大；苞片宽卵形；萼片背部顶端具1个角状附属器；花瓣淡绿色；副花

Passiflora caerulea 西番莲（图2）

冠裂片3轮；内花冠流苏状，裂片紫红色。浆果近圆形，成熟时橙黄色或黄色。（栽培园地：IBCAS, WHIOB, KIB, XTBG, LSBG, CNBG, GXIB, XMBG）

Passiflora capsularis L. **蝙蝠西番莲**

草质藤本。茎纤细。叶片倒三角状心形，顶端下弯或凹缺，基部心形。花单生于叶腋，花萼黄白色，

Passiflora capsularis 蝙蝠西番莲（图1）

Passiflora capsularis 蝙蝠西番莲（图2）

Passiflora coccinea 红花西番莲（图2）

花瓣较萼片长，副花冠3轮，黄白色，基部稍带紫红色。浆果椭圆形，成熟时红色。（栽培园地：SCBG，XMBG）

Passiflora coccinea Aubl. 红花西番莲

藤本。幼茎近圆形，老茎三棱形。叶片长卵形，基部心形，叶缘具不规则粗浅齿。花单生于叶腋，花瓣红色，长披针形，稍反折；副花冠3轮，外轮紫褐色并具斑点状白色，内两轮白色。浆果近球形。（栽培园地：SCBG，KIB，XTBG，SZBG，GXIB，XMBG）

Passiflora coccinea 红花西番莲（图1）

Passiflora coccinea 红花西番莲（图3）

Passiflora cochinchinensis Sprengel 蛇王藤

草质藤本。叶片革质，披针形、椭圆形至长椭圆形，全缘，叶面无毛，背面被毛，具4~6枚腺体；叶柄具2枚腺体。聚伞花序近无梗；苞片线形；花白色，萼片外面顶端无角状附属器；外副花冠裂片2轮。浆果球形，直径1~2cm，密被柔毛。（栽培园地：SCBG）

Passiflora cupiformis Mast. 杯叶西番莲

藤本。叶片坚纸质，顶端2裂，基部圆形至心形，

Passiflora cochinchinensis 蛇王藤（图1）

Passiflora cochinchinensis 蛇王藤（图3）

背面疏被粗伏毛并具6~25枚腺体。花序近无梗，有5至多朵花；花白色，花萼被毛，外面近顶端具1个角状附属器；外副冠裂片2轮；内副冠褶状。浆果球形，成熟时紫色。（栽培园地：WHIOB）

Passiflora edulis Sims 鸡蛋果

草质藤本。叶掌状3深裂，中间裂片卵形，两侧裂

Passiflora edulis 鸡蛋果（图1）

Passiflora cochinchinensis 蛇王藤（图2）

Passiflora edulis 鸡蛋果（图2）

片卵状长圆形，裂片边缘具内弯腺尖细锯齿。聚伞花序退化仅存1花；花萼外面绿色，内面绿白色，外面顶端具1个角状附属器；外副花冠裂片4~5轮，外2轮裂片基部淡绿色，中部紫色，顶部白色。浆果卵球形，成熟时紫色。（栽培园地：SCBG, KIB, XTBG, CNBG, GXIB, XMBG）

Passiflora foetida L. 龙珠果

草质藤本。具臭味。叶片膜质，宽卵形至长圆状卵形，顶端3浅裂，边缘呈不规则波状；叶柄不具腺体。聚伞花序退化仅存1花；花白色或淡紫色；苞片3枚，一至三回羽状分裂，裂片丝状，顶端具腺毛；外副花冠裂片3~5轮。浆果卵圆球形。（栽培园地：SCBG, XTBG, XMBG）

Passiflora kwangtungensis 广东西番莲

Passiflora foetida 龙珠果

Passiflora henryi Hemsl. 圆叶西番莲

草质藤本。叶片坚纸质，近圆形至扁圆形，全缘，背面被白粉；叶柄近顶端具1对腺体。聚伞花序具2~6朵花；花萼外面绿色，内面白色；花瓣略窄于萼片；外副花冠裂片2轮；内副花冠褶状。浆果球形，成熟时紫黑色。（栽培园地：XTBG）

Passiflora kwangtungensis Merr. 广东西番莲

草质藤本。茎纤细，光滑。叶片膜质，披针形至长圆状披针形，全缘，背面无腺点；叶柄近中部具2枚细小盘状腺体。花序无柄，具1~2朵花；花小，白色，萼背部顶端不具角状附属器；花瓣与萼等大，外副花冠裂片1轮；内花冠褶状。浆果球形。（栽培园地：GXIB）

Passiflora papilio H. L. Li 蝴蝶藤

草质藤本。茎细弱。叶片革质，基部截形或近圆形，顶端叉状2裂，裂片卵形，背面有6~8个腺体。花序近无柄，有5~8朵花；花黄绿色；萼片外面顶端不具角状附属器；花瓣与萼片近似；外副花冠裂片2轮。浆果球形，直径1~1.2cm，不具白色脉纹；果梗纤细，

中部具关节。（栽培园地：WHIOB, GXIB）

Passiflora quadrangularis L. 大果西番莲

粗壮草质藤本。叶片膜质，宽卵形至近圆形；全缘，叶柄具2~3对杯状腺体；托叶大，叶状，长2~4cm。花序退化仅存1花；花大，芳香；萼片外面绿色，被疏毛，内面玫瑰红色；花瓣淡红色，长圆形或长圆状披针形，同萼片等大。浆果卵球形，特大，长20~25cm。（栽培园地：WHIOB, LSBG, CNBG）

Passiflora siamica W. G. Craib 长叶西番莲

木质藤本。茎、花序、叶被锈色柔毛，叶背面尤密。叶片近革质，披针形，全缘，背面具2~8个腺体；叶柄下部具2个杯状腺体。花序近无梗，有4~15朵花；花白色；萼片边缘膜质透明，外面顶端无角状附属器；外副花冠裂片2轮。浆果近球形，被疏毛。（栽培园地：WHIOB, XTBG）

Passiflora suberosa L. 细柱西番莲

多年生草质藤本。老茎基部具灰色木栓层。叶片3裂，边缘无腺毛，背面无腺体，被稀疏长柔毛；叶柄长，

Passiflora suberosa 细柱西番莲（图1）

Passiflora suberosa 细柱西番莲（图 2）

Passiflora wilsonii 镰叶西番莲（图 1）

被白色糙伏毛，具 2 个头状腺体。花无苞片，单生或成对生于叶腋内；花无花瓣；外副花冠裂片 1 轮，丝状。浆果近球形，成熟时紫黑色。（栽培园地：SCBG, XTBG, SZBG, XMBG）

Passiflora wilsonii Hemsl. 镰叶西番莲

草质藤本。茎疏被柔毛。叶片纸质，三尖头状或微呈 2~3 裂，背面具 4 个腺体。花序近无柄，在卷须两侧对生，有 2~15 朵花，花小，花瓣白色；萼片外面顶端不具角状附属器，无毛；外副花冠裂片 1 轮，内副花冠褶状。浆果近球形，初被白粉，成熟时紫黑色。（栽培园地：KIB, XTBG）

Passiflora wilsonii 镰叶西番莲（图 2）

Pedaliaceae 胡麻科

该科共计 3 种，在 5 个园中有种植

一年生或多年生草本，稀为灌木。叶对生或生于上部的互生，全缘、有齿缺或分裂。花左右对称，单生、腋生或组成顶生的总状花序，稀簇生；花梗短，苞片缺或极小。花萼 4~5 深裂。花冠筒状，一边肿胀，呈不明显二唇形，檐部裂片 5 枚，蕾时覆瓦状排列。雄蕊 4 枚，2 强，常有 1 枚退化雄蕊。花药 2 室，内向，纵裂。花盘肉质。子房上位或很少下位，2~4 室，很少为假一室，中轴胎座，花柱丝形，柱头 2 浅裂，胚珠多数，倒生。蒴果不开裂，常覆以硬钩刺或翅。种子多数。

Sesamum 胡麻属

该属共计 1 种，在 4 个园中有种植

Sesamum indicum L. 芝麻

一年生直立草本。茎中空或具有白色髓部，微被毛。叶片椭圆形或卵形，下部叶常掌状 3 裂。花单生或 2~3 朵生于叶腋内；花萼小，5 深裂，被柔毛；花冠筒状，白色或淡紫色，直径 1~1.5cm；雄蕊 4 枚，内藏。蒴果长椭圆形，长 2~3cm，具纵棱，被毛。（栽培园地：SCBG, XTBG, CNBG, GXIB）

Trapella 茶菱属

该属共计 1 种，在 2 个园中有种植

Trapella sinensis Oliv. 茶菱

多年生浮水草本。浮水叶三角状圆形至心形，沉水

Trapella sinensis 茶菱

叶披针形。花单生于叶腋，果期花梗下弯；萼齿5枚，宿存；花冠漏斗状，冠檐二唇形，淡红色，雄蕊2枚，内藏。蒴果狭长，不开裂，顶端具锐尖的3长2短的钩状附属物。（栽培园地：SCBG, WHIOB）

Uncarina 钩刺麻属

该属共计1种，在1个园中有种植

Uncarina roeoesliana Rauh 黄花胡麻

多肉植物。灌木状，茎基部膨大；幼茎、叶片密被短绒毛。叶片卵形，边缘具不规则缺刻。花冠管筒状，外面密被长柔毛，冠檐喇叭形，裂片5枚，黄色。蒴果卵状锥形，表面具数列长短列相间的锥状凸起和短柔毛。（栽培园地：CNBG）

Pentaphylacaceae 五列木科

该科共计1种，在2个园中有种植

常绿乔木或灌木；具芽鳞。单叶，螺旋状排列；托叶宿存。花小，两性，辐射对称，排列成腋生假穗状或总状花序；小苞片2枚，紧贴花萼，宿存，多少呈龙骨状，具睫毛；萼片5枚，不等长，圆形，覆瓦状排列，具睫毛，宿存；花瓣5枚，白色，厚，倒卵状长圆形，先端圆形或微凹，在芽中覆瓦状排列，基部常与雄蕊合生；雄蕊5枚，在芽中内折，后来直立，与花瓣互生，比花瓣短，花药较小，基着药，2室，顶孔开裂，无花盘；子房上位，5室，胚珠每室2枚，并生，下垂，具2层珠被，花柱1枚，长而宿存，具明显或不明显星状5尖头，有小而明显的柱头刺。蒴果椭圆形；种子长圆形，压扁，顶端具翅或有时无。

Pentaphylax 五列木属

该属共计1种，在2个园中有种植

Pentaphylax euryoides Gardn. et Champ. 五列木

常绿灌木或乔木。叶互生，叶片革质，卵形、卵状长圆形或长圆状披针形，顶端尾状渐尖，全缘稍反卷。总状花序腋生或顶生，无毛或疏被微柔毛；花白色，花5数；雄蕊与花瓣互生，较花瓣短；花柱柱状，具5棱，柱头5裂。蒴果椭圆状，成熟后沿室背中脉5裂。（栽培园地：SCBG, WHIOB）

Pentaphylax euryoides 五列木

Philydraceae 田葱科

该科共计 1 种，在 1 个园中有种植

直立多年生草本；根状茎短，具簇生根。叶基生和茎生；茎生叶互生；基生叶 2 列，线形，扁平，平行脉，基部鞘状，或扁形，单面和剑状。气孔为平列型，除 2 个平行于保卫细胞的副卫细胞外，还有 2 或 4 个不太明显的副卫细胞。花序为单或复穗状花序；花生于较大的苞腋内，有时部分地与苞片联合，它基本上由 3 基数的祖先演变而来，两侧对称；花被片 4 枚，花瓣状，排成 2 轮，黄色或白色，外轮 2 片大，形似上、下唇；内轮 2 片较小；雄蕊 1 枚，着生于离轴的那枚花被片的基部；花丝扁平无毛；花药盾状，有一宽药隔，2 室；雌蕊由 3 枚心皮组成。蒴果室背开裂，稀不整齐开裂。种子狭梨形和圆柱状；种皮上有螺旋状条纹。

Philydrum 田葱属

该属共计 1 种，在 1 个园中有种植

Philydrum lanuginosum Banks et Sol. ex Gaertner 田葱
多年生草本。叶 2 列，叶片剑形。穗状花序顶生；苞片卵形披针形，顶端尾状渐尖，背面具绵毛；花无梗；花被 4 片，黄色，外轮 2 片大，近卵形，内轮 2 片近基部与花丝基部联合。蒴果三角状长圆形，密被白色绵毛。（栽培园地：SZBG）

Philydrum lanuginosum 田葱（图 1）

Philydrum lanuginosum 田葱（图 2）

Phrymaceae 透骨草科

该科共计1种，在2个园中有种植

多年生直立草本。茎四棱形。叶为单叶，对生，具齿，无托叶。穗状花序生茎顶及上部叶腋，纤细，具苞片及小苞片，有长梗。花两性，左右对称，虫媒。花萼合生成筒状，具5棱，檐部二唇形，上唇3个萼齿钻形，先端呈钩状反曲，下唇2个萼齿较短，三角形。花冠蓝紫色、淡紫色至白色，合瓣，漏斗状筒形，檐部二唇形，上唇直立，近全缘、微凹至2浅裂，下唇较大，开展，3浅裂，裂片在蕾中呈覆瓦状排列。雄蕊4枚，着生于冠筒内面，内藏，下方2枚较长；花丝狭线形；花药分生，肾状圆形，背着，2室，药室平行，纵裂，顶端不汇合。花粉粒具3条沟。雌蕊由2枚背腹向心皮合生而成；子房上位。果为瘦果，狭椭圆形，包藏于宿存萼筒内，含1枚基生种子。

Phryma 透骨草属

该属共计1种，在2个园中有种植

Phryma leptostachya L. ssp. **asiatica** (Hara) Kitamura 透骨草

多年生草本。茎、叶、花序被短柔毛。叶片卵状长圆形、卵状披针形或宽卵形，边缘具钝锯齿、圆齿或圆齿状牙齿。穗状花序；花多数，疏离；花期上萼齿长仅为萼筒的1/2~7/10，萼筒长2.5~3.2mm，果期长达4.5~6mm；花冠冠檐二唇形，上唇顶端2浅裂。（栽培园地：WHIOB, LSBG）

Phytolaccaceae 商陆科

该科共计5种，在9个园中有种植

草本或灌木，稀为乔木。直立，稀攀援；植株通常不被毛。单叶互生，全缘，托叶无或细小。花小，两性或有时退化成单性（雌雄异株），辐射对称或近辐射对称，排列成总状花序或聚伞花序、圆锥花序、穗状花序，腋生或顶生；花被片4~5枚，分离或基部连合，大小相等或不等，叶状或花瓣状，在花蕾中覆瓦状排列，椭圆形或圆形，顶端钝，绿色或有时变色，宿存；雄蕊数目变异大，4~5枚或多数，着生花盘上，与花被片互生或对生或多数成不规则生长，花丝线形或钻状，分离或基部略相连，通常宿存，花药背着，2室，平行，纵裂；子房上位，间或下位，球形。果肉质，浆果或核果，稀蒴果；种子小，侧扁。

Phytolacca 商陆属

该属共计4种，在9个园中有种植

Phytolacca acinosa Roeb. 商陆

多年生草本。叶片椭圆形、长椭圆形或披针状椭圆形，两面散生细小白色斑点。总状花序多花；花被片5片，白色或黄绿色，花后常反折；雄蕊8~10枚；心皮常为8枚，分离。果序直立；浆果扁球形，成熟时黑色。（栽培园地：SCBG, KIB, XTBG, LSBG, CNBG, GXIB, XMBG）

Phytolacca americana L. 垂序商陆

多年生草本。叶片椭圆状卵形或卵状披针形。总状花序较纤细，花较少而稀；花白色，微带红晕；花被片5片，雄蕊、心皮及花柱常均为10枚，心皮合生。

Phytolacca americana 垂序商陆（图1）

商陆科
Phytolaccaceae

Phytolacca americana 垂序商陆（图2）

Phytolacca americana 垂序商陆（图3）

果序下垂；浆果扁球形，成熟时紫黑色。（栽培园地：SCBG, WHIOB, KIB, LSBG, CNBG, SZBG, GXIB）

Phytolacca dioica L. 树商陆

乔木。树皮灰黑色。叶片卵状至椭圆状，叶柄长3~4cm；叶脉在背面凸起。总状花序顶生或与叶对生，圆柱状，下垂；花两性；花被片5片，黄绿色或白色；雄蕊多数，线形。果序下垂；浆果球形。（栽培园地：SCBG）

Phytolacca polyandra Batalin 多雄蕊商陆

多年生草本。叶片椭圆状披针形或椭圆形，顶端具腺体状的短尖头。总状花序粗壮多花；花被片5片，开花时白色，以后变红；雄蕊12~16枚；心皮8枚，合生。浆果扁球形；种子黑色，光亮。（栽培园地：KIB）

Rivina 蕾芬属

该属共计1种，在4个园中有种植

Rivina humilis L. 蕾芬

多年生半灌木。叶片卵形，顶端长渐尖，边缘具微锯齿，背面中脉被短柔毛。总状花序直立或弯曲；花被片4片，白色或粉红色；雄蕊4枚；单心皮。浆果球形，红色或橙色；种子双凸镜状。（栽培园地：SCBG, KIB, XTBG, SZBG）

Rivina humilis 蕾芬

中文名索引

A

阿德诺兹酢 305
阿梅兰属 114
阿那答卷瓣兰 123
埃伯哈德卷瓣兰 126
埃及蓝睡莲 73
埃米利奥石豆兰 126
矮短紫金牛 15
矮石斛 178
矮探春 87
矮万代兰 297
矮柱兰 289
矮柱兰属 289
矮紫金牛 13
爱格坦三角兰 293
桉属 33
凹脉紫金牛 6
凹叶毛兰 212
凹叶女贞 94
澳洲茶 40
澳洲蒲桃 50
澳洲石斛 191

B

巴丹毛舌兰 292
巴西酢 305
白唇槽舌兰 231
白点兰 289
白点兰属 289
白丁香 101
白花贝母兰 159
白花酢浆草 304
白花大苞兰 286
白花兜兰 249
白花独蒜兰 270
白花凤蝶兰 257
白花拟万代兰 299
白花酸藤果 21
白花异型兰 152
白及 120
白及属 119
白拉索兰属 120
白蜡树 82
白毛卷瓣兰 122
白绵绒兰 206

白旗兜兰 254
白千层 41
白千层属 40
白枪杆 84
白屈菜 311
白屈菜属 311
白树油 43
白睡莲 72
白血红色石斛 176
白柱万代兰 295
百两金 9
斑唇卷瓣兰 135
斑皮桉 32
斑叶兰 225
斑叶兰属 223
斑叶女贞 94
版纳蝴蝶兰 264
半柱毛兰 209
棒花蒲桃 53
棒节石斛 187
棒茎毛兰 210
棒距虾脊兰 143
棒叶蝴蝶兰 257
棒叶鸢尾兰 241
包疮叶 23
包氏兜兰 255
苞舌兰 284
苞舌兰属 283
宝灵卡特兰 149
报春兜兰 253
报春石斛 199
抱茎白点兰 289
豹斑火焰兰 277
豹斑石豆兰 125
暴马丁香 101
杯鞘石斛 188
杯叶西番莲 322
北京丁香 101
北越紫堇 313
贝母兰 158
贝母兰属 157
比佛兰属 119
碧玉兰 172
壁虎卷瓣兰 127
蝙蝠西番莲 321
鞭状白拉索兰 120

扁茎羊耳蒜　232
扁球羊耳蒜　234
扁籽岗松属　48
变色石斛　196
滨木犀榄　96
柄唇兰　272
柄唇兰属　272
柄叶石豆兰　138
波瓣兜兰　252
波氏红千层　30
波状毛舌兰　291
博落回　316
博落回属　316
薄叶杜茎山　24
薄子木属　39
布鲁氏石豆兰　123

C

彩云兜兰　256
槽舌兰　231
槽舌兰属　230
草茨藻　64
草苁蓉属　302
草龙　105
草莓番石榴　46
梣属　82
叉唇钗子股　237
叉唇万代兰　296
叉唇虾脊兰　145
叉喙兰　295
叉喙兰属　295
叉枝牛角兰　151
茶菱　325
茶菱属　325
钗子股　236
钗子股属　236
长瓣兜兰　249
长苞毛兰　211
长苞美冠兰　215
长苞石斛紫色变种　178
长臂卷瓣兰　132
长柄贝母兰　159
长唇羊耳蒜　234
长萼兰属　121
长管素馨　88
长红蝉　132
长花蒲桃　58
长茎鹤顶兰　261
长茎羊耳蒜　235
长距石斛　194
长距虾脊兰　148
长距玉凤花　226
长鳞贝母兰　159
长帽隔距兰　154
长苏石斛　179
长筒倒挂金钟　104

长序翻唇兰　229
长叶桉　35
长叶隔距兰　153
长叶兰　168
长叶木犀　100
长叶女贞　92
长叶西番莲　324
长轴白点兰　291
长籽柳叶菜　104
长足兰属　275
长足石豆兰　135
长足石仙桃　268
陈氏独蒜兰　270
称杆树　26
橙花鸟舌兰　118
橙黄玉凤花　228
匙唇兰　280
匙唇兰属　280
匙萼卷瓣兰　138
齿瓣石豆兰　131
齿瓣石斛　184
齿脊蝴蝶兰　262
齿片玉凤花　227
齿叶睡莲　73
齿叶睡莲　73
赤桉　33
赤苍藤　78
赤苍藤属　78
赤唇石豆兰　121
赤楠　52
翅萼石斛　180
翅梗石斛　204
重唇石斛　190
重三出黄堇　314
川素馨　91
串珠石斛　186
垂头万代兰　295
垂序商陆　328
垂枝白千层　41
垂枝红千层　32
春兰　170
纯色万带兰　298
莼菜　70
莼属　70
茨藻科　64
茨藻属　64
葱叶兰　238
葱叶兰属　238
丛林素馨　86
丛生羊耳蒜　232
粗梗紫金牛　13
粗茎毛兰　209
粗脉紫金牛　8
粗壮女贞　94
酢浆草　305
酢浆草科　303

331

酢浆草属 304
簇花蒲桃 54
脆兰属 110

D

打铁树 28
大苞兰 287
大苞兰属 286
大苞鞘石斛 205
大苞石豆兰 126
大茨藻 64
大根槽舌兰 230
大果西番莲 324
大红倒挂金种 104
大红叶 105
大花斑叶兰 223
大花钗子股 236
大花酢浆草 305
大花带唇兰 288
大花地宝兰 222
大花鹤顶兰 261
大花卡特兰 150
大花盆距兰 220
大花箬叶兰 283
大花万代兰 296
大花羊耳蒜 233
大花玉凤花 227
大喙兰 279
大喙兰属 279
大尖囊蝴蝶兰 263
大罗伞树 12
大明石斛 202
大魔鬼石斛 202
大蒲桃 55
大香荚兰 299
大序隔距兰 154
大雪兰 172
大叶桉 36
大叶东亚女贞 93
大叶隔距兰 155
大叶火烧兰 209
大叶寄树兰 278
大叶卷瓣兰 123
大叶石斛 195
大叶素馨 86
大叶紫堇 313
带唇兰 287
带唇兰属 287
带叶兜兰 251
待宵草 108
单花曲唇兰 244
单葶草石斛 199
单叶厚唇兰 209
单叶石仙桃 268
当归藤 20
刀叶石斛 203

倒挂金钟 104
倒挂金钟属 104
道克瑞丽亚 208
道克瑞丽亚属 208
德氏兜兰 248
等萼卷瓣兰 140
迪尔里石斛 183
地宝兰 222
地宝兰属 222
地锦苗 312
地生苞舌兰 283
滇边蒲桃 55
滇金石斛 217
滇南翻唇兰 229
滇南风吹楠 3
滇南虎头兰 174
滇南金线兰 116
滇南蒲桃 51
滇南葫莲 320
滇素馨 91
滇西贝母兰 158
滇西槽舌兰 231
滇西蝴蝶兰 264
滇西蒲桃 61
滇越长足兰 275
吊桶兰 162
吊桶兰属 162
叠鞘石斛 183
丁香蓼 106
丁香蓼属 105
丁香属 101
丁子香 50
丁座草 302
顶花杜茎山 22
东方茨藻 64
东方紫金牛 10
东亚女贞 94
冬凤兰 167
兜被兰属 240
兜唇石斛 177
兜兰属 245
兜状白拉索兰 120
独花兰 152
独花兰属 152
独角石斛 204
独蒜兰 270
独蒜兰属 270
独占春 167
杜茎山 24
杜茎山属 22
杜鹃兰 163
杜鹃兰属 163
短瓣兰 238
短瓣兰属 238
短棒石斛 179
短柄紫金牛 18

短齿石豆兰　128
短耳石豆兰　125
短梗酸藤子　21
短茎萼脊兰　282
短茎隔距兰　155
短距槽舌兰　230
短距风兰　239
短帽大喙兰　279
短丝木犀　100
短穗竹茎兰　294
短葶石豆兰　131
短筒倒挂金钟　104
短序脆兰　110
短序杜茎山　23
短序隔距兰　157
短药蒲桃　55
短轴坚唇兰　286
短足石豆兰　139
盾花蝴蝶兰　265
钝叶毛兰　209
多痕密花树　27
多花桉　36
多花梾　83
多花脆兰　111
多花地宝兰　223
多花兰　169
多花蒲桃　61
多花素馨　90
多花酸藤子　20
多花指甲兰　114
多裂荷青花　315
多穗兰　272
多穗兰属　272
多头露兜　310
多香果属　45
多雄蕊商陆　329
多枝桉　37
多枝紫金牛　18

E

峨边虾脊兰　149
鹅白毛兰　212
鹅毛玉凤花　226
鹅头石豆兰　128
轭瓣兰　301
轭瓣兰属　301
萼脊兰　281
萼脊兰属　281
耳唇兰　243
耳唇兰属　243
二耳沼兰　163
二脊沼兰　164
二列叶彗星兰　115
二裂唇毛兰　209
二裂叶空船兰　112
二叶兜被兰　240

二叶独蒜兰　271

F

番石榴　46
番石榴属　46
番樱桃属　37
翻唇兰属　229
反瓣石斛　184
反瓣虾脊兰　147
反苞毛兰　209
方枝蒲桃　62
芳线柱兰　300
芳香石豆兰　122
芳香章鱼兰　274
飞凤红千层　30
非洲木犀榄　97
菲律宾兜兰　253
菲律宾番石榴　47
菲律宾风兰　114
菲律宾毛舌兰　292
菲油果　29
费尔柴尔德石斛　185
分叉露兜　310
分枝感应草　304
粉花月见草　107
粉绿桉　34
粉睡莲　73
风吹楠　2
风吹楠属　2
风兰　239
风兰属　239
蜂腰兰　141
蜂腰兰属　141
凤蝶兰　257
凤蝶兰属　257
佛比西卡特兰　149
芙蓉酢浆草　308
富宁卷瓣兰　128

G

盖喉兰　282
盖喉兰属　282
感应草　304
感应草属　304
岗松　30
岗松属　30
高斑叶兰　223
高茎毛鞘兰　293
高山露珠草　102
高山毛兰　210
高山石斛　190
高山紫树　75
高檐蒲桃　60
高褶带唇兰　288
格力兜兰　250
隔距兰　156

隔距兰属 153
根茎兜兰 246
钩刺麻属 326
钩距虾脊兰 145
钩状石斛 176
谷蓼 102
鼓槌石斛 181
瓜子毛鞘兰 292
关节酢浆草 305
管唇兰 294
管唇兰属 294
管花兰 162
管花兰属 162
管花肉苁蓉 302
管叶槽舌兰 230
管叶牛角兰 152
光萼小蜡 94
光滑柳叶菜 103
光蜡树 83
光叶铁仔 27
光叶子花 67
广布芋兰 240
广东隔距兰 156
广东蒲桃 57
广东石豆兰 130
广东西番莲 324
广西密花树 28
广西舌喙兰 229
广西石斛 201
广叶桉 33
鬼罂粟 317
贵州地宝兰 223
桂叶黄梅 77
桂叶素馨 88

H

哈克木属 38
哈里斯比佛兰 119
海南风吹楠 2
海南木犀榄 97
海南盆距兰 221
海南蒲桃 56
海南石斛 188
海南钻喙兰 277
海罂粟属 315
寒兰 171
汉氏兜兰 250
禾叶贝母兰 161
禾叶兰 114
禾叶兰属 114
禾叶毛兰 210
合萼兰 112
合萼兰属 112
荷包牡丹属 315
荷花牡丹 315
荷兰木屐石豆兰 127

荷青花 315
荷青花属 315
盒足兰 289
盒足兰属 289
褐唇贝母兰 159
鹤顶兰 261
鹤顶兰属 259
黑桉 33
黑长叶蒲桃 59
黑毛石斛 206
黑叶蒲桃 62
黑嘴蒲桃 51
亨利兜兰 251
红桉 37
红柄木犀 98
红刺露兜树 310
红丁香 102
红光树 3
红光树属 3
红果仔 38
红海带 70
红海带属 70
红荷根 71
红花贝母兰 161
红花酢浆草 306
红花隔距兰 157
红花木犀榄 98
红花牛角兰 152
红花伞房桉 32
红花石斛 195
红花睡莲 74
红花宿包兰 165
红花西番莲 322
红胶木 40
红胶木属 40
红莲雾 49
红鳞蒲桃 56
红旗兜兰 248
红千层 31
红千层属 30
红头金石斛 218
红枝蒲桃 61
喉红石斛 180
厚边木犀 100
厚唇兰 208
厚唇兰属 208
厚叶毛兰 211
厚叶素馨 90
胡麻科 325
胡麻属 325
湖北梣 84
湖北杜茎山 23
葫芦茎虾脊兰 146
葫芦猪笼草 66
蝴蝶兰 262
蝴蝶兰属 262

蝴蝶藤　324
虎斑兜兰　255
虎斑卷瓣兰　137
虎舌红　14
虎头兰　170
互叶白千层　40
花榈　85
花菱草　315
花菱草属　315
花曲柳　82
花蜘蛛兰　215
花蜘蛛兰属　215
华南蓝果树　75
华南蒲桃　51
华南青皮木　79
华石斛　202
华素馨　91
华西杓兰　175
华西蝴蝶兰　265
华夏蒲桃　53
幻蝶蔓　319
黄蝉兰　171
黄唇毛兰　213
黄喉石斛　202
黄花白及　119
黄花杓兰　175
黄花大苞兰　286
黄花独蒜兰　270
黄花鹤顶兰　260
黄花胡麻　326
黄花卷瓣兰　134
黄花美冠兰　215
黄花石斛　184
黄花水龙　106
黄花羊耳蒜　234
黄花月见草　107
黄堇　312
黄兰　151
黄兰属　151
黄莲　65
黄绿贝母兰　160
黄麻子　308
黄石斛　180
黄睡莲　73
黄松盆距兰　221
黄细心　67
黄细心属　67
灰毛罂粟　317
灰色紫金牛　11
灰叶兜兰　250
茴香蒲桃　49
彗星兰属　115
喙丽兰属　277
蕙兰　169
火烧兰　209
火烧兰属　209

火焰兰　276
火焰兰属　275
霍山石斛　190

J

鸡蛋果　323
吉西兰　153
吉西兰属　153
戟唇石豆兰　129
寄树兰　278
寄树兰属　278
蓟罂粟　311
蓟罂粟属　311
鲫鱼胆　25
嘉宝果　45
假赤楠　52
假多瓣蒲桃　61
假广子　3
假柳叶菜　105
尖刀唇石斛　190
尖萼榈　84
尖果番石榴　46
尖喙隔距兰　155
尖角卷瓣兰　127
尖囊蝴蝶兰　262
尖叶石豆兰　124
尖叶铁青树　79
坚唇兰属　286
见血青　234
建兰　168
剑叶石斛　202
剑叶虾脊兰　143
剑叶鸢尾兰　242
剑叶紫金牛　10
胶核木属　96
胶核藤　96
角萼卷瓣兰　129
角果藻　65
角果藻属　65
节茎石仙桃　266
金唇兰　153
金唇兰属　153
金钩如意草　312
金兰　151
金莲木　77
金莲木科　77
金莲木属　77
金马仑石豆兰　124
金蒲桃　63
金蒲桃属　63
金钱桉　33
金伞卷瓣兰　123
金石斛　218
金石斛属　217
金线兰　116
金线兰属　116

金罂粟　318
金罂粟属　318
金钟花　81
金珠柳　25
茎花蒲桃　53
茎花山柚　109
晶帽石斛　182
景东厚唇兰　209
景洪石斛　185
九管血　6
九节龙　16
橘苞绒兰　206
矩唇石斛　192
巨桉　34
巨瓣兜兰　247
具柄番樱桃　38
具槽石斛　203
锯尾钻柱兰　258
聚石斛　193
聚株石豆兰　139
卷边紫金牛　18
卷萼兜兰　245

K

咖啡素馨　86
卡特兰属　149
楷叶桉　85
抗风桐　69
克鲁兹王莲　74
空船兰属　112
口盖花蜘蛛兰　215
苦枥木　84
块根紫金牛　16
宽叶线柱兰　300
扩展女贞　92
阔蕊兰　259
阔蕊兰属　259
阔叶带唇兰　288
阔叶蒲桃　58
阔叶竹茎兰　294
阔柱柳叶菜　104

L

拉比阿塔卡特兰　150
拉马克月见草　107
喇叭唇石斛　193
蜡杨梅　1
蜡烛果　5
蜡烛果属　5
蜡子树　93
兰科　110
兰属　166
蓝桉　34
蓝果树　76
蓝果树科　75
蓝果树属　75

蓝花钻喙兰　277
蓝睡莲　72
乐东石豆兰　131
箣古子　309
蕾芬　329
蕾芬属　329
离萼杓兰　175
李榄　80
丽江杓兰　175
丽叶女贞　93
栗鳞贝母兰　158
连翘　81
连翘属　81
莲　65
莲瓣兰　173
莲花卷瓣兰　130
莲科　65
莲属　65
莲座玉凤花　228
莲座紫金牛　16
镰翅羊耳蒜　232
镰萼虾脊兰　147
镰叶盆距兰　220
镰叶西番莲　325
亮叶素馨　91
辽东丁香　102
列当科　301
列当属　302
列叶盆距兰　221
裂唇舌喙兰　229
鳞尾木　109
鳞尾木属　109
鳞叶石斛　191
羚羊王石斛　192
菱唇毛兰　212
菱唇石斛　192
菱叶石斛　177
领带兰　135
流苏贝母兰　158
流苏金石斛　219
流苏石斛　186
流苏树　80
流苏树属　80
流苏虾脊兰　142
瘤瓣兜兰　247
瘤皮孔酸藤子　21
柳兰　102
柳兰属　102
柳叶桉　37
柳叶菜　103
柳叶菜科　102
柳叶菜属　103
柳叶丁香蓼　105
柳叶杜茎山　26
柳叶哈克木　38
柳叶红千层　31

柳叶紫金牛 14
龙珠果 324
隆缘桉 34
露兜草 309
露兜树 310
露兜树科 309
露兜树属 309
露珠草 102
露珠草属 102
庐山桤 85
鹿角兰 273
鹿角兰属 273
绿蝉豆兰 124
绿花斑叶兰 225
绿花杓兰 175
绿花带唇兰 288
绿花羊耳蒜 234
绿绒蒿属 317
卵叶贝母兰 159
卵叶丁香蓼 106
卵叶岗松 48
卵叶连翘 81
卵叶女贞 94
轮叶蒲桃 55
罗比蝴蝶兰 263
罗比石豆兰 132
罗河石斛 194
罗伞树 17
罗氏卡特兰 150
落地金钱 226
落叶女贞 93
落叶石豆兰 130

M

麻栗坡兜兰 252
马六甲蒲桃 58
马面兜兰 245
麦穗石豆兰 134
毛瓣杓兰 175
毛杓兰 175
毛柄木樨 100
毛草龙 105
毛唇芋兰 240
毛杜茎山 25
毛梗兰 214
毛梗兰属 214
毛兰属 209
毛茉莉 88
毛木樨 100
毛鞘兰属 292
毛舌兰属 291
毛刷白点兰 290
毛穗杜茎山 23
毛葶玉凤花 226
毛头石豆兰 139
毛杨梅 1

毛叶桉 33
毛叶芋兰 241
毛柱隔距兰 156
毛紫丁香 101
锚钩金唇兰 153
玫瑰木 47
玫瑰木属 47
玫瑰石斛 182
玫瑰宿苞兰 165
美冠兰 216
美冠兰属 215
美国白桦 82
美国红桦 85
美国流苏树 80
美花隔距兰 153
美花红千层 30
美花卷瓣兰 137
美花石斛 194
美丽白千层 43
美丽薄子木 39
美丽红千层 32
美丽蝴蝶兰 262
美丽箬叶兰 282
美丽月见草 108
美味蒲桃 50
美洲黄莲 73
美柱兰 149
美柱兰属 149
檬香桃属 29
勐海隔距兰 154
勐海石豆兰 133
勐海石斛 195
勐海鸢尾兰 242
蒙自桂花 99
米珍果 22
密齿酸藤子 22
密花红光树 3
密花石豆兰 134
密花石斛 183
密花树 28
密花树属 27
密花素馨 86
密花虾脊兰 145
密鳞紫金牛 9
密脉蒲桃 53
密毛兜兰 256
密苏里月见草 107
密腺杜茎山 23
茉莉花 90
墨兰 173
木石斛 182
木樨 99
木樨科 80
木樨榄 97
木樨榄属 96
木樨属 98

N

纳马夸纳酢 306
南方带唇兰 288
南方露珠草 103
南方虾脊兰 146
南方紫金牛 19
南贡隔距兰 154
拟蝶唇兰 274
拟蝶唇兰属 274
拟杜茎山 23
拟兰 117
拟兰属 117
拟毛兰 238
拟毛兰属 238
拟伞花卷瓣兰 139
拟石斛 243
拟石斛属 243
拟万代兰 298
拟万代兰属 298
年青蒲桃 64
鸟舌兰 118
鸟舌兰属 118
宁波木犀 98
柠檬桉 34
柠檬澳洲茶 39
柠檬香桃叶 29
牛齿兰 117
牛齿兰属 117
牛角兰属 151
牛魔王石豆兰 135
牛矢果 100
扭肚藤 86
扭果紫金龙 314
纽芬堡石豆兰 133
纽子果 15
浓香茉莉 89
女贞 93
女贞属 92

O

欧桤 83
欧丁香 102
欧亚萍蓬草 71
欧洲连翘 81

P

盆距兰 220
盆距兰属 220
飘带兜兰 253
平卧曲唇兰 244
平卧羊耳蒜 233
平叶密花树 27
平叶酸藤子 22
屏东卷瓣兰 135
瓶壶卷瓣兰 130

萍蓬草 71
萍蓬草属 71
坡参 227
匍茎卷瓣兰 126
匍茎毛兰 209
蒲桃 56
蒲桃属 49

Q

七角叶芋兰 241
奇唇兰属 285
千层金 41
钳唇兰 214
钳唇兰属 214
浅斑兜兰 252
浅裂沼兰 163
芡实 70
芡属 70
巧花兜兰 251
巧玲花 101
翘距虾脊兰 143
秦连翘 81
秦岭梣 85
琴唇万代兰 296
琴叶风吹楠 3
青皮木 79
青皮木属 79
青藤仔 89
青杨梅 1
清香藤 88
蜻蜓兰属 295
箐边紫堇 312
邱北冬蕙兰 173
秋花独蒜兰 270
球花石斛 204
球茎卷瓣兰 138
球茎石豆兰 139
球腺蔓 319
球叶毛兰 210
曲唇兰 244
曲唇兰属 244
曲萼石豆兰 136
曲茎石斛 187
曲轴石斛 188
全唇鸢尾兰 242
全缘叶绿绒蒿 317

R

髯毛贝母兰 157
忍冬番樱属 44
日本丁香 101
日本女贞 93
日本萍蓬草 71
绒兰 206
绒兰属 206
绒毛白蜡 85

绒毛石斛　201
绒叶毛鞘兰　293
肉苁蓉属　302
肉豆蔻　4
肉豆蔻科　2
肉豆蔻属　4
肉根紫金牛　8
茹楚森贝母兰　160
软弱杜茎山　26
瑞丽蓝果树　76
瑞丽紫金牛　18
箬叶兰属　282

S

三脊金石斛　219
三角兰属　293
三角叶酢浆草　308
三开瓢　319
三棱虾脊兰　148
三敛　303
三蕊兰　241
三蕊兰属　241
三褶虾脊兰　149
伞房桉属　32
伞花卷瓣兰　140
伞花石豆兰　138
伞形紫金牛　7
散花紫金牛　7
散生女贞　92
莎草兰　168
莎叶兰　166
山酢浆草　304
山地阿梅兰　114
山桂花　98
山蒲桃　57
山桃草　104
山桃草属　104
山血丹　14
山柚子　109
山柚子科　109
山柚子属　109
扇唇羊耳蒜　235
扇唇指甲兰　112
扇脉杓兰　175
商陆　328
商陆科　328
商陆属　328
杓唇石斛　196
杓兰属　175
少花老挝蒲桃　57
少花石斛　198
少花虾脊兰　145
少年红　6
少叶石斛　197
舌唇兰　269
舌唇兰属　269

舌喙兰　229
舌喙兰属　229
蛇果黄堇　312
蛇舌兰　207
蛇舌兰属　207
蛇王藤　322
肾唇虾脊兰　143
圣女石斛　198
湿唇兰　232
湿唇兰属　232
石豆兰属　121
石豆毛兰　212
石斛　196
石斛属　176
石南昆士亚　39
石山桂花　98
石仙桃　267
石仙桃属　266
食用樱　37
手参属　226
绶草　284
绶草属　284
梳唇石斛　202
梳帽卷瓣兰　123
疏花梣　83
疏花杜茎山　24
疏花石斛　189
疏花酸藤子　20
疏花虾脊兰　146
疏茎贝母兰　161
疏叶石斛　198
束花石斛　181
束花紫金牛　6
树商陆　329
双花石斛　187
双花西番莲　321
双叶厚唇兰　209
双叶卷瓣兰　141
水盾草　70
水盾草属　70
水蜡树　94
水莲雾　50
水龙　105
水母兰　271
水母兰属　271
水曲柳　84
水翁　59
水竹蒲桃　54
睡莲　74
睡莲科　70
睡莲属　72
蒴莲　319
蒴莲属　319
丝瓣石豆兰　133
思科卡特兰　151
思茅蒲桃　62

撕唇阔蕊兰　259
撕裂贝母兰　160
四川独蒜兰　270
四川金罂粟　318
四角蒲桃　62
四裂假桉　48
四裂假桉属　48
松红梅　40
送春　167
苏瓣石斛　189
素方花　89
素馨花　87
素馨属　86
宿苞兰　164
宿苞兰属　164
宿苞石仙桃　267
宿柱梣　86
酸苔菜　18
酸藤子属　20
蒜头果　78
蒜头果属　78
笋兰　291
笋兰属　291

T

台湾独蒜兰　270
台湾女贞　93
台湾盆距兰　221
台湾萍蓬草　72
台湾蒲桃　55
台湾山柚属　109
台湾吻兰　162
台湾银线兰　116
坛花兰　111
坛花兰属　111
探春花　86
桃金娘　48
桃金娘科　29
桃金娘属　48
梯脉紫金牛　18
提琴贝母兰　160
天鹅兰　165
天鹅兰属　165
天麻　222
天麻属　222
天山梣　85
田葱　327
田葱科　327
田葱属　327
条裂鸢尾兰　242
条叶阔蕊兰　259
条叶萍蓬草　71
铁皮石斛　197
铁青树科　78
铁青树属　79
铁心木属　44

铁仔　26
铁仔属　26
挺茎贝母兰　160
同色兜兰　248
同色金石斛　218
铜盆花　15
筒瓣兰　116
筒瓣兰属　116
筒距槽舌兰　231
筒叶蝶兰属　257
头蕊兰属　151
头状石斛　180
透骨草　328
透骨草科　328
透骨草属　328
秃疮花　314
秃疮花属　314
兔耳兰　171
团番樱属　45
团花蒲桃　53

W

瓦氏天鹅兰　166
弯管列当　302
万代兰属　295
王莲　74
王莲属　74
网脉酸藤子　21
网纹石豆兰　137
尾球木　109
尾球木属　109
尾丝钻柱兰　258
尾叶紫金牛　7
卫矛叶蒲桃　54
温氏卷瓣兰　141
文山兜兰　256
文山鹤顶兰　261
文山红柱兰　174
文山石仙桃　268
纹瓣兰　166
吻兰　162
吻兰属　162
沃氏奇唇兰　285
乌墨　54
无柄感应草　304
无耳沼兰　207
无耳沼兰属　207
无茎盆距兰　221
无香比佛兰　119
无叶美冠兰　217
无柱兰　115
无柱兰属　115
五瓣子楝树　33
五唇兰　208
五唇兰属　208
五脊贝母兰　160

五脊毛兰　212
五列木　326
五列木科　326
五列木属　326
五脉白千层　41
舞女蒲桃　63

X

西藏杓兰　175
西藏虎头兰　174
西番莲　321
西番莲科　319
西番莲属　320
西蕾丽蝴蝶兰　264
西南手参　226
西南虾脊兰　146
锡金梾　85
蜥蜴石豆兰　137
喜树　75
喜树属　75
细瓣兜兰　250
细柄石豆兰　139
细齿金莲木　78
细果紫堇　311
细花丁香蓼　106
细花虾脊兰　146
细花玉凤花　227
细茎石斛　195
细罗伞　6
细脉木犀　99
细叶桉　37
细叶石斛　189
细叶石仙桃　266
细柱西番莲　324
虾脊兰　145
虾脊兰属　142
狭叶白千层　41
狭叶耳唇兰　243
狭叶红光树　3
狭叶金石斛　217
狭叶木犀　98
狭叶蒲桃　62
狭叶虾脊兰　142
狭叶紫金牛　11
仙笔鹤顶兰　259
纤脉桉　35
显脉鸢尾　241
藓叶卷瓣兰　137
线瓣石豆兰　129
线瓣玉凤花　227
线叶十字兰　227
线叶石斛　181
线枝蒲桃　50
线柱兰　300
线柱兰属　300
腺果藤　69

腺果藤属　69
腺叶杜茎山　25
腺叶木犀榄　98
腺叶素馨　91
香芙木　79
香港带唇兰　288
香港毛兰　210
香花毛兰　210
香花虾脊兰　146
香花指甲兰　113
香荚兰　299
香荚兰属　299
香胶蒲桃　51
香蕉卷瓣兰　128
香蕉兰　281
香兰　228
香兰属　228
香露兜　309
香蒲桃　60
香桃木　44
香桃木属　44
象耳蝴蝶兰　263
象蜡树　85
象牙彗星兰　115
肖博落回　311
肖博落回属　311
肖蒲桃　49
小白及　119
小斑叶兰　223
小茨藻　64
小萼素馨　88
小果桉　35
小果博落回　316
小花豹石豆兰　130
小花黄堇　312
小花蜻蜓兰　295
小花月见草　107
小黄瓜石斛　192
小黄花石斛　191
小蜡　94
小兰屿蝴蝶兰　263
小蓝万代兰　296
小领带兰　125
小露兜　309
小毛兰　212
小帽桉　35
小乔木紫金牛　11
小巧羊耳蒜　233
小舌唇兰　269
小眼镜蛇石豆兰　126
小叶白点兰　291
小叶桉　82
小叶兜兰　247
小叶红光树　4
小叶女贞　94
小叶巧玲花　101

小叶石豆兰 139
小叶鸢尾兰 242
小叶月桂 100
小章鱼兰 274
小掌唇兰 286
小猪哥白拉索兰 121
小紫金牛 7
斜脉桉 35
斜叶桉 36
心叶带唇兰 287
心叶羊耳蒜 233
心叶紫金牛 14
新疆海罂粟 315
新西兰圣诞树 44
新型兰 239
新型兰属 239
杏黄兜兰 246
匈伯嘉兰属 281
匈伯拉兰 281
绣毛紫金牛 13
锈鳞木犀榄 97
锈毛榕 83
轩尼斯兜兰 251
雪白睡莲 72
雪茶木属 39
雪柳 80
雪柳属 80
雪下红 19
血水草 315
血水草属 315
血叶兰 236
血叶兰属 236

Y

雅美万代兰 297
烟花石豆兰 131
烟色斑叶兰 223
延胡索 314
延药睡莲 74
岩生独蒜兰 271
眼斑贝母兰 158
眼睑石豆兰 123
燕石斛 184
羊耳蒜属 232
阳桃 304
阳桃属 303
杨梅 1
杨梅科 1
杨梅属 1
洋葱蒲桃 49
洋蒲桃 61
野桉 37
野凤榴属 29
野菰 301
野菰属 301
野桂花 100

野罂粟 317
野迎春 88
叶状酢 307
叶子花 68
叶子花属 67
夜夫人白拉索兰 121
夜花 96
夜花属 96
异型兰 152
异型兰属 152
异叶蒴莲 320
异叶素馨 91
异株木犀榄 96
银带虾脊兰 142
银叶桉 34
银叶铁心木 44
隐柱兰 165
隐柱兰属 165
罂粟 318
罂粟科 311
罂粟属 317
迎春花 89
硬毛柳叶菜 103
硬木香桃叶 30
硬叶兜兰 252
硬叶兰 172
硬叶蒲桃 62
疣斑长萼兰 121
疣鞘独蒜兰 271
虞美人 317
羽唇兰 243
羽唇兰属 243
羽叶丁香 101
玉凤花属 226
芋兰属 240
鸢尾兰 242
鸢尾兰属 241
圆果罗伞 9
圆叶桉 36
圆叶匙唇兰 281
圆叶石豆兰 126
圆叶西番莲 324
圆柱叶匙唇兰 280
圆柱叶鸟舌兰 119
月见草 106
月见草属 106
月叶西番莲 320
月月红 10
越南兜兰 255
越南红柱兰 168
越南紫金牛 20
云北石豆兰 139
云南杓兰 176
云南丁香 102
云南独蒜兰 271
云南火焰兰 276

云南蓝果树 76
云南木犀榄 98
云南盆距兰 222
云南蒲桃 63
云南曲唇兰 244
云南肉豆蔻 4
云南石仙桃 269
云南素馨 90
云南杨梅 1
云叶兰 240
云叶兰属 240

Z

藏南丁香 101
藏南石斛 196
早花卡特兰 150
泽泻虾脊兰 142
窄瓣兜兰 252
窄唇蜘蛛兰 117
窄果脆兰 110
窄叶柃 82
章鱼兰 273
章鱼兰属 273
樟叶素馨 86
掌唇兰 285
掌唇兰属 285
沼兰属 163
沼生柳叶菜 103
针齿铁仔 26
针叶石斛 200
珍珠伞 14
芝麻 325
枝花流苏树 80
蜘蛛兰属 117
直唇卷瓣兰 126
直杆蓝桉 35
直立酢浆草 308
直立卷瓣兰 140
指甲兰 112
指甲兰属 112
指叶拟毛兰 238
中国蛇菰 301
中华槽舌兰 231
中华火焰兰 275
中华盆距兰 222
中华萍蓬草 72
中华虾脊兰 147
中响尾蛇豆兰 132
柊树 99
钟花蒲桃 59
肿节石斛 199
众香 45

帚状岗松 48
皱萼蒲桃 61
皱果桉 33
皱叶小蜡 95
朱兰 272
朱兰属 272
朱砂根 8
猪哥喙丽兰 277
猪笼草 66
猪笼草科 66
猪笼草属 66
竹茎兰属 294
竹叶蒲桃 59
竹叶兰 118
竹叶兰属 118
竹叶毛兰 209
竹枝石斛 200
锥茎石豆兰 136
锥囊坛花兰 111
子楝树 33
子楝树属 33
子凌蒲桃 53
紫瓣石斛 198
紫点杓兰 175
紫丁香 101
紫花苞舌兰 283
紫花鹤顶兰 260
紫花美冠兰 217
紫花西番莲 320
紫金龙 314
紫金龙属 314
紫金牛 14
紫金牛科 5
紫金牛属 6
紫堇 313
紫堇属 311
紫脉紫金牛 19
紫毛兜兰 255
紫茉莉 68
紫茉莉科 67
紫茉莉属 68
紫纹兜兰 254
紫纹卷瓣兰 133
紫药女贞 92
总梗女贞 94
总序紫金牛 16
走马胎 12
足茎毛兰 209
钻喙兰 278
钻喙兰属 277
钻柱兰 258
钻柱兰属 258

拉丁名索引

A

Acampe ochracea 110
Acampe papillosa 110
Acampe rigida 111
Acampe 110
Acanthephippium striatum 111
Acanthephippium sylhetense 111
Acanthephippium 111
Acca sellowiana 29
Acca 29
Acriopsis indica 112
Acriopsis 112
Adenia ballyi 319
Adenia cardiophylla 319
Adenia chevalieri 319
Adenia firingalavensis 319
Adenia heterophylla 320
Adenia penangiana 320
Adenia 319
Aegiceras corniculatum 5
Aegiceras 5
Aeginetia indica 301
Aeginetia sinensis 301
Aeginetia 301
Aerangis biloba 112
Aerangis 112
Aerides falcata 112
Aerides flabellata 112
Aerides odorata 113
Aerides rosea 114
Aerides 112
Agrostophyllum callosum 114
Agrostophyllum 114
Amesiella monticola 114
Amesiella philippinensis 114
Amesiella 114
Amitostigma gracile 115
Amitostigma 115
Angraecum distichum 115
Angraecum eburneum 115
Angraecum 115
Anoectochilus burmannicus 116
Anoectochilus formosanus 116
Anoectochilus roxburghii 116
Anoectochilus 116
Anthogonium gracile 116

Anthogonium 116
Apostasia odorata 117
Apostasia 117
Appendicula cornuta 117
Appendicula 117
Arachnis labrosa 117
Arachnis 117
Ardisia affinis 6
Ardisia alyxiaefolia 6
Ardisia botryosa 6
Ardisia brevicaulis 6
Ardisia brunnescens 6
Ardisia caudata 7
Ardisia chinensis 7
Ardisia conspersa 7
Ardisia corymbifera 7
Ardisia crassinervosa 8
Ardisia crassirhiza 8
Ardisia crenata 8
Ardisia crispa 9
Ardisia densilepidotula 9
Ardisia depressa 9
Ardisia elliptica 10
Ardisia ensifolia 10
Ardisia faberi 10
Ardisia filiformis 11
Ardisia fordii 11
Ardisia garrettii 11
Ardisia gigantifolia 12
Ardisia hanceana 12
Ardisia helferiana 13
Ardisia hokouensis 13
Ardisia humilis 13
Ardisia hypargyrea 14
Ardisia japonica 14
Ardisia lindleyana 14
Ardisia maclurei 14
Ardisia maculosa 14
Ardisia mamillata 14
Ardisia obtusa 15
Ardisia palysticta 15
Ardisia pedalis 15
Ardisia primulifolia 16
Ardisia pseudocrispa 16
Ardisia pubicalyx var. collinsiae 16
Ardisia pusilla 16
Ardisia quinquegona 17

Ardisia replicata 18
Ardisia scalarinervis 18
Ardisia shweliensis 18
Ardisia sieboldii 18
Ardisia silvestris 18
Ardisia solanacea 18
Ardisia thyrsiflora 19
Ardisia velutina 19
Ardisia villosa 19
Ardisia waitakii 20
Ardisia 6
Argemone mexicana 311
Argemone 311
Arundina graminifolia 118
Arundina 118
Ascocentrum ampullaceum 118
Ascocentrum aurantiacum 118
Ascocentrum himalaicum 119
Ascocentrum 118
Averrhoa bilimbi 303
Averrhoa carambola 304
Averrhoa 303

B

Backhousia citriodora 29
Backhousia myrtifolia 30
Backhousia 29
Baeckea frutescens 30
Baeckea 30
Barclaya longifolia 70
Barclaya 70
Bifrenaria harrisoniae 119
Bifrenaria inodora 119
Bifrenaria 119
Biophytum fruticosum 304
Biophytum sensitivum 304
Biophytum umbraculum 304
Biophytum 304
Bletilla formosana 119
Bletilla ochracea 119
Bletilla striata 120
Bletilla 119
Bocconia arborea 311
Bocconia 311
Boerhavia diffusa 67
Boerhavia 67
Boschniakia himalaica 302
Boschniakia 302
Bougainvillea glabra 67
Bougainvillea spectabilis 68
Bougainvillea 67
Brasenia schreberi 70
Brasenia 70
Brassavola cucullata 120
Brassavola flagellaris 120
Brassavola glauca 121

Brassavola nodosa 121
Brassavola 120
Brassia verrucosa 121
Brassia 121
Bulbophyllum affine 121
Bulbophyllum albociliatum 122
Bulbophyllum ambrosia 122
Bulbophyllum amplifolium 123
Bulbophyllum andersonii 123
Bulbophyllum annandalei 123
Bulbophyllum auratum 123
Bulbophyllum blepharistes 123
Bulbophyllum blumei 123
Bulbophyllum burfordiense 124
Bulbophyllum cameronense 124
Bulbophyllum cariniflorum 124
Bulbophyllum colomaculosum 125
Bulbophyllum crassipes 125
Bulbophyllum cruentum 125
Bulbophyllum cylindraceum 126
Bulbophyllum delitescens 126
Bulbophyllum drymoglossum 126
Bulbophyllum eberhardtii 126
Bulbophyllum emarginatum 126
Bulbophyllum emiliorum 126
Bulbophyllum falcatum 126
Bulbophyllum fascinator 127
Bulbophyllum forrestii 127
Bulbophyllum frostii 127
Bulbophyllum funingense 128
Bulbophyllum grandiflorum 128
Bulbophyllum graveolens 128
Bulbophyllum griffithii 128
Bulbophyllum gymnopus 129
Bulbophyllum hastatum 129
Bulbophyllum helenae 129
Bulbophyllum hirtum 130
Bulbophyllum hirundinis 130
Bulbophyllum insulsum 130
Bulbophyllum kwangtungense 130
Bulbophyllum lasiochilum 130
Bulbophyllum laxiflorum 131
Bulbophyllum ledungense 131
Bulbophyllum leopardinum 131
Bulbophyllum levinei 131
Bulbophyllum lobbii 132
Bulbophyllum longibrachiatum 132
Bulbophyllum longisepalum 132
Bulbophyllum maximum 132
Bulbophyllum melanoglossum 133
Bulbophyllum menghaiense 133
Bulbophyllum morphologorum 133
Bulbophyllum nymphopolitanum 133
Bulbophyllum obtusangulum 134
Bulbophyllum odoratissimum 134
Bulbophyllum orientale 134

Bulbophyllum patens   135
Bulbophyllum pectenveneris   135
Bulbophyllum pectinatum   135
Bulbophyllum phalaenopsis   135
Bulbophyllum pingtungense   135
Bulbophyllum polyrhizum   136
Bulbophyllum pteroglossum   136
Bulbophyllum putidum   137
Bulbophyllum reticulatum   137
Bulbophyllum retusiusculum var. tigridum   137
Bulbophyllum retusiusculum   137
Bulbophyllum rothschildianum   137
Bulbophyllum shweliense   138
Bulbophyllum spathaceum   138
Bulbophyllum spathulatum   138
Bulbophyllum sphaericum   138
Bulbophyllum stenobulbon   139
Bulbophyllum striatum   139
Bulbophyllum subumbellatum   139
Bulbophyllum sutepense   139
Bulbophyllum tengchongense   139
Bulbophyllum tokioi   139
Bulbophyllum trichocephalum   139
Bulbophyllum triste   139
Bulbophyllum umbellatum   140
Bulbophyllum unciniferum   140
Bulbophyllum violaceolabellum   140
Bulbophyllum wallichii   141
Bulbophyllum wendlandianum   141
Bulbophyllum   121
Bulleyia yunnanensis   141
Bulleyia   141

C

Cabomba caroliniana   70
Cabomba   70
Calanthe alismaefolia   142
Calanthe alpina   142
Calanthe angustifolia   142
Calanthe argenteo-striata   142
Calanthe aristulifera   143
Calanthe brevicornu   143
Calanthe clavata   143
Calanthe davidii   143
Calanthe delavayi   145
Calanthe densiflora   145
Calanthe discolor   145
Calanthe graciliflora   145
Calanthe hancockii   145
Calanthe henryi   146
Calanthe herbacea   146
Calanthe labrosa   146
Calanthe lyroglossa   146
Calanthe mannii   146
Calanthe odora   146
Calanthe puberula   147

Calanthe reflexa   147
Calanthe sinica   147
Calanthe sylvatica   148
Calanthe tricarinata   148
Calanthe triplicata   149
Calanthe yuana   149
Calanthe   142
Callistemon citrinus   30
Callistemon phoeniceus   30
Callistemon polandii   30
Callistemon rigidus   31
Callistemon salignus   31
Callistemon speciosus   32
Callistemon viminalis   32
Callistemon   30
Callostylis rigida   149
Callostylis   149
Camptotheca acuminata   75
Camptotheca   75
Cattleya bowringiana   149
Cattleya forbesii   149
Cattleya intermedia   150
Cattleya labiata   150
Cattleya loddigesii   150
Cattleya maxima   150
Cattleya skinneri   151
Cattleya   149
Cephalanthera falcata   151
Cephalanthera   151
Cephalantheropsis gracilis   151
Cephalantheropsis   151
Ceratostylis himalaica   151
Ceratostylis retisquama   152
Ceratostylis subulata   152
Ceratostylis   151
Chamerion angustifolium   102
Chamerion   102
Champereia manillana var. longistaminea   109
Champereia   109
Changnienia amoena   152
Changnienia   152
Chelidonium majus   311
Chelidonium   311
Chiloschista exuperei   152
Chiloschista yunnanensis   152
Chiloschista   152
Chionanthus henryanus   80
Chionanthus ramiflorus   80
Chionanthus retusus   80
Chionanthus virginicus   80
Chionanthus   80
Chrysoglossum assamicum   153
Chrysoglossum ornatum   153
Chrysoglossum   153
Chysis bractescens   153
Chysis   153

Circaea alpina   102
Circaea cordata   102
Circaea erubescens   102
Circaea mollis   103
Circaea   102
Cistanche tubulosa   302
Cistanche   302
Cleisostoma birmanicum   153
Cleisostoma fuerstenbergianum   153
Cleisostoma longioperculatum   154
Cleisostoma menghaiense   154
Cleisostoma nangongense   154
Cleisostoma paniculatum   154
Cleisostoma parishii   155
Cleisostoma racemiferum   155
Cleisostoma recurvum   155
Cleisostoma rostratum   155
Cleisostoma sagittiforme   156
Cleisostoma simondii var. guangdongense   156
Cleisostoma simondii   156
Cleisostoma striatum   157
Cleisostoma williamsonii   157
Cleisostoma   153
Coelogyne barbata   157
Coelogyne calcicola   158
Coelogyne corymbosa   158
Coelogyne cristata   158
Coelogyne fimbriata   158
Coelogyne flaccida   158
Coelogyne fuscescens   159
Coelogyne leucantha   159
Coelogyne longipes   159
Coelogyne occultata   159
Coelogyne ovalis   159
Coelogyne pandurata   160
Coelogyne prolifera   160
Coelogyne quinquelamellata   160
Coelogyne rigida   160
Coelogyne rochussenii   160
Coelogyne sanderae   160
Coelogyne suaveolens   161
Coelogyne tsii   161
Coelogyne viscosa   161
Coelogyne   157
Collabium chinense   162
Collabium formosanum   162
Collabium   162
Coryanthes macrantha   162
Coryanthes   162
Corydalis balansae   313
Corydalis edulis   313
Corydalis leptocarpa   311
Corydalis ophiocarpa   312
Corydalis pallida   312
Corydalis racemosa   312
Corydalis sheareri   312

Corydalis smithiana   312
Corydalis taliensis   312
Corydalis temulifolia   313
Corydalis triternatifolia   314
Corydalis yanhusuo   314
Corydalis   311
Corymbia ficifolia   32
Corymbia maculata   32
Corymbia ptychocarpa   33
Corymbia torelliana   33
Corymbia   32
Corymborkis veratrifolia   162
Corymborkis   162
Cremastra appendiculata   163
Cremastra   163
Crepidium acuminatum   163
Crepidium biauritum   163
Crepidium finetii   164
Crepidium   163
Cryptochilus luteus   164
Cryptochilus roseus   165
Cryptochilus sanguineus   165
Cryptochilus   164
Cryptostylis arachnites   165
Cryptostylis   165
Cycnoches chlorochilon   165
Cycnoches warszewiczii   166
Cycnoches   165
Cymbidium aloifolium   166
Cymbidium cyperifolium var. szechuanicum   167
Cymbidium cyperifolium   166
Cymbidium dayanum   167
Cymbidium eburneum   167
Cymbidium elegans   168
Cymbidium ensifolium   168
Cymbidium erythraeum   168
Cymbidium erythrostylum   168
Cymbidium faberi   169
Cymbidium floribundum   169
Cymbidium goeringii   170
Cymbidium hookerianum   170
Cymbidium iridioides   171
Cymbidium kanran   171
Cymbidium lancifolium   171
Cymbidium lowianum   172
Cymbidium mannii   172
Cymbidium mastersii   172
Cymbidium parishii   172
Cymbidium qiubeiense   173
Cymbidium sinense   173
Cymbidium tortisepalum   173
Cymbidium tracyanum   174
Cymbidium wenshanense   174
Cymbidium wilsonii   174
Cymbidium   166
Cypripedium fargesii   175

Cypripedium farreri 175
Cypripedium flavum 175
Cypripedium franchetii 175
Cypripedium guttatum 175
Cypripedium henryi 175
Cypripedium japonicum 175
Cypripedium lichiangense 175
Cypripedium plectrochilum 175
Cypripedium tibeticum 175
Cypripedium yunnanense 176
Cypripedium 175

D

Dactylicapnos scandens 314
Dactylicapnos torulosa 314
Dactylicapnos 314
Decaspermum gracilentum 33
Decaspermum parviflorum 33
Decaspermum 33
Dendrobium aduncum 176
Dendrobium albosanguineum 176
Dendrobium anceps 177
Dendrobium aphyllum 177
Dendrobium bellatulum 178
Dendrobium bracteosum var. roseum 178
Dendrobium brymerianum 179
Dendrobium capillipes 179
Dendrobium capituliflorum 180
Dendrobium cariniferum 180
Dendrobium catenatum 180
Dendrobium christyanum 180
Dendrobium chrysanthum 181
Dendrobium chryseum 181
Dendrobium chrysotoxum 181
Dendrobium crepidatum 182
Dendrobium crumenatum 182
Dendrobium crystallinum 182
Dendrobium dearei 183
Dendrobium denneanum 183
Dendrobium densiflorum 183
Dendrobium devonianum 184
Dendrobium dixanthum 184
Dendrobium ellipsophyllum 184
Dendrobium equitans 184
Dendrobium exile 185
Dendrobium fairchildiae 185
Dendrobium falconeri 186
Dendrobium fimbriatum 186
Dendrobium findlayanum 187
Dendrobium flexicaule 187
Dendrobium furcatopedicellatum 187
Dendrobium gibsonii 188
Dendrobium gratiosissimum 188
Dendrobium hainanense 188
Dendrobium hancockii 189
Dendrobium harveyanum 189

Dendrobium henryi 189
Dendrobium hercoglossum 190
Dendrobium heterocarpum 190
Dendrobium huoshanense 190
Dendrobium infundibulum 190
Dendrobium jenkinsii 191
Dendrobium keithii 191
Dendrobium kingianum 191
Dendrobium lasianthera 192
Dendrobium leptocladum 192
Dendrobium lichenastrum 192
Dendrobium linawianum 192
Dendrobium lindleyi 193
Dendrobium lituiflorum 193
Dendrobium loddigesii 194
Dendrobium lohohense 194
Dendrobium longicornu 194
Dendrobium macrophyllum 195
Dendrobium minutiflorum 195
Dendrobium miyakei 195
Dendrobium moniliforme 195
Dendrobium monticola 196
Dendrobium moschatum 196
Dendrobium mutabile 196
Dendrobium nobile 196
Dendrobium officinale 197
Dendrobium oligophyllum 197
Dendrobium parciflorum 198
Dendrobium parcum 198
Dendrobium parishii 198
Dendrobium parthenium 198
Dendrobium pendulum 199
Dendrobium porphyrochilum 199
Dendrobium primulinum 199
Dendrobium pseudotenellum 200
Dendrobium salaccense 200
Dendrobium scoriarum 201
Dendrobium senile 201
Dendrobium signatum 202
Dendrobium sinense 202
Dendrobium spatella 202
Dendrobium speciosum 202
Dendrobium spectabile 202
Dendrobium strongylanthum 202
Dendrobium sulcatum 203
Dendrobium terminale 203
Dendrobium thyrsiflorum 204
Dendrobium trigonopus 204
Dendrobium unicum 204
Dendrobium wardianum 205
Dendrobium williamsonii 206
Dendrobium 176
Dendrolirium lasiopetalum 206
Dendrolirium ornatum 206
Dendrolirium tomentosa 206
Dendrolirium 206

Dicranostigma leptopodum　314
Dicranostigma　314
Dienia ophrydis　207
Dienia　207
Diploprora championii　207
Diploprora　207
Dockrillia wassellii　208
Dockrillia　208
Doritis pulcherrima　208
Doritis　208

E

Embelia floribunda　20
Embelia parviflora　20
Embelia pauciflora　20
Embelia ribes　21
Embelia rudis　21
Embelia scandens　21
Embelia sessiliflora　21
Embelia undulata　22
Embelia vestita　22
Embelia　20
Eomecon chionantha　315
Eomecon　315
Epigeneium clemensiae　208
Epigeneium fargesii　209
Epigeneium fuscescens　209
Epigeneium rotundatum　209
Epigeneium　208
Epilobium amurense ssp. cephalostigma　103
Epilobium hirsutum　103
Epilobium palustre　103
Epilobium pannosum　103
Epilobium platystigmatosum　104
Epilobium pyrricholophum　104
Epilobium　103
Epipactis helleborine　209
Epipactis mairei　209
Epipactis　209
Eria acervata　209
Eria amica　209
Eria bambusifolia　209
Eria bilobulata　209
Eria clausa　209
Eria corneri　209
Eria coronaria　209
Eria excavata　209
Eria gagnepainii　210
Eria globifera　210
Eria graminifolia　210
Eria japonica　210
Eria javanica　210
Eria marginata　210
Eria obvia　211
Eria pachyphylla　211
Eria quinquelamellosa　212

Eria retusa　212
Eria rhomboidalis　212
Eria sinica　212
Eria stricta　212
Eria thao　212
Eria xanthocheila　213
Eria　209
Eriodes barbata　214
Eriodes　214
Erythrodes blumei　214
Erythrodes　214
Erythropalum scandens　78
Erythropalum　78
Eschscholzia californica　315
Eschscholzia　315
Esmeralda bella　215
Esmeralda clarkei　215
Esmeralda　215
Eucalyptus aggregata　33
Eucalyptus amplifolia　33
Eucalyptus bridgesiana　33
Eucalyptus camaldulensis　33
Eucalyptus cinerea　34
Eucalyptus citriodora　34
Eucalyptus exserta　34
Eucalyptus glaucescens　34
Eucalyptus globulus　34
Eucalyptus grandis　34
Eucalyptus leptophylla　35
Eucalyptus longifolia　35
Eucalyptus loxophleba　35
Eucalyptus maidenii　35
Eucalyptus microcarpa　35
Eucalyptus microcorys　35
Eucalyptus obliqua　36
Eucalyptus polyanthemos　36
Eucalyptus pulverulenta　36
Eucalyptus robusta　36
Eucalyptus rubida　37
Eucalyptus rudis　37
Eucalyptus saligna　37
Eucalyptus tereticornis　37
Eucalyptus viminalis　37
Eucalyptus　33
Eugenia myrcianthes　37
Eugenia stipitata　38
Eugenia uniflora　38
Eugenia　37
Eulophia bracteosa　215
Eulophia flava　215
Eulophia graminea　216
Eulophia spectabilis　217
Eulophia zollingeri　217
Eulophia　215
Euryale ferox　70
Euryale　70

F

Flickingeria albopurpurea 217
Flickingeria angustifolia 217
Flickingeria calocephala 218
Flickingeria comata 218
Flickingeria concolor 218
Flickingeria fimbriata 219
Flickingeria tricarinata 219
Flickingeria 217
Fontanesia phillyreoides ssp. fortunei 80
Fontanesia 80
Forsythia europaea 81
Forsythia giraldiana 81
Forsythia ovata 81
Forsythia suspensa 81
Forsythia viridissima 81
Forsythia 81
Fraxinus americana 82
Fraxinus angustifolia 82
Fraxinus bungeana 82
Fraxinus chinensis ssp. rhynchophylla 82
Fraxinus chinensis 82
Fraxinus depauperata 83
Fraxinus excelsior 83
Fraxinus ferruginea 83
Fraxinus floribunda 83
Fraxinus griffithii 83
Fraxinus hupehensis 84
Fraxinus insularis 84
Fraxinus longicuspis 84
Fraxinus malacophylla 84
Fraxinus mandschurica 84
Fraxinus ornus 85
Fraxinus paxiana 85
Fraxinus pennsylvanica 85
Fraxinus platypoda 85
Fraxinus profunda 85
Fraxinus retusifoliolata 85
Fraxinus sieboldiana 85
Fraxinus sikkimensis 85
Fraxinus sogdiana 85
Fraxinus stylosa 86
Fraxinus texensis 86
Fraxinus 82
Fuchsia boliviana 104
Fuchsia fulgens 104
Fuchsia hybrida 104
Fuchsia magellanica 104
Fuchsia 104

G

Gastrochilus acinacifolius 220
Gastrochilus bellinus 220
Gastrochilus calceolaris 220
Gastrochilus distichus 221
Gastrochilus formosanus 221
Gastrochilus hainanensis 221
Gastrochilus japonicus 221
Gastrochilus obliquus 221
Gastrochilus sinensis 222
Gastrochilus yunnanensis 222
Gastrochilus 220
Gastrodia elata 222
Gastrodia 222
Gaura lindheimeri 104
Gaura 104
Geodorum attenuatum 222
Geodorum densiflorum 222
Geodorum eulophioides 223
Geodorum recurvum 223
Geodorum 222
Glaucium squamigerum 315
Glaucium 315
Goodyera biflora 223
Goodyera fumata 223
Goodyera procera 223
Goodyera repens 223
Goodyera schlechtendaliana 225
Goodyera viridiflora 225
Goodyera 223
Gymnadenia orchidis 226
Gymnadenia 226

H

Habenaria aitchisonii 226
Habenaria ciliolaris 226
Habenaria davidii 226
Habenaria dentata 226
Habenaria finetiana 227
Habenaria fordii 227
Habenaria intermedia 227
Habenaria linearifolia 227
Habenaria linguella 227
Habenaria lucida 227
Habenaria plurifoliata 228
Habenaria rhodocheila 228
Habenaria 226
Hakea salicifolia 38
Hakea 38
Haraella retrocalla 228
Haraella 228
Hemipilia flabella 229
Hemipilia henryi 229
Hemipilia kwangsiensis 229
Hemipilia 229
Hetaeria affinis 229
Hetaeria finlaysoniana 229
Hetaeria 229
Holcoglossum amesianum 230
Holcoglossum flavescens 230
Holcoglossum kimballianum 230
Holcoglossum quasipinifolium 231

Holcoglossum rupestre　231
Holcoglossum sinicum　231
Holcoglossum subulifolium　231
Holcoglossum wangii　231
Holcoglossum　230
Horsfieldia glabra　2
Horsfieldia hainanensis　2
Horsfieldia pandurifolia　3
Horsfieldia tetratepala　3
Horsfieldia　2
Hygrochilus parishii　232
Hygrochilus　232
Hylomecon japonica var. dissecta　315
Hylomecon japonica　315
Hylomecon　315

J

Jasminum attenuatum　86
Jasminum cinnamomifolium　86
Jasminum coarctatum　86
Jasminum coffeinum　86
Jasminum duclouxii　86
Jasminum elongatum　86
Jasminum floridum　86
Jasminum grandiflorum　87
Jasminum humile　87
Jasminum lanceolarium　88
Jasminum laurifolium　88
Jasminum longitubum　88
Jasminum mesnyi　88
Jasminum microcalyx　88
Jasminum multiflorum　88
Jasminum nervosum　89
Jasminum nudiflorum　89
Jasminum odoratissimum　89
Jasminum officinale　89
Jasminum pentaneurum　90
Jasminum polyanthum　90
Jasminum rufohirtum　90
Jasminum sambac　90
Jasminum seguinii　91
Jasminum sinense　91
Jasminum subglandulosum　91
Jasminum subhumile　91
Jasminum urophyllum　91
Jasminum wengeri　91
Jasminum　86

K

Knema cinerea var. glauca　3
Knema conferta　3
Knema erratica　3
Knema furfuracea　3
Knema globularia　4
Knema　3
Kunzea graniticola　39

Kunzea　39

L

Lamprocapnos spectabilis　315
Lamprocapnos　315
Lepionurus sylvestris　109
Lepionurus　109
Leptospermum brachyandrum　39
Leptospermum petersonii　39
Leptospermum polygalifolium　40
Leptospermum scoparium　40
Leptospermum　39
Ligustrum compactum　92
Ligustrum confusum　92
Ligustrum delavayanum　92
Ligustrum expansum　92
Ligustrum henryi　93
Ligustrum ibota　93
Ligustrum japonicum　93
Ligustrum leucanthum　93
Ligustrum liukiuense　93
Ligustrum lucidum f. latifolium　93
Ligustrum lucidum　93
Ligustrum obtusifolium ssp. microphyllum　94
Ligustrum obtusifolium　94
Ligustrum ovalifolium　94
Ligustrum pricei　94
Ligustrum punctifolium　94
Ligustrum quihoui　94
Ligustrum retusum　94
Ligustrum robustum　94
Ligustrum sinense var. myrianthum　94
Ligustrum sinense var. rugosulum　95
Ligustrum sinense　94
Ligustrum walkeri ssp. walkeri　95
Ligustrum　92
Liparis assamica　232
Liparis bootanensis　232
Liparis cespitosa　232
Liparis chapaensis　233
Liparis cordifolia　233
Liparis delicatula　233
Liparis distans　233
Liparis elliptica　234
Liparis luteola　234
Liparis nervosa　234
Liparis pauliana　234
Liparis plantaginea　234
Liparis stricklandiana　235
Liparis viridiflora　235
Liparis　232
Lophostemon confertus　40
Lophostemon　40
Ludisia discolor　236
Ludisia　236
Ludwigia adscendens　105

Ludwigia arcuata   105
Ludwigia epilobioides   105
Ludwigia glandulosa   105
Ludwigia hyssopifolia   105
Ludwigia octovalvis   105
Ludwigia ovalis   106
Ludwigia peploides ssp. stipulacea   106
Ludwigia perennis   106
Ludwigia prostrata   106
Ludwigia   105
Luisia magniflora   236
Luisia morsei   236
Luisia teres   237
Luisia   236

M

Macleaya cordata   316
Macleaya microcarpa   316
Macleaya   316
Maesa acuminaissima   22
Maesa balansae   22
Maesa brevipaniculata   23
Maesa chisia   23
Maesa consanguinea   23
Maesa hupehensis   23
Maesa indica   23
Maesa insignis   23
Maesa japonica   24
Maesa laxiflora   24
Maesa macilentoides   24
Maesa membranacea   25
Maesa monfana   25
Maesa perlaria   25
Maesa permollis   25
Maesa ramentacea   26
Maesa salicifolia   26
Maesa tenera   26
Maesa   22
Malania oleifera   78
Malania   78
Meconopsis integrifolia   317
Meconopsis   317
Melaleuca alternifolia   40
Melaleuca armillaris   41
Melaleuca bracteata   41
Melaleuca leucadendra   41
Melaleuca linariifolia   41
Melaleuca quinquenervia   41
Melaleuca styphelioides   43
Melaleuca viridiflora   43
Melaleuca   40
Metrosideros collina   44
Metrosideros excelsa   44
Metrosideros   44
Microtis unifolia   238
Microtis   238

Mirabilis jalapa   68
Mirabilis   68
Monomeria barbata   238
Monomeria   238
Mycaranthes floribunda   238
Mycaranthes pannea   238
Mycaranthes   238
Myrcianthes fragrans   44
Myrcianthes   44
Myrica adenophora   1
Myrica cerifera   1
Myrica esculenta   1
Myrica nana   1
Myrica rubra   1
Myrica   1
Myricaceae   1
Myristica fragrans   4
Myristica yunnanensis   4
Myristica   4
Myristicaceae   2
Myrsinaceae   5
Myrsine africana   26
Myrsine semiserrala   26
Myrsine stolonifera   27
Myrsine   26
Myrtaceae   29
Myrtus communis   44
Myrtus   44
Myxopyrum pierrei   96
Myxopyrum   96

N

Najadaceae   64
Najas chinensis   64
Najas graminea   64
Najas marina   64
Najas minor   64
Najas   64
Nelumbo lutea   65
Nelumbo nucifera   65
Nelumbo   65
Nelumbonaceae   65
Neofinetia falcata   239
Neofinetia richardsiana   239
Neofinetia   239
Neogyna gardneriana   239
Neogyna   239
Neottianthe cucullata   240
Neottianthe   240
Nepenthaceae   66
Nepenthes mirabilis   66
Nepenthes ventricosa   66
Nepenthes   66
Nephelaphyllum tenuiflorum   240
Nephelaphyllum   240
Nervilia aragoana   240

Nervilia fordii   240
Nervilia mackinnonii   241
Nervilia plicata   241
Nervilia   240
Neuwiedia singapureana   241
Neuwiedia   241
Nuphar japonica var. rubrotinctum   71
Nuphar japonica   71
Nuphar luteum   71
Nuphar pumilum   71
Nuphar sagittifolia   71
Nuphar shimadai   72
Nuphar sinensis   72
Nuphar   71
Nyctaginaceae   67
Nyctanthes arbor-tristis   96
Nyctanthes   96
Nymphaea alba   72
Nymphaea caerulea   72
Nymphaea candida   72
Nymphaea capensis   73
Nymphaea lotus var. pubescens   73
Nymphaea lotus   73
Nymphaea mexicana   73
Nymphaea odorata   73
Nymphaea pentapetala   73
Nymphaea rubra   74
Nymphaea stellata   74
Nymphaea tetragona   74
Nymphaea   72
Nymphaeaceae   70
Nyssa javanica   75
Nyssa ogeche   75
Nyssa shweliensis   76
Nyssa sinensis   76
Nyssa yunnanensis   76
Nyssa   75
Nyssaceae   75

O

Oberonia acaulis   241
Oberonia cavaleriei   241
Oberonia ensiformis   242
Oberonia integerrima   242
Oberonia iridifolia   242
Oberonia japonica   242
Oberonia jenkinsiana   242
Oberonia menghaiensis   242
Oberonia   241
Ochna integerrima   77
Ochna kirkii   77
Ochna serrulata   78
Ochna   77
Ochnaceae   77
Oenothera biennis   106
Oenothera glazioviana   107

Oenothera lamarkiana   107
Oenothera missouriensis   107
Oenothera parviflora   107
Oenothera rosea   107
Oenothera speciosa   108
Oenothera stricta   108
Oenothera   106
Olacaceae   78
Olax acuminata   79
Olax   79
Olea brachiata   96
Olea dioica   96
Olea europaea   97
Olea ferruginea ssp. africana   97
Olea ferruginea   97
Olea hainanensis   97
Olea paniculata   98
Olea rosea   98
Olea tsoongii   98
Olea   96
Oleaceae   80
Onagraceae   102
Opilia amentacea   109
Opilia   109
Opiliaceae   109
Orchidaceae   110
Ornithochilus difformis   243
Ornithochilus   243
Orobanchaceae   301
Orobanche cernua   302
Orobanche   302
Osmanthus armatus   98
Osmanthus attenuatus   98
Osmanthus cooperi   98
Osmanthus delavayi   98
Osmanthus fordii   98
Osmanthus fragrans   99
Osmanthus gracilinervis   99
Osmanthus henryi   99
Osmanthus heterophyllus   99
Osmanthus marginatus var. longissimus   100
Osmanthus marginatus   100
Osmanthus matsumuranus   100
Osmanthus minor   100
Osmanthus pubipedicellatus   100
Osmanthus serrulatus   100
Osmanthus venosus   100
Osmanthus yunnanensis   100
Osmanthus   98
Otochilus fuscus   243
Otochilus porrectus   243
Otochilus   243
Oxalidaceae   303
Oxalis acetosella ssp. griffithii   304
Oxalis acetosella   304
Oxalis adenodes   305

Oxalis articulata 305
Oxalis bowiei 305
Oxalis brasiliensis 305
Oxalis corniculata 305
Oxalis corymbosa 306
Oxalis glabra 306
Oxalis namaquana 306
Oxalis nidulans 307
Oxalis perdicaria 307
Oxalis pes-caprae 308
Oxalis purpurea 308
Oxalis repens 308
Oxalis stricta 308
Oxalis triangularis 308
Oxalis violacea 308
Oxalis 304
Oxystophyllum changjiangense 243
Oxystophyllum 243

P

Pandanaceae 309
Pandanus altissimus 309
Pandanus amaryllifolius 309
Pandanus austrosinensis 309
Pandanus fibrosus 309
Pandanus forceps 309
Pandanus furcatus 310
Pandanus polycephalus 310
Pandanus tectorius 310
Pandanus utilis 310
Pandanus 309
Panisea cavalerei 244
Panisea tricallosa 244
Panisea uniflora 244
Panisea yunnanensis 244
Panisea 244
Papaver canescens 317
Papaver nudicaule 317
Papaver orientale 317
Papaver rhoeas 317
Papaver somniferum 318
Papaver 317
Papaveraceae 311
Paphiopedilum adductum 245
Paphiopedilum appletonianum 245
Paphiopedilum areeanum 246
Paphiopedilum armeniacum 246
Paphiopedilum barbigerum 247
Paphiopedilum bellatulum 247
Paphiopedilum callosum 247
Paphiopedilum charlesworthii 248
Paphiopedilum concolor 248
Paphiopedilum delenatii 248
Paphiopedilum dianthum 249
Paphiopedilum emersonii 249
Paphiopedilum glaucophyllum 250

Paphiopedilum gratrixianum 250
Paphiopedilum hangianum 250
Paphiopedilum haynaldianum 250
Paphiopedilum helenae 251
Paphiopedilum hennisianum 251
Paphiopedilum henryanum 251
Paphiopedilum hirsutissimum 251
Paphiopedilum insigne 252
Paphiopedilum malipoense var. angustatum 252
Paphiopedilum malipoense var. jackii 252
Paphiopedilum malipoense 252
Paphiopedilum micranthum 252
Paphiopedilum parishii 253
Paphiopedilum philippinense 253
Paphiopedilum primulinum 253
Paphiopedilum purpuratum 254
Paphiopedilum spicerianum 254
Paphiopedilum tigrinum 255
Paphiopedilum vietnamense 255
Paphiopedilum villosum var. boxallii 255
Paphiopedilum villosum var. densissimum 256
Paphiopedilum villosum 255
Paphiopedilum wardii 256
Paphiopedilum wenshanense 256
Paphiopedilum 245
Papilionanthe biswasiana 257
Papilionanthe teres 257
Papilionanthe 257
Paraphalaenopsis labukensis 257
Paraphalaenopsis 257
Passiflora altebilobata 320
Passiflora amethystina 320
Passiflora biflora 321
Passiflora caerulea 321
Passiflora capsularis 321
Passiflora coccinea 322
Passiflora cochinchinensis 322
Passiflora cupiformis 322
Passiflora edulis 323
Passiflora foetida 324
Passiflora henryi 324
Passiflora kwangtungensis 324
Passiflora papilio 324
Passiflora quadrangularis 324
Passiflora siamica 324
Passiflora suberosa 324
Passiflora wilsonii 325
Passiflora 320
Passifloraceae 319
Pedaliaceae 325
Pelatantheria bicuspidata 258
Pelatantheria ctenoglossum 258
Pelatantheria rivesii 258
Pelatantheria 258
Pentaphylacaceae 326
Pentaphylax euryoides 326

Pentaphylax 326
Peristylus bulleyi 259
Peristylus goodyeroides 259
Peristylus lacertiferus 259
Peristylus 259
Phaius columnaris 259
Phaius flavus 260
Phaius mishmensis 260
Phaius takeoi 261
Phaius tankervilleae 261
Phaius wallichii 261
Phaius wenshanensis 261
Phaius 259
Phalaenopsis amabilis 262
Phalaenopsis aphrodite 262
Phalaenopsis appendiculata 262
Phalaenopsis braceana 262
Phalaenopsis deliciosa 263
Phalaenopsis equestris 263
Phalaenopsis gigantea 263
Phalaenopsis lobbii 263
Phalaenopsis mannii 264
Phalaenopsis schilleriana 264
Phalaenopsis stobariana 264
Phalaenopsis tetraspis 265
Phalaenopsis wilsonii 265
Phalaenopsis 262
Philydraceae 327
Philydrum lanuginosum 327
Philydrum 327
Pholidota articulata 266
Pholidota cantonensis 266
Pholidota chinensis 267
Pholidota imbricata 267
Pholidota leveilleana 268
Pholidota longipes 268
Pholidota wenshanica 268
Pholidota yunnanensis 269
Pholidota 266
Phryma leptostachya ssp. asiatica 328
Phryma 328
Phrymaceae 328
Phytolacca acinosa 328
Phytolacca americana 328
Phytolacca dioica 329
Phytolacca polyandra 329
Phytolacca 328
Phytolaccaceae 328
Pimenta racemosa 45
Pimenta 45
Pisonia aculeata 69
Pisonia grandis 69
Pisonia 69
Platanthera japonica 269
Platanthera minor 269
Platanthera 269

Pleione albiflora 270
Pleione bulbocodioides 270
Pleione chunii 270
Pleione formosana 270
Pleione forrestii 270
Pleione limprichtii 270
Pleione maculata 270
Pleione praecox 271
Pleione saxicola 271
Pleione scopulorum 271
Pleione yunnanensis 271
Pleione 270
Plinia cauliflora 45
Plinia 45
Podangis dactyloceras 271
Podangis 271
Podochilus khasianus 272
Podochilus 272
Pogonia japonica 272
Pogonia 272
Polystachya concreta 272
Polystachya 272
Pomatocalpa spicatum 273
Pomatocalpa 273
Prosthechea cochleata 273
Prosthechea fragrans 274
Prosthechea radiata 274
Prosthechea 273
Psidium acutangulum 46
Psidium cattleianum 46
Psidium guajava 46
Psidium inermis 47
Psidium 46
Psychopsis papilio 274
Psychopsis 274
Pteroceras simondianus 275
Pteroceras 275

R

Rapanea cicatricosa 27
Rapanea faberi 27
Rapanea kwangsiensis 28
Rapanea linearis 28
Rapanea neriifolia 28
Rapanea 27
Renanthera citrina 275
Renanthera coccinea 276
Renanthera imschootiana 276
Renanthera monachica 277
Renanthera 275
Rhodamnia dumetorum 47
Rhodamnia 47
Rhodomyrtus tomentosa 48
Rhodomyrtus 48
Rhyncholaelia digbyana 277
Rhyncholaelia 277

Rhynchostylis coelestis 277
Rhynchostylis gigantea 277
Rhynchostylis retusa 278
Rhynchostylis 277
Rivina humilis 329
Rivina 329
Robiquetia spathulata 278
Robiquetia succisa 278
Robiquetia 278

S

Sannantha tozerensis 48
Sannantha virgata 48
Sannantha 48
Sarcoglyphis magnirostris 279
Sarcoglyphis smithianus 279
Sarcoglyphis 279
Schoenorchis gemmata 280
Schoenorchis juncifolia 280
Schoenorchis tixieri 281
Schoenorchis 280
Schoepfia chinensis 79
Schoepfia fragrans 79
Schoepfia jasminodora 79
Schoepfia 79
Schomburgkia thomsoniana 281
Schomburgkia undulata 281
Schomburgkia 281
Sedirea japonica 281
Sedirea subparishii 282
Sedirea 281
Sesamum indicum 325
Sesamum 325
Smitinandia micrantha 282
Smitinandia 282
Sobralia decora 282
Sobralia macrantha 283
Sobralia 282
Spathoglottis paulinae 283
Spathoglottis plicata 283
Spathoglottis pubescens 284
Spathoglottis 283
Spiranthes sinensis 284
Spiranthes 284
Stanhopea wardii 285
Stanhopea 285
Staurochilus dawsonianus 285
Staurochilus loratus 286
Staurochilus 285
Stereochilus brevirachis 286
Stereochilus 286
Stockwellia quadrifida 48
Stockwellia 48
Stylophorum lasiocarpum 318
Stylophorum sutchchuense 318
Stylophorum 318

Sunipia andersonii 286
Sunipia candida 286
Sunipia scariosa 287
Sunipia 286
Syringa oblata var. alba 101
Syringa oblata var. giraldii 101
Syringa oblata 101
Syringa pinnatifolia 101
Syringa pubescens ssp. microphylla 101
Syringa pubescens 101
Syringa reticulata ssp. pekinensis 101
Syringa reticulata var. amurensis 101
Syringa reticulata 101
Syringa tibetica 101
Syringa villosa 102
Syringa vulgaris 102
Syringa wolfii 102
Syringa yunnanensis 102
Syringa 101
Syzygium abbreviatum 49
Syzygium acuminatissimum 49
Syzygium alliiligneum 49
Syzygium anisatum 49
Syzygium antisepticum 50
Syzygium aqueum 50
Syzygium araiocladum 50
Syzygium aromaticum 50
Syzygium australe 50
Syzygium austrosinense 51
Syzygium austroyunnanense 51
Syzygium balsameum 51
Syzygium bullockii 51
Syzygium buxifolioideum 52
Syzygium buxifolium 52
Syzygium cathayense 53
Syzygium championii 53
Syzygium chunianum 53
Syzygium claviflorum 53
Syzygium congestiflorum 53
Syzygium cormiflorum 53
Syzygium cumini 54
Syzygium euonymifolium 54
Syzygium fluticosum 54
Syzygium fluviatile 54
Syzygium formosanum 55
Syzygium forrestii 55
Syzygium globiflorum 55
Syzygium grande 55
Syzygium grijsii 55
Syzygium hainanense 56
Syzygium hancei 56
Syzygium jambos 56
Syzygium kwangtungense 57
Syzygium laosense var. quocense 57
Syzygium levinei 57
Syzygium lineatum 58

Syzygium malaccense 58
Syzygium megacarpum 58
Syzygium melanophyllum 59
Syzygium myrsinifolium 59
Syzygium myrtifolium 59
Syzygium nervosum 59
Syzygium oblatum 60
Syzygium odoratum 60
Syzygium polyanthum 61
Syzygium polypetaloideum 61
Syzygium rehderianum 61
Syzygium rockii 61
Syzygium rysopodum 61
Syzygium samarangense 61
Syzygium sterrophyllum 62
Syzygium szemaoense 62
Syzygium tephrodes 62
Syzygium tetragonum 62
Syzygium thumra 62
Syzygium tsoongii 62
Syzygium yunnanense 63
Syzygium 49

T

Tainia cordifolia 287
Tainia dunnii 287
Tainia hongkongensis 288
Tainia latifolia 288
Tainia macrantha 288
Tainia penangiana 288
Tainia ruybarrettoi 288
Tainia viridifusca 288
Tainia 287
Thecopus maingayi 289
Thecopus 289
Thelasis pygmaea 289
Thelasis 289
Thrixspermum amplexicaule 289
Thrixspermum centipeda 289
Thrixspermum hystrix 290
Thrixspermum japonicum 291
Thrixspermum saruwatarii 291
Thrixspermum 289
Thunia alba 291
Thunia 291
Trapella sinensis 325
Trapella 325
Trichoglottis cirrhifera 291
Trichoglottis geminata 292
Trichoglottis philippinensis 292
Trichoglottis smithii 292
Trichoglottis subviolacea 292
Trichoglottis 291
Trichotosia dasyphylla 292
Trichotosia pulvinata 293
Trichotosia velutina 293

Trichotosia 292
Trigonidium egertonianum 293
Trigonidium 293
Tropidia angulosa 294
Tropidia curculigoides 294
Tropidia 294
Tuberolabium kotoense 294
Tuberolabium 294
Tulotis ussuriensis 295
Tulotis 295

U

Uncarina roeoesliana 326
Uncarina 326
Uncifera acuminata 295
Uncifera 295
Urobotrya latisquama 109
Urobotrya 109

V

Vanda alpina 295
Vanda brunnea 295
Vanda coerulea 296
Vanda coerulescens 296
Vanda concolor 296
Vanda cristata 296
Vanda lamellata 297
Vanda pumila 297
Vanda subconcolor 298
Vanda 295
Vandopsis gigantea 298
Vandopsis undulata 299
Vandopsis 298
Vanilla planifolia 299
Vanilla siamensis 299
Vanilla 299
Victoria amazonica 74
Victoria cruziana 74
Victoria 74

X

Xanthostemon chrysanthus 63
Xanthostemon verticillatus 63
Xanthostemon youngii 64
Xanthostemon 63

Z

Zannichellia palustris 65
Zannichellia 65
Zeuxine affinis 300
Zeuxine nervosa 300
Zeuxine strateumatica 300
Zeuxine 300
Zygopetalum maculatum 301
Zygopetalum 301